从零开始

侯惠芳 / 主编　李琳 张继新 / 副主编

Python
快速入门教程

U0250859

人民邮电出版社

北　京

图书在版编目（CIP）数据

从零开始：Python快速入门教程 / 侯惠芳主编. --
北京：人民邮电出版社，2021.7
ISBN 978-7-115-55884-8

Ⅰ. ①从… Ⅱ. ①侯… Ⅲ. ①软件工具－程序设计
Ⅳ. ①TP311.561

中国版本图书馆CIP数据核字(2021)第019516号

内 容 提 要

本书以零基础讲解为宗旨，用实例引导读者学习，深入浅出地介绍 Python 的相关知识和实战技能。
全书共 14 章。第 1 章主要介绍 Python 的计算思维、设计逻辑、语言特点及下载与安装等；第 2~9
章主要介绍 Python 的数据处理、表达式与运算符、流程控制与选择结构、循环结构、复合数据类型、
函数、模块、文件与异常处理等；第 10~14 章主要介绍热门算法与 Python、面向对象程序设计、窗口
程序与 GUI 设计、图像处理与图表绘制、网络爬虫等。本书同时赠送了大量相关学习资料，以便读者
扩展学习。

本书适合任何想学习 Python 的读者。无论你是否从事计算机相关工作，是否接触过 Python，均可
通过学习本书快速掌握 Python 的开发方法和技巧。

◆ 主　　编　侯惠芳
　　副 主 编　李　琳　张继新
　　责任编辑　张天怡
　　责任印制　陈　犇

◆ 人民邮电出版社出版发行　　北京市丰台区成寿寺路 11 号
　　邮编　100164　电子邮件　315@ptpress.com.cn
　　网址　https://www.ptpress.com.cn
　　三河市祥达印刷包装有限公司印刷

◆ 开本：787×1092　1/16
　　印张：19　　　　　　　　　　2021 年 7 月第 1 版
　　字数：440 千字　　　　　　　2021 年 7 月河北第 1 次印刷

定价：69.90 元

读者服务热线：(010) 81055410　印装质量热线：(010) 81055316
反盗版热线：(010) 81055315
广告经营许可证：京东市监广登字 20170147 号

前 言
PREFACE

程序设计是一门与计算机硬件和软件息息相关的学科，是近十几年来蓬勃发展的一门新兴学科。编写程序已不仅仅是计算机相关专业人员应具备的能力，而且是全民应具备的基本能力。

Python 具备面向对象、直译、程序代码简洁、跨平台、自由 / 开放源码等特点，再加上其丰富强大的包模块，因此用途十分广泛。另外，Python 不像 Java 那样"强迫"使用者用面向对象思维编写程序。它是多重编程范式的程序语言，允许使用者使用多种风格来编写程序，程序编写更灵活。同时，Python 提供了丰富的应用程序接口（Application Programming Interface，API）和工具，让程序设计人员能够轻松地编写扩展模块。

本书结合计算思维与算法的基本概念对 Python 进行讲解，内容浅显易懂；书中还循序渐进地介绍了学习 Python 必须要认识的主题，具体如下。

- 计算思维与 Python 初体验。
- 数据处理。
- 表达式与运算符。
- 流程控制与选择结构。
- 循环结构。
- 复合数据类型。
- 函数。
- 模块。
- 文件与异常处理。
- 热门算法与 Python。
- 面向对象程序设计。
- 窗口程序与 GUI 设计。
- 图像处理与图表绘制。
- 网络爬虫。

为了降低本书的学习难度，本书提供了所有范例的完整程序代码，并且这些代码已在 Python 开发环境下正确编译与执行过。通过本书，读者除了可以学习用 Python 编写程序外，还能强化计算思维及进行逻辑训练。目前许多学校都开设了 Python 的基础课程，本书非常适合作为 Python 相关课程的教材。

本书主编为侯惠芳，副主编为李琳、张继新。其中，第 1~2 章、第 4~6 章由河南工业大学张继新编写，第 7~11 章由河南工业大学李琳编写，第 3 章、第 12~14 章由河南工业大学侯惠芳编写，王浩丞负责本书审核工作。

在本书的编写过程中，我们竭尽所能地将好的讲解呈现给读者，但也难免有疏漏和不妥之处，敬请广大读者不吝指正。若读者在阅读本书时遇到困难或有疑问，抑或有任何建议，可发送邮件至 zhangtianyi@ptpress.com.cn。

编者

2021 年 5 月

目 录
CONTENTS

## 第 1 章

计算思维与 Python 初体验

　　计算机堪称 20 世纪以来人类最伟大的发明之一，对人类的影响更甚于工业革命所带来的影响。计算机是一种具备数据处理与计算能力的电子化设备。美国宾夕法尼亚大学教授埃克脱（Eckert,John Presper,Jr.）与莫奇利（Mauchly,John William）合作研制成了人类第一台真空电子管计算机——ENIAC。接着冯·诺依曼（John von Neumann）教授首先提出了存储程序与二进制编码的概念，认为数据和程序可以存储在计算机的存储器中。这开启了程序语言与程序设计蓬勃发展的序幕。

1.1 程序语言简介

程序语言是一种人类用来和计算机沟通的语言，也是用来指挥计算机进行运算或工作的指令集合，可以将操作者的思考逻辑和语言转换成计算机能够理解的语言。程序语言由最早期的机器语言发展而来，至今已经迈入第五代。基本上，任何一种语言都有其专有语法、特性、优点及相关应用领域。

· 1.1.1 机器语言

机器语言（Machine Language）由 1 和 0 两种符号构成，是最早期的程序语言，也是计算机能够直接阅读和执行的基本语言。也就是说，任何程序或语言在执行前都必须转换为机器语言。例如，指示计算机将变量 A 设定为数值 2，"10111001"表示"设定变量 A"，而"00000010"表示"数值 2"。由于每一家计算机制造商都会因为计算机硬件设计的不同而开发不同的机器语言，因此机器语言不但使用不方便，而且可读性低，也不容易维护，并且不同的计算机与平台的编码方式都不尽相同。

· 1.1.2 汇编语言

汇编语言（Assembly Language）是一种介于高级语言与机器语言之间的符号语言。比起机器语言，汇编语言更容易编写和学习。不同 CPU 要使用不同的汇编语言。汇编语言虽然比机器语言更符合人类的需求，但计算机无法直接识别。它必须经过"汇编"（Assembling）过程转换成机器语言，转换得到的机器语言会产生一个文件（称为"执行文件"），这样才可在计算机上执行。

· 1.1.3 高级语言

高级语言（High-level Language）是一种相当接近人类语言的程序语言。虽然执行速度较慢，但高级语言本身易学易用，因此被广泛应用在商业、科学、教学、军事等领域的相关软件开发上。它的特点是必须经过编译（Compile）或解释（Interpret）过程才能转换成机器语言。

编译型语言可将原始程序分为数个阶段，并将其转换为计算机可读的可执行文件的目的程序，不过编译器必须先把原始程序读入主存储器后才可以开始编译。原始程序每被修改一次，都必须重新经过编译器的编译处理，才能保持其执行文件为最新的状态。经过编译后所产生的执行文件在执行中不需要再翻译，因此执行效率较高，C、C++、Visual C++、Fortran 等语言都使用编译的方法。

解释型语言利用解释程序（又称解释器）来对高级语言的原始程序代码进行逐行解释，每解释完一行程序代码，才会接着解释下一行。若解释的过程中发生错误，则解释会立刻停止。由于使用解释器解释的程序代码每次在执行时都必须再解释一次，因此执行速度可能较慢，Python、Basic、LISP、Prolog 等语言皆使用解释的方法。

· 1.1.4 非过程语言

非过程语言（Non-Procedural Language）也称为第四代语言，它的特点是叙述和程序与真正的执行步骤没有关联。采用该语言的程序设计者只需将自己打算做什么表示出来即可，而不需要去理解计算机是如何执行的。数据库的结构化查询语言（Structured Query Language，SQL）就是第四代语言的一个颇具代表性的例子。

· 1.1.5 人工智能语言

人工智能语言也称为第五代语言，或称为自然语言，其特点是好像在和另一个人对话一般。因为使用者口音、使用环境、语言本身的特性（如一词多义）等会造成计算机在解读时产生不同的结果，以及自然语言在识别上的困难，所以自然语言的发展必须搭配人工智能来进行。人工智能（Artificial Intelligence，AI）的概念最早是由美国科学家约翰·麦卡锡（John McCarthy）于1956年提出的，目标为使计算机具有类似人类的学习解决复杂问题与思考等能力。凡是模拟人类的听、说、读、写、看、身体动作等的计算机技术，都被归为人工智能的范畴，如推理、规划、解决问题及学习等能力。机器人是人工智能最典型的应用之一，如图1.1所示。

图1.1

1.2 计算思维

没有最好的程序语言，只有最合适的程序语言。程序语言只是工具，在设计程序时应根据需要对程序语言进行选择，并无特别规定。一般可从如下4点判断程序语言选择是否恰当。

- 可读性高：阅读与理解都相当容易。
- 平均成本低：成本考量不局限于编码的成本，还包括执行、编译、维护、学习、除错与日后更新等成本。

- 可靠性高：所编写出来的程序代码稳定性高，不容易产生边界错误（Boundary Error）。
- 可编写性强：可以针对需求比较容易地编写出程序。

程序设计的本质是数学，而且是较为简单的数学应用。对于程序设计，过去我们非常看重计算能力。但随着信息与网络科技的高速发展，计算能力的重要性已慢慢降低，反而现在特别注重计算思维的培养。我们可以这样形容："虽然学习程序设计不等于学习计算思维，但程序设计的过程就是一种计算思维的表现，而且要学好计算思维，程序设计绝对是最佳的途径之一。"

2006年，美国卡内基梅隆大学周以真（Jeannette M. Wing）教授首度提出了"计算思维"的概念。她提到计算思维是现代人应该具备的一种基本技能，所有人都应该积极学习。随后谷歌公司也为教育者开发了一套计算思维课程（Computational Thinking for Educators）。这套课程提到了培养计算思维的4个方面，分别是分解（Decomposition）、模式识别（Pattern Recognition）、归纳与抽象化（Pattern Generalization and Abstraction）和算法（Algorithm）。虽然这并不是建立计算思维的唯一方法，但是通过这4个方面，我们能更有效率地深化利用计算方法与工具解决问题的思维能力，进而建立计算思维。

1.2.1 分解

许多人在编写程序或解决问题时，往往不知道如何分解问题。如果一个问题不进行分解，一般会较难处理。当我们面临一个复杂的问题时，可以先将其分割成许多小问题，再将这些小问题各个击破；小问题全部解决之后，原本的大问题也就解决了。例如，一台计算机发生机器故障了，可以将整台计算机逐步分解成较小的部分，再对每个部分的各种元器件进行检查，如图1.2所示。程序员在遇到问题时，通常会考虑所有可能性，将问题逐步分解后进行解决，久而久之，这样的逻辑就变成他的思考模式了。

图1.2

1.2.2 模式识别

将一个复杂的问题分解之后，我们常常能发现小问题之间共有的属性以及相似之处，这些属性称为模式（Pattern）。所谓模式识别，就是在一堆数据中找出特征（Feature）或规则（Rule），并用其对数据进行识别与分类，甚至作为决策时的判断条件。在解决问题的过程中找到模式是非常重要的。模式可以让问题的解决简单化，当问题之间有共有属性时，往往更容易被解决。

当描述完一只狗后，我们可以依照狗的共有属性轻易地描述其他狗，如狗有眼睛、尾巴与4只脚，而唯一不一样的地方是每只狗都有或多或少的独特之处。识别出模式之后，便可用此模式来解决类似的问题。知道所有的狗都有这些属性后，当想要画狗的时候便可将这些共有的属性加入，这样就可以很快地画出很多只狗。

1.2.3 归纳与抽象化

归纳与抽象化的目的在于过滤以及忽略掉不必要的特征，让我们可以把注意力集中在重要的特征上，将问题具体化。通常这个过程开始会收集许多的数据，然后借由归纳与抽象化把特性以及无法帮助解决问题的模式去掉，留下相关以及重要的共有属性，直到建立一个通用的解决问题的规则。由于归纳与抽象化没有固定的模式，因此会随着需要或实际状况而有所不同。例如，把一辆汽车抽象化时，每个人都有各自的分解方式，汽车销售员与汽车修理师对汽车抽象化的结果可能就会有差异。

1.2.4 算法

算法不但是人类利用计算机解决问题的技巧之一，也是程序设计领域中最重要的部分，常常是设计计算机程序的第一步。算法就是一种计划，每一个指示与步骤都是计划过的，这个计划里面包含解决问题的每一个步骤和指示。

日常生活中也有许多事情都可以利用算法来描述，如员工的工作报告、宠物的饲养过程、美食的食谱等，甚至连我们平时经常使用的搜索引擎都必须借由不断更新算法来运作，如图1.3所示。

图1.3

在程序设计里，算法更是不可或缺的一环。了解了算法的定义后，我们继续说明算法必须符合的 5 个条件，如图 1.4 和表 1.1 所示。

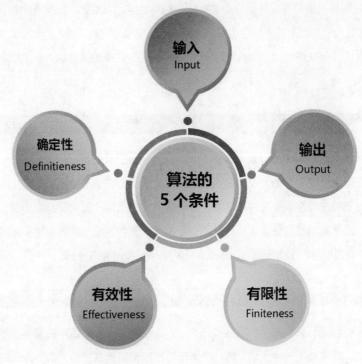

图1.4

表 1.1 算法应符合的 5 个条件

条件	内容与说明
输入（Input）	0 个或多个输入数据，这些输入数据必须有清楚的描述或定义
输出（Output）	至少要有一个输出结果，不可以没有输出结果
确定性（Definiteness）	每一个语句或步骤必须是简洁明确且不含糊的
有限性（Finiteness）	在有限步骤后一定会结束，不会产生无穷回路
有效性（Effectiveness）	步骤清楚且可行，能让使用者用纸笔计算且求出答案

算法的主要目的是供人们阅读，以了解所执行的工作流程与步骤。

常用的算法表示法为一般文字叙述，如中文、英文、数字等，特点是使用文字或语言叙述来说明算法步骤。有些算法则是利用可读性高的高级语言（如 Python、C 语言、C++、Java 等）或虚拟语言来描述。

 虚拟语言是一种接近高级语言的语言，也是一种不能直接放进计算机中执行的语言，一般需要一种特定的预处理器或者手动转换，才能变成真正的计算机语言。经常使用的虚拟语言有Spark、Pascal等。

当然，流程图也是一种相当通用的算法表示法，即使用某些图形符号来表示程序解决流程。为了实现流程图的可读性及一致性，通常使用美国国家标准学会（American National Standards Institute，ANSI）制定的统一图形符号。一些常见的图形符号如表 1.2 所示。

表 1.2 一些常见的图形符号

名称	说明	符号
起止符号	表示程序的开始或结束	
输入 / 输出符号	表示数据的输入或输出结果	
程序符号	表示程序中的一般步骤，程序中最常用的图形	
条件判断符号	表示条件判断	
文件符号	表示导向某份文件	
流向符号	符号之间的连接线，箭头方向表示工作流向	
连接符号	表示上下流程图的连接点	

例如，输入一个数值并判断其是奇数还是偶数的流程图如图 1.5 所示。

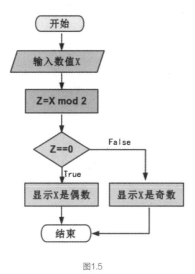

图1.5

> **Tips** 算法和程序有所不同，因为程序不一定满足有限性的要求。如操作系统或计算机上运行的程序，除非关机，否则永远在等待循环，这也违反了算法的有限性要求。

1.3 程序设计逻辑

每位程序员都像一位艺术家，都会有不同的设计逻辑。不过由于计算机是很严谨的科技化工具，因此对一个程序员而言，还是必须遵循某些规范和对照程序中的逻辑概念，这样才能让程序代码具备可读性与可维护性。从早期的结构化设计，到现在将传统程序的设计逻辑转换成面向对象设计逻辑，都是在协助程序员找到编写程序可依循的大方向。

· 1.3.1 结构化程序设计

当程序变大且程序代码越来越多时，程序管理与除错也变得越来越麻烦，于是就出现了结构化程序语言。这种程序的构想是将一个大程序切割成若干个较小、较容易管理的小程序模块，这些小程序模块称为函数，其中功能相近的函数被放在同一函数库中。当需要使用某个函数时，由主程序调用函数库中的函数。如果主程序要计算长方形以及圆形的面积与周长，就可以将程序分割成 4 个函数来处理，如图 1.6 所示。

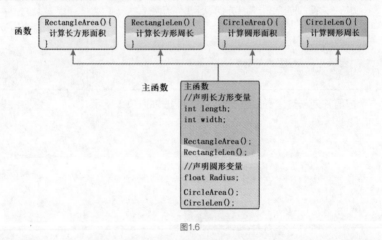

图1.6

对于一个结构化程序，不管其结构如何复杂，通常皆可利用表 1.3 所示的基本控制流程来表达。

表 1.3 基本控制流程

流程结构名称	概念示意图
顺序结构： 逐步编写流程描述	

流程结构名称	概念示意图
选择结构： 根据某些条件做逻辑判断	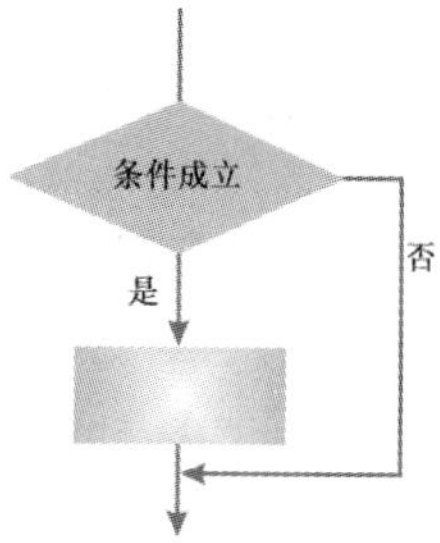
循环结构： 根据某些条件决定是否重复执行某些步骤	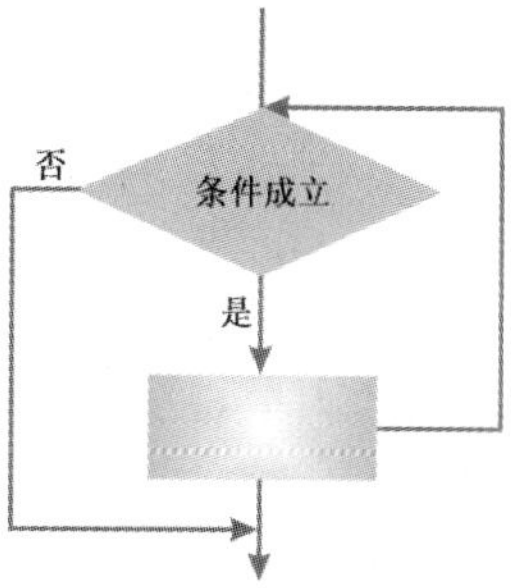

1.3.2 面向对象程序设计

面向对象程序设计（Object Oriented Programming，OOP）是指将存在于日常生活中的常见对象（Object）的概念应用在软件设计的开发模式中。也就是说，面向对象程序设计让人们从事程序设计时，能以一种更生活化、可读性更高的设计观念来进行，并且所开发出来的程序也较容易扩充、修改及维护。

面向对象程序设计模式必须具备 3 种特性：封装、继承与多态。简单来说，封装是利用类别来实现抽象数据类型（Abstract Data Type，ADT）；而继承则类似现实生活中的遗传，允许我们去定义一个新的类别来继承既存的类（Class），进而使用或修改继承而来的方法（Method），并可在子类中加入新的数据成员与函数成员；至于多态，最直接的定义就是让具有继承关系的不同类对象可以调用相同名称的成员函数，并产生不同的反应结果。例如，要计算长方形及圆形的面积与周长，有两种方法。第一种方法采用封装，封装两个类，当主函数要计算长方形的面积，就根据长方形类产生对象，要计算圆形的面积，就根据圆形类产生对象，如图 1.7-a 所示。第二种方法再加上继承与虚函数特性，可以设计出具有多态性的代码，如图 1.7-b 所示。

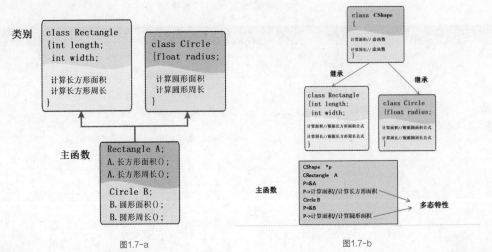

图1.7-a   图1.7-b

1.4 Python 的特点

Python 的中文意思是蟒蛇，是目前最为流行的程序语言之一。简单来说，Python 具有以下特点。

• 程序代码简洁易读。用 Python 开发的目标之一是让读程序代码像读书一样容易。由于用 Python 编写的程序代码具有简单易记、容易阅读等优点，因此程序员在编写程序的过程中能专注于程序本身而不是如何去写，使得程序开发更有效率，团队在协同合作方面也更容易整合。

• 跨平台。Python 程序可以在大多数的主流平台中执行，不管是 Windows、macOS、Linux 操作系统，还是手机操作系统，都有对应的 Python 工具。

• 面向对象。Python 具有面向对象的特性，如类、封装、继承、多态等，不过它不像 Java 这类面向对象语言"强迫"使用者用面向对象思维编写程序。Python 是多重编程范式的程序语言，允许使用者使用多种风格来编写程序，程序编写更灵活。

• 容易扩充。Python 提供了丰富的 API 和工具，让程序员能够轻松地编写扩展模块，并且可以将其整合到其他语言的程序内使用，所以也有人说 Python 是"胶水语言"。

• 自由 / 开放源码。所有 Python 的版本都是自由 / 开放源码的。简单来说，程序员可以自由地阅读、复制及修改 Python 的源码，或是在其他软件中使用 Python 程序。

1.5 Python 的下载与安装

Python 是一种跨平台的程序语言，当今主流的操作系统（如 Windows、Linux、macOS 等操作系统）都可以安装与使用它。接下来介绍详细的 Python 下载与安装步骤。

首先进入 Python 官方网站，然后进入 Python 的下载页面，选择并下载合适的安装包。

双击安装包进入安装界面后，请勾选"Add Python 3.7 to PATH"，如图 1.8 所示，这样能够将 Python 的执行路径加入 Windows 操作系统的环境变量中。如此一来，当进入"命令提示符"窗口后，就可以直接执行 Python 命令。

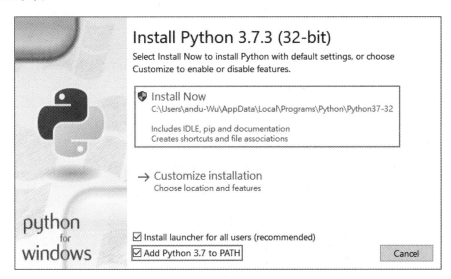

图1.8

Step 01 在 Windows 10 操作系统的开始界面中搜索"cmd"命令，找到"命令提示符"后，启动"命令提示符"窗口，如图 1.9 和图 1.10 所示。

图1.9   图1.10

Step 02 在"命令提示符"窗口中输入"python"命令，输入完毕后按 Enter 键，当出现 Python 直译式交互环境特有的">>>"字符时，就可以输入 Python 命令了。例如，使用"print"命令输出指定字符串，如图 1.11 所示。

图1.11

开始界面中 Python 安装的工具如图 1.12 所示。

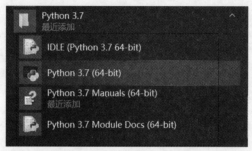

图1.12

- IDLE。内置的 Python 集成开发和学习环境（Integrated Development and Learning Environment，IDLE）用来帮助程序员进行程序开发。通常集成开发环境包括编写程序语言编辑器、编译或解释器、除错器等，还可将程序的编辑、编译、执行与除错等功能毕其功于同一操作环境。

- Python 3.7。单击后会进入 Python 交互模式（Interactive Mode），当看到 Python 特有的提示字符">>>"后，使用者可以逐行输入 Python 程序代码，如图 1.13 所示。

图1.13

- Python 3.7 Manuals。这是 Python 语言的说明手册。

- Python 3.7 Module Docs。提供 Python 内置模块相关函数的说明。

1.6 编写第一个 Python 程序

许多人一听到程序设计，可能认为学程序语言就和学习外国语言一样，不但要记一大堆单词，还要背数不完的语法规则。其实不是这样子的，程序语言只是一种人类用来指挥计算机运算或做其他工作的指令集合，特别是 Python，更为简单，里面会使用到的关键字不过数十个而已。根据笔者多年从事程序语言教学的经验，对一个初学者来说，实际编写出一个程序最为重要，许多高手都是因为程序写多了才变得越来越厉害。

在前面直译式交互环境中，我们已确认 Python 命令可以正确无误地执行，接下来将用 IDLE 程序示范如何编写及执行 Python 程序代码文件。

Step 01 在开始界面中找到 Python 3.7 的 IDLE 程序，接着启动 IDLE 程序，然后执行"File/New File"命令，出现图 1.14 所示的软件界面，接下来就可以开始在这个界面中编写程序。

Step 02 输入图 1.15 所示的两行程序代码。

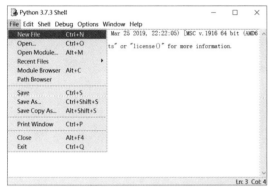

图1.14

图1.15

Step 03 执行"File/Save"命令，将文件命名为"hello"，然后单击"保存"按钮将所编写的程序存储起来，如图 1.16 所示。

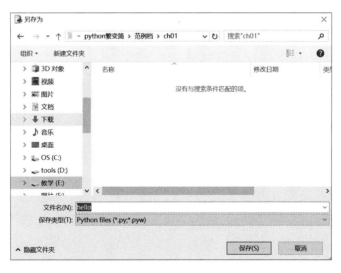

图1.16

Step 04 执行"Run/Run Module"命令（或直接在键盘上按 F5 键），执行本程序。如果程序没有任何语法错误，就会自动跳转到"Python 3.7.3 Shell"窗口展示程序的执行结果。以这个例子来说，会出现"Hello

World!"，并自动换行和出现直译式交互环境的">>>"提示字符，如图 1.17 所示。

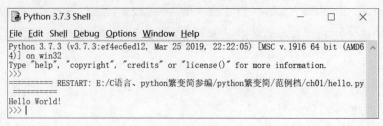

图1.17

下面的程序范例是刚才保存的 hello.py，为了方便讲解各行程序代码的功能，每行代码前面加入了行号，在实际输入代码时，请不要将行号输入程序中。

■ 【程序范例：hello.py】我的第一个 Python 程序

```
01   # 我写的程序
02   print("Hello World!")
```

程序解说

◆ 第 1 行：Python 的单行注释格式，在解释程序代码时，解释器会忽略它。

◆ 第 2 行：内置 print() 函数会将结果输出到屏幕上，输出的字符串可以使用单引号"'"或双引号"""来引住其结果，输出字符串后会自动换行。

1.7 安装 Anaconda 开发环境

除了可以用内置的 IDLE 编写及执行 Python 程序外，也可以使用 Anaconda 包组作为开发环境，它内置的 Spyder 编译器的功能可能比 IDLE 更强大，但是本书考虑到初学者最容易学会的入门环境，全书的 Python 程序都是在 IDLE 下编写与执行的。

如果以后想要提高 Python 的程序开发能力及更轻易地编写应用层面较高的程序，或许可以考虑 Anaconda 包组。它的主要特点如下。

- 包含许多常用的数学、工程、数据分析的 Python 包。
- 免费而且开放源码。
- 支持 Windows、Linux、macOS 等操作系统。
- 支持 Python 2.x、Python 3.x，而且可以自由切换。
- 内置 Spyder 编译器。
- 包含 Conda 和 Jupyter Notebook。

其中 Conda 是环境管理的工具，除了可以管理包的新增与移除，也能快速建立独立的虚拟 Python 环境，还可以在虚拟的 Python 环境里安装包及测试程序，而不用担心会影响原本的工作环境。Jupyter Notebook 是

Web 扩充包，让使用者可以通过浏览器进行程序的开发与维护。

· 1.7.1 下载 Anaconda

Step 01 进入 Anaconda 官网，选择"Products"选项卡下的"Individual Edition"进入下载界面，单击"Download"按钮后可依据操作系统选择适当的下载链接，这里有 Windows、macOS 以及 Linux 等操作系统的下载链接可供选择。

Step 02 选择下载的 Python 版本，下载完成后会看到安装程序的可执行文件。

· 1.7.2 安装 Anaconda

Step 01 双击可执行文件启动安装程序，依次单击"Next"按钮进行安装，如图 1.18 所示。

Step 02 当出现图 1.19 所示的界面时，请在阅读版权说明事项之后单击"I Agree"按钮，进行下一步安装。

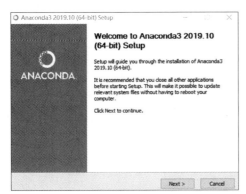

图1.18

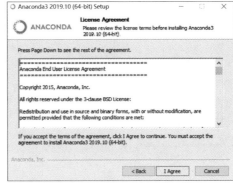

图1.19

Step 03 出现选择安装类型的界面，建议采用默认值，即安装的 Anaconda 只给自己使用（选中"Just Me（recommended）"单选按钮），再单击"Next"按钮，如图 1.20 所示。

Step 04 设置安装目录，不需要更改目录的话直接单击"Next"按钮，如图 1.21 所示。

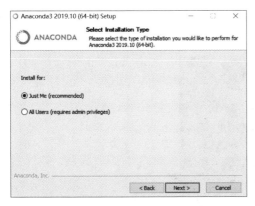

图1.20

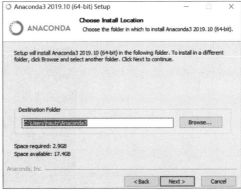

图1.21

Step 05 勾选第二个复选框，再单击"Install"按钮，如图 1.22 所示。

Step 06 如果出现图 1.23 所示的界面，则表示安装完成，直接单击"Next"按钮。

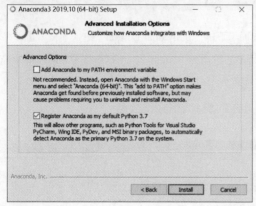

图1.22

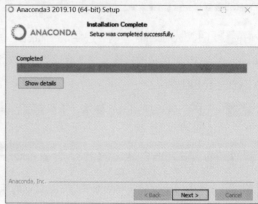

图1.23

Step 07 出现图 1.24 所示的界面，继续单击"Next"按钮。

Step 08 单击"Finish"按钮结束安装，如图 1.25 所示。

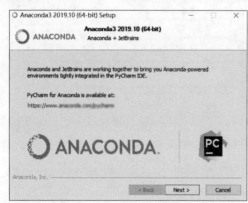

图1.24

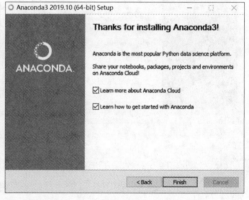

图1.25

Step 09 安装完成之后，开始界面中会出现图 1.26 所示的 Anaconda3 菜单（图 1.26 所示的界面是 Windows 10 操作系统中的界面）。

图1.26

其中的"Anaconda Prompt"命令窗口和Windows操作系统中的"命令提示符"窗口类似，不过"Anaconda Prompt"命令窗口会在标题列出现"Anaconda Prompt"字样，以和Windows操作系统的"命令提示符"窗口有所区分，如图1.27所示。

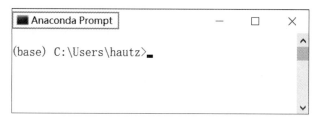

图1.27

如果要查看目前已安装的包，输入"conda list"命令，就可以在命令窗口中看到按照字母的顺序列出的已安装包的名称及版本。这样的检查操作可以避免重复安装包，如图1.28所示。

```
Anaconda Prompt                                    —    □    ×

(base) C:\Users\hautz>conda list
# packages in environment at D:\ProgramData\Anaconda3:
#
# Name                    Version                   Build  Channel
_ipyw_jlab_nb_ext_conf    0.1.0                     py37_0
alabaster                 0.7.12                    py37_0
anaconda                  2018.12                   py37_0
anaconda-client           1.7.2                     py37_0
anaconda-navigator        1.9.7                     py37_0
anaconda-project          0.8.2                     py37_0
asn1crypto                0.24.0                    py37_0
astroid                   2.1.0                     py37_0
astropy                   3.1                 py37he774522_0
atomicwrites              1.2.1                     py37_0
attrs                     18.2.0              py37h28b3542_0
babel                     2.6.0                     py37_0
backcall                  0.1.0                     py37_0
backports                 1.0                       py37_1
backports.os              0.1.1                     py37_0
backports.shutil_get_terminal_size 1.0.0                   py37_2
beautifulsoup4            4.6.3                     py37_0
```

图1.28

1.7.3 Spyder 编辑器

Anaconda开发环境配置完成后，可以启动Spyder编辑器来编写程序。Anaconda内置的Spyder编辑器是编辑及执行Python程序的集成开发环境，具有语法提示、程序除错与自动缩进等功能。可以在开始界面中启动Spyder编辑器。Spyder编辑器默认的工作区上方是下拉式菜单及工具栏，左侧为程序编辑区，右侧为功能面板区，如图1.29所示。

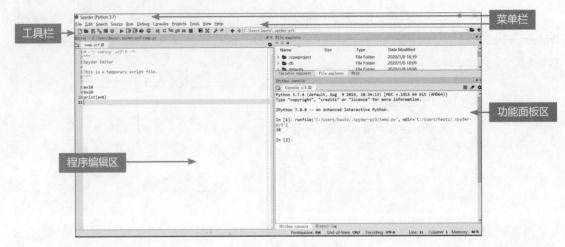

图1.29

- 工具栏。工具栏中包含常用的工具按钮，如文件新建、保存、执行等按钮，我们可以执行"View / Toolbars"命令来开启与关闭工具栏。

- 程序编辑区。程序编辑区是用来编写程序的。启动 Spyder 编辑器之后，默认编辑的文件的名称是"temp.py"，我们可以从标题栏中看到文件存放的路径与名称。

熟悉了 Spyder 编辑器的操作界面之后，接下来编写一个 Python 程序并执行。在程序编辑区中输入以下内容。

```
a = 10
b = 20
print(a + b)
```

执行"Run"下拉菜单中的"Run"命令或按键盘上的 F5 键，也可以单击工具栏中的 ▶ 按钮来执行程序。执行结果如图 1.30 所示。

```
Console 1/A
Python 3.7.4 (default, Aug  9 2019, 18:34:13) [MSC v.1915 64 bit (AMD64)]
Type "copyright", "credits" or "license" for more information.

IPython 7.8.0 -- An enhanced Interactive Python.

In [1]: runfile('C:/Users/hautz/.spyder-py3/temp.py', wdir='C:/Users/hautz/.spyder-
py3')
30

In [2]:
```

图1.30

1.7.4 IPython 命令窗口

IPython（Interactive Python）除了可以执行 Python 语句，还提供了许多进阶的功能。IPython 命令窗口中闪烁的光标就是输入语句的地方，每一行程序代码的输入与输出都会自动编号。例如，输入"100+500"，按 Enter 键后会立刻显示执行结果，如图 1.31 所示。

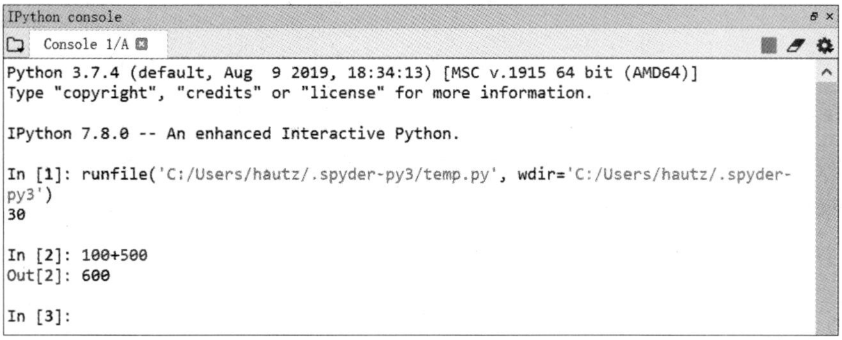

图1.31

我们可以看到 IPython 命令窗口中多了颜色的辅助，很清楚地区分出操作数与运算符，输入与输出也很容易通过颜色来区分。

IPython 命令窗口中还有一些辅助功能能帮助我们快速输入语句。其中的程序代码的自动完成功能是指根据输入的部分内容自动完成后续想输入的程序代码，不但可以提高程序输入代码的速度，也可减少输入错误。其使用方式非常简单，只需要在输入部分代码之后按 Tab 键，就能自动完成后续输入。如果可套用的程序语句超过一个，那么会列出所有语句或函数让使用者参考。例如，要输入以下语句。

print（"hello"）

Step 01 我们可以先输入"p"后按 Tab 键，由于 p 开头的语句不止一个，因此会列出所有 p 开头的语句。我们可以继续输入，也可以从这些语句中选取需要的语句或函数，如图 1.32 所示。

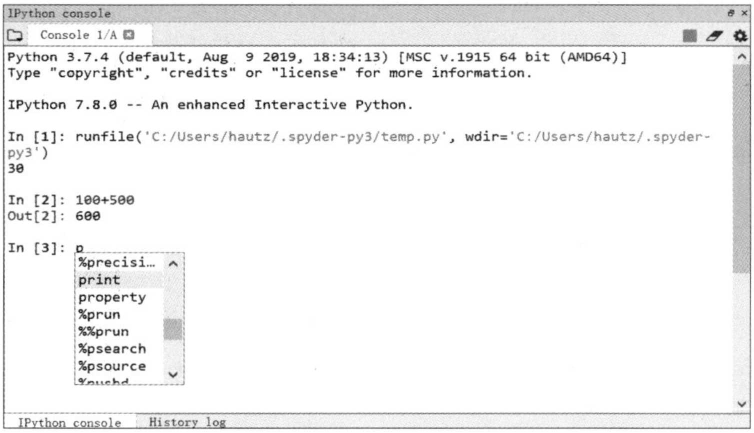

图1.32

Step 02 print() 函数是用来输入文字的，在 print 之后输入"("hello")"，按 Enter 键就会在窗口中输出"hello"，如图 1.33 所示。

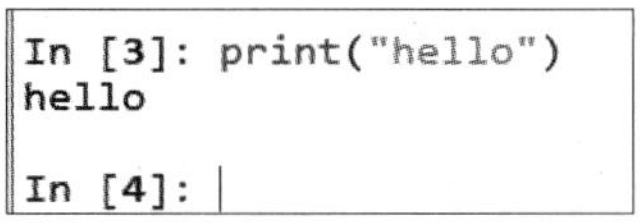

图1.33

如果语句只有一个，按 Tab 键就能自动完成语句的输入。例如，输入"inp"后再按 Tab 键，就会自动输入"input"。

另外，如果要输入的程序代码与前面输入过的程序代码相同，可以利用向上或向下的方向键进行选择，按↑键可显示上次输入的程序代码，按↓键可显示下一行程序代码。找到程序代码之后再按 Enter 键执行，也可以加以修改之后再按 Enter 键执行。

IPython 提供了非常强大的使用说明功能，不管是语句、函数还是变量，都可以在名称后面加上"?"，然后就会显示该项目的使用说明。例如，想要知道 print() 函数的用法时，只需要输入"print?"就会显示使用说明，如图 1.34 所示。

```
In [3]: print("hello")
hello

In [4]: print?
Docstring:
print(value, ..., sep=' ', end='\n', file=sys.stdout, flush=False)

Prints the values to a stream, or to sys.stdout by default.
Optional keyword arguments:
file:  a file-like object (stream); defaults to the current sys.stdout.
sep:   string inserted between values, default a space.
end:   string appended after the last value, default a newline.
flush: whether to forcibly flush the stream.
Type:      builtin_function_or_method

In [5]:
```

图1.34

本章重点整理

- 程序语言是一种人类用来和计算机沟通的语言，也是用来指挥计算机运算或工作的指令集合。
- 机器语言是由 1 和 0 两种符号构成的。
- 汇编语言是一种介于高级语言与机器语言之间的符号语言。
- 高级语言的特点是必须经过编译或解释过程才能转换成机器语言。
- 所谓编译，是指使用编译器来将程序代码翻译为目的程序，C、C++、Java、Visual C++、Fortran 等语言都使用编译的方法。
- 解释则是利用解释器来对高级语言的原始程序代码进行逐行解释，执行速度较慢，Python、Basic、LISP、Prolog 等语言皆使用解释的方法。
- 数据库的结构化查询语言就是第四代语言的一个颇具代表性的例子。
- 人工智能语言也称为第五代语言，或称为自然语言。
- 判断程序语言好坏的 4 项标准：可读性、平均成本、可靠度、可编写性。
- 计算思维的 4 个方面分别是分解、模式识别、归纳与抽象化和算法。
- 算法必须符合的 5 个条件：输入、输出、确定性、有限性、有效性。

- 结构化程序设计的 3 种基本控制流程：顺序结构、选择结构、循环结构。
- 面向对象程序设计模式必须具备 3 种特性：封装、继承与多态。
- Python 具有的特点：程序代码简洁易读、跨平台、面向对象、容易扩充、自由 / 开放源码。
- 当出现 Python 直译式交互环境特有的 ">>>" 字符时，就可以输入 Python 命令了。
- 在 "Anaconda Prompt" 命令窗口中输入 "conda list" 命令后，就可以在命令窗口中看到按照字母的顺序列出的已安装的包名称及版本，这样的检查操作可以避免重复安装包。
- Anaconda 开发环境配置完成后，可以启动 Spyder 编辑器来编写程序。
- 执行 "Run" 下拉菜单中的 "Run" 命令或按键盘上的 F5 键，也可以单选工具栏中的 ▶ 按钮来执行程序。
- IPython 命令窗口中多了颜色的辅助，很清楚地区分出操作数与运算符，输入与输出也很容易通过颜色来区分。

本章课后习题

一、选择题

1.（D）下列有关程序语言的叙述中，哪一项有误？

（A）高级语言必须经过编译或解释

（B）Python 是一种解释型语言

（C）人工智能语言也称为自然语言

（D）汇编语言由 1 和 0 两种符号构成

2.（B）算法的 5 个条件不包括以下哪一个？

（A）有限性

（B）实时性

（C）有效性

（D）确定性

3.（B）Python 的特点不包括以下哪一个？

（A）面向对象

（B）单一平台

（C）自由 / 开放源码

（D）程序代码简洁易读

4.（C）要在 "Anaconda Prompt" 命令窗口中列出已安装包的名称及版本要输入哪一个语句？

（A）list version

（B）list

（C）conda list

（D）list conda

5.（A）在 IPython 中想要了解某语句的使用说明必须在该语句后面加上什么符号？

（A）？

（B）-h

（C）！

（D）*

二、问答题

1. 请问计算思维包含哪几个方面？

答：

分解、模式识别、归纳与抽象化和算法。

2. 算法必须符合的 5 个条件是什么？

答：

输入、输出、确定性、有限性、有效性。

3. 通常结构化程序设计有哪 3 种基本控制流程？

答：

顺序结构、选择结构、循环结构。

4. 面向对象程序设计模式必须具备哪 3 种特性？

答：

封装、继承与多态。

5. 简述 Python 的特点。

答：

程序代码简洁易读、跨平台、面向对象、容易扩充、自由 / 开放源码。

6. Anaconda 包组也可以用来开发应用层面较高的 Python 程序，试简述其特点。

答：

- 包含了许多常用的数学、工程、数据分析的 Python 包；
- 免费而且开放源码；
- 支持 Windows、Linux、macOS 等操作系统；
- 支持 Python 2.x、Python 3.x，而且可以自由切换；
- 内置 Spyder 编译器；
- 包含 Conda 和 Jupyter Notebook。

## 第 2 章

认识数据处理

　　计算机具有强大的运算能力，将外界所得到的数据输入计算机，计算机能够通过程序进行运算，最后再输出结果。当程序执行时，外界的数据进入计算机后，要有个存储空间，这时系统就会分配一个存储空间给这份数据。而在程序代码中，我们所定义的变量（Variable）的主要用途就是存储数据，以供程序中各种运算与处理之用。

2.1 变量

变量主要用来存储程序中的数据，以供程序中各种运算与处理之用。当变量产生时，会在程序设计中由编译器配置一块具有名称的存储器，用来储存可变化的数据内容，计算机会将数据内容储存在这块存储器中，需要时从这块存储器中读出使用，为了方便识别，必须给这块存储器一个名字，就称为变量（variable）。如图 2.1 所示。我们定义变量就像是跟计算机要个空房间，这个房间的房号就是变量在存储器中的地址，房间的等级就是数据的类型，当然这个房间的客人是可以随时变动的。

图2.1

· 2.1.1 变量的声明

Python 的变量不需要声明，这点与其他语言（如 C 语言、Java）有所不同。Python 变量的数据类型是在给定值的时候决定的，变量通过等号"="进行赋值，语法如下。

变量名称 = 变量值

例如以下代码。

number=10

上述代码表示将数值 10 赋给变量 *number*。

我们也可以一次给多个相同数据类型的变量赋值，例如，将 *a*、*b*、*c* 这 3 个变量都赋值为 55，代码如下。

a=b=c=55

或者利用","隔开变量名称，就能在同一行中赋值多个变量。

a,b,c=55,55,55

当然也可以同时赋值不同类型的变量。

a,f,name=55,10.58,"Michael"

Python 也允许用";"分隔表达式来将不同的程序语句放在同一行。例如以下两行代码。

```
sum= 10
index = 12
```

我们可以利用";"将上述两行语句写在同一行。

sum=10;index=12

对较大型的程序而言，为了节省存储器的空间，建议先使用 del 语句删掉不必要的变量，语法如下。

```
del 变量名称
```

2.1.2 程序注释

程序注释可以用来说明程序的功能。如果从小程序开始就能养成使用注释的好习惯，日后在编写任何程序时就能兼顾可读性。注释不仅可以帮助其他程序员了解内容，在日后程序维护与修改中也能够省下不少时间成本。Python 的注释分为两种。

- 单行注释：以 "#" 开头，后续内容即注释，如程序代码开头的第 1 行。

```
# 这是单行注释
```

- 多行注释：以 3 个双引号（或单引号）开始，输入注释内容，再以 3 个双引号（或单引号）结束。

```
"""
这是多行注释
用来说明程序的描述都可以写在这里
"""
```

也可以用 3 个单引号，代码如下。

```
'''
这也是多行注释
用来说明程序的描述都可以写在这里
'''
```

以下的例子示范了如何在程序中用多行注释来说明程序的功能，以及用单行注释来说明各行语句的作用。

■ 【程序范例：comment.py】单行注释与多行注释

```
01  '''
02      程序范例 :comment.py
03      程序功能 : 本程序示范如何使用多行注释及单行注释
04  '''
05  number = 10 # 将数值 10 赋给 number
06  print(number) # 输出变量 number 的值
07  a=b=c=55 #a、 b、 c 这 3 个变量的值都是 55
08  a,b,c = 55,55,55 # 用 "," 隔开变量名称，就能在同一行中为变量赋值
09  print(a) # 输出变量 a 的值
10  print(b) # 输出变量 b 的值
11  print(c) # 输出变量 c 的值
12  a,f,name = 66,10.58, "Michael " # 也可以同时赋值不同类型的变量
13  print(a) # 输出变量 a 的值，可以发现其值已发生改变
14  print(f) # 输出变量 f 的值
15  print(name) # 输出变量 name 的值
```

执行结果如图 2.2 所示。

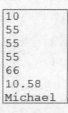

```
10
55
55
55
66
10.58
Michael
```

图2.2

程序解说

◆ 第 1~4 行：多行注释，常用于程序、函数或一段程序功能的说明。

◆ 第 5~15 行：单行注释，常用于变量或单行程序功能的说明。

2.1.3 变量命名规则

对一个程序员而言，重视程序代码的可读性是必须长期培养的一个习惯。考虑到程序的可读性，最好根据变量的功能与意义来命名。尤其是当程序规模很大时，有意义的变量名称就会显得非常重要。

在 Python 中命名变量需要符合一定的规则，如果使用了不适当的名称，可能会造成程序执行时发生错误。另外，Python 是区分大小写的语言，也就是说 "no" 与 "NO" 是两个不同的变量。变量名称的长度不限，但变量名称有以下几点限制。

1. 变量名称的第一个字符必须是英文字母、下划线或中文。

2. 其余字符可以是英文字母、数字、下划线或中文。

3. 不能使用 Python 内置的关键字。常见的关键字如表 2.1 所示。

表 2.1 常见的 Python 内置关键字

acos	finally	return
and	floor	sin
array	for	sqrt
asin	from	tan
assert	global	True
atan	if	try
break	import	type
class	in	while
continue	input	with
cos	int	write
data	is	yield
def	lambda	
del	log	
e	log10	
elif	not	
else	open	
except	orl	
exec	pass	

续表

exp	pi	
fabs	print	
False	raise	
float	range	

4. 变量名称必须区分大小写字母，如"day"和"DAY"会被 Python 的解释器视为不同的名称。

以下是有效变量名称的范例。

```
_index
data01
width
department_no
```

以下是无效变量名称的范例。

```
3_pass
while
$money
pass word
```

上述无效变量名称的错误原因如下。

3_pass

错误原因：变量名称的第一个字符必须是英文字母、下划线或中文，不能是数字。

while

错误原因：不能使用 Python 内置的关键字，while 是关键字。

$money

错误原因：变量名称的第一个字符必须是英文字母、下划线或中文，不能是特殊符号。

pass word

错误原因：变量名称不能包含空格。

 虽然Python 3.x版本的变量名称支持中文，但尽量不要使用中文来命名变量，一方面在输入程序代码时要切换输入法较为麻烦，另一方面在阅读程序代码时也会显得不太顺畅。

2.2 数据类型简介

数据类型（Data Type）用来描述 Python 数据的类型，不同数据类型的数据有着不同的特性，如在存储器中所占的空间大小、所允许存储的数据类型、数据操控的方式等。

· 2.2.1 数值类型

Python 的数值类型有整数（int）、浮点数（float）与布尔值（bool）3 种，下面一一说明这些数值类型的用法。

- int（整数）：整数数值类型用来存储不含小数点的数据，跟数学上的整数意义相同，如 -1、-2、-100、0、1、2、100 等。
- float（浮点数）：带有小数点的数字，也就是数学上的实数；除了能用小数点表示外，也能使用科学记数法表示，如 6e-2。
- bool（布尔值）：一种表示逻辑的数值类型，是 int 的子类别，只有真假值，即 True 与 False；布尔数值类型通常用于流程控制做逻辑判断；也可以采用数值"1"或"0"来代表 True 或 False。

> **Tips** 使用布尔值False和True时要特别注意第一个字母必须大写。

相同的数据类型才能进行运算，例如，字符串与整数不能相加，如要相加，必须先将字符串转换为整数。如果运算数都是数值类型的话，Python 会自动转换，不需要强制转换类型，例如下面的代码。

```
total = 10+7.2  # 结果 num=17.2（浮点数）
```

Python 会自动将整数转换为浮点数再进行运算。

另外，布尔值也可以当成数值来运算，True 代表 1，False 代表 0，例如下面的代码。

```
total = 8 + True  # 结果 total =9（整数）
```

2.2.2 字符串数据类型

将一连串字符用单引号或双引号引起来，就是一个字符串（string）。如果要将字符串指定给特定变量，可以使用赋值运算符"="。范例如下。

```
phrase=" 心想事成 "
```

以下是在 Python 中建立字符串的方式。

```
wordA = ''   # 当单引号内没有任何字符时，它是一个空字符串
wordB = 'A'  # 单一字符
wordC ="Happy" # 建立字符串时，也可以使用双引号
```

如果字符串本身包含双引号或单引号，则可以使用另外一种引号来引住该字符串。以下两种表示方式都是正确的。

```
title = " 地表最简易的 'Python' 入门书 "
```

或是

```
title = ' 地表最简易的 "Python" 入门书 '
```

上述语句的输出结果如图 2.3 所示。

```
>>> print("地表最简易的'Python' 入门书")
地表最简易的'Python' 入门书
>>>
```

图2.3

如果想直接将数值数据转为字符串，可以使用内置函数 str() 来完成，例如下面的代码。

```
str()      # 输出空字符串
str(123)   # 将数值转为字符串 '123'
```

当字符串较长时，也可以利用"\"将过长的字符串拆成多行，例如下面的代码。

```
slogan=" 人进来 \
货出去 \
全国发大财 "
```

当需要依照固定的格式来输出字符串时，则可以利用三重单引号或三重双引号来括住使用者指定的字符串格式，如图 2.4 所示。

```
>>> poem= ''' 此情可待成追忆,
...       只是当时已惘然。'''
>>> print(poem)
此情可待成追忆,
      只是当时已惘然。
>>>
```

图2.4

字符串中的字符是有前后顺序的，如果要连接多个字符串，可以利用"+"实现，如图 2.5 所示。

```
>>> print("青春"+"永驻")
青春永驻
>>>
```

图2.5

另外，字符串的索引值具有顺序性，如果要取得单一字符或子字符串，可以使用"[]"运算符，而从字符串中截取子字符串的动作就称为"切片"（Slicing）运算。

表 2.2 所示为"[]"运算符的各项功能说明。

表 2.2 运算符 "[]" 的功能说明

运算符	说明
s[n]	根据指定索引值取得序列的某个元素
s[n:]	从索引值 n 开始取，直到序列的最后一个元素
s[n : m]	取得索引值 n 至 m-1 范围内的元素
s[:m]	取得由索引值 0 开始，到索引值 m-1 结束的元素
s[:]	复制一份序列元素
s[::-1]	将整个序列的元素反转

例如，我们声明一个字符串"msg = 'Sunday is fun!'"，index 值若从第一个字符（左边）开始，则从 0 开始；若从最后一个字符（右边）开始，则从 -1 开始，如表 2.3 所示。

表 2.3 索引由编号 index 值示例

msg	S	u	n	d	a	y		i	s		f	u	n	!
index	0	1	2	3	4	5	6	7	8	9	10	11	12	13
-index	-14	-13	-12	-11	-10	-9	-8	-7	-6	-5	-4	-3	-2	-1

以下示范了几种常见的取得子字符串的方式。

```
msg[2 : 5]    #不含索引值为 5 的字符，可取得 3 个字符
msg[6: 14]    #可取到最后一个字符
msg[6 :]      #表示 msg[6 : 14]
msg[:5]       #省略 start 时，表示从索引值 0 开始取 5 个字符
msg[4:8]      #索引编号为 4~7，取 4 个字符
```

上述各种字符串的切片运算的执行结果如图 2.6 所示。

```
>>> msg = 'Sunday is fun!'
>>> msg[2 : 5]
'nda'
>>> msg[6: 14]
' is fun!'
>>> msg[6 :]
' is fun!'
>>> msg[:5]
'Sunda'
>>> msg[4:8]
'ay i'
>>>
```

图2.6

字符串中有一些特殊字符无法利用键盘来输入或显示于屏幕上，这时候必须在这些特殊字符前加上反斜线"\"才可使用，这就是"转义字符"（Escape Character）。转义字符具有某些特殊的控制功能。表 2.4 所示为 Python 的转义字符说明。

表 2.4 Python 的转义字符说明

转义字符	说明
\0	字符串结束字符
\a	警告字符，发出"响铃"的警告音
\b	倒退字符（Backspace），倒退一格
\t	横向制表符（Horizontal Tab）
\n	换行字符（New Line）
\v	纵向制表符（Vertical Tab）
\f	换页（Form Feed）
\r	回车（Carriage Return）
\"	显示双引号（Double Quote）
\'	显示单引号（Single Quote）
\\	显示反斜线（Backslash）

例如下面的代码。

```
sentence = "今日事！\n 今日毕！"
```

当使用 print( ) 函数将 topic 字符串的内容输出时，"今日毕！"就会显示在第二行，这是因为在输出"今日毕！"前，必须先行输出转义字符"\n"，它是用来告知系统进行换行动作的，执行结果如图 2.7 所示。

```
>>> print("今日事！\n今日毕！")
今日事！
今日毕！
>>>
```

图2.7

以下程序范例将介绍各种常用转义字符的使用方式及综合应用。

【程序范例：escape.py】转义字符应用范例

```
01   print(" 显示反斜线 : " + '\\')
02   print(" 显示单引号 : " + '\'');
03   print(" 显示双引号 : " + '\"');
04   print(" 显示十六进制数 : " + '\u0068')
05   print(" 显示八进制数 : " + '\123')
06   print(" 显示倒退一个字符 : " + '\b' + "xyz")
07   print(" 显示空字符 : " + "xy\0z")
08   print(" 双引号的应用 ->\" 转义字符的综合运用 \" \n")
```

执行结果如图 2.8 所示。

```
显示反斜线：\
显示单引号：'
显示双引号："
显示十六进制数：h
显示八进制数：S
显示倒退一个字符:xyz
显示空字符：xy z
双引号的应用->"转义字符的综合运用"
```

图2.8

程序解说

◆ 第 1~7 行：示范如何输出特定的转义字符。

◆ 第 8 行：转义字符的综合运用，此处示范了如何输出双引号及利用 "\n" 进行换行。

2.2.3 type() 函数

这里要特别介绍 type() 函数，它能列出变量的数据类型。前文提到在 Python 中使用变量时不用事先声明，变量在被赋值时才会决定变量的数据类型。也就是说，在 Python 程序设计过程中，变量的数据类型经常会改变。如果想要了解目前变量的数据类型，可以使用 type() 函数来返回指定变量的数据类型。接下来的程序范例将使用 type() 函数列出各种变量的数据类型。

【程序范例：type.py】使用 type() 函数列出变量的数据类型

```
01   a=8
02   b=3.14
03   c=True
04   print(a)
05   print(type(a))
06   print(b)
07   print(type(b))
08   print(c)
09   print(type(c))
```

执行结果如图 2.9 所示。

```
8
<class 'int'>
3.14
<class 'float'>
True
<class 'bool'>
```

图2.9

程序解说

◆ 第 1~3 行：分别赋值整数、浮点数及布尔值给 a、b、c 3 个变量。

◆ 第 5~9 行：从执行结果可以看出变量 a 的值为 8，数据类型是整数（int）；变量 b 的值为 3.14，数据类型是浮点数（float）；变量 c 的值为 True，数据类型是布尔值（bool）。

2.2.4 数据类型转换

在设计程序时，如果要运算不同数据类型的变量，就必须进行数据类型的转换。通常数据类型转换功能分为"自动类型转换"与"强制类型转换"。

"自动类型转换"是指由解释器来判断应转换成何种数据类型，例如，当整数与浮点数进行运算时，系统会事先将整数自动转换为浮点数之后再进行运算，运算结果为浮点数。例如下面的代码。

```
total= 7 + 3.5  # 其运算结果为浮点数 10.5
```

整数与字符串之间无法自动转换数据类型，当对整数与字符串进行加法运算时，则会产生错误。输入以下语句，会出现数据类型错误的警告提示，如图 2.10 所示。

```
total = 125+ " 总得分 "
```

```
>>> totle =125+"d总得分"
Traceback (most recent call last):
  File "<stdin>", line 1, in <module>
TypeError: unsupported operand type(s) for +: 'int' and 'str'
>>>
```

图2.10

除了由系统自动进行类型转换之外，Python 也允许使用者强制转换数据类型。例如，想将两个整数数据相除时，可以强制进行类型转换，暂时将整数数据转换成浮点数数据类型。

以下 3 个函数为常见的 Python 强制数据类型转换的函数。

● int() 函数：将数据强制转换为整数数据类型。

● float() 函数：将数据强制转换为浮点数数据类型。

● str() 函数：将数据强制转换为字符串数据类型。

例如下面的代码。

```
num=int("1357")  # 这个函数会将字符串转换成整数，num 的值就会等于 1357
num=float("3.14159")  # 这个函数会将字符串转换成浮点数，num 的值就会等于 3.14159
```

2.3 输入与输出函数

任何程序设计的目的都在于将使用者所输入的数据经计算机运算处理后，再将结果另行输出。接下来我们就介绍 Python 中最常用的输出与输入函数。

2.3.1 输出函数——print()

print( ) 函数是 Python 用来输出指定的字符串或数值到标准输出装置的函数，默认情况下输出到屏幕上。print( ) 的正式语法格式如下。

> print(数据 1[, 数据 2,…, sep= 分隔字符 , end= 结束字符])

● 数据 1，数据 2，…：print( ) 函数可以用来输出多个数据，每个数据之间必须用逗号 "，" 隔开；上述语句中的中括号 "[]" 内的数据、分隔字符或结束字符可有可无。

● sep：分隔字符，可以用来输出多个数据，每个数据之间必须用分隔符分隔，Python 默认的分隔符为空格符。

● end：结束字符，是指在所有数据输出完毕后自动加入的字符，系统的默认值为换行字符 "\n"；正因为这样的默认值，当执行下一次的输出动作时，会输出到下一行。

以下范例示范了 3 种 print( ) 的语法的使用方式及输出结果，如图 2.11 所示。

```
>>> print("一元复始")
一元复始
>>> print("五福临门","十全十美", sep="#")
五福临门#十全十美
>>> print("五福临门","十全十美")
五福临门 十全十美
>>>
```

图2.11

上述 3 种 print( ) 的语法的差异说明如下。

第一种写法最为简单，此语句省略了分隔字符及结束字符，因此其结束字符会采用系统的默认值，即换行字符 "\n"，所以输出完此字符串会自动换行。

第二种写法则加入了分隔字符 "#"，本来默认各数据间会以空格符隔开，但此处指定了 "#" 为其分隔字符，所以可以看到输出结果中的每个数据间会以 "#" 符号隔开。

第三种写法刚好可以和第二种写法做比较，此写法没有指定分隔字符，系统就会使用默认的空格符作为各数据间的分隔字符。

print( ) 函数也支持格式化功能，主要是由 "%" 字符与后面的格式化字符串来输出指定格式的变量或数值内容，语法如下。

> print(" 数据 " %(参数列))

常用输出格式化符号说明如表 2.5 所示。

表 2.5 格式化符号说明

格式化符号	说明
%s	字符串
%d	整数
%f	浮点数
%e	浮点数，指数 e 形式
%o	八进制整数
%x	十六进制整数

例如下面的代码。

```
height=178
print(" 小郭的身高：%d" % height)
```

输出结果如图 2.12 所示。

小郭的身高：178

图2.12

接下来介绍一个实用的方法，即利用 format( ) 函数来进行格式化工作，这个函数以一对大括号 "{}" 来表示参数的位置，语法如下。

```
print( 字符串 .format( 参数列 ))
```

例如下面的代码。

```
print("{0} 今年 {1} 岁 .".format(" 王小明 ", 18))
```

其中 "{0}" 表示使用第一个自变量、"{1}" 表示使用第二个自变量，以此类推。如果 "{}" 内省略数字编号，则会按顺序填入。

也可以使用自变量名称来取代对应的自变量，例如下面的代码。

```
print("{writer} 每年赚 {money} 版税 .".format(writer =" 陈大春 ", money=600000))
```

直接在数字编号后面加上冒号 ":" 可以指定参数格式，例如下面的代码。

```
print('{0:.2f}'.format(3.14159)) #3.14
```

上述代码表示第一个自变量取小数点后两位。

我们来看几个例子。

范例 1 的代码如下。

```
num=1.732659
print("num= {:.3f}".format(num)) # num= 1.733
```

{:.3f} 表示要将数值格式化成小数点后 3 位。

范例 2 的代码如下。

```
num=1.732659
print("num= {:7.3f}".format(num)) #num= 1.733
```

其中 {:7.3f } 表示数值是总长度为 7 的浮点数，且保留小数点后 3 位，此处的小数点也在总长度内。从执行结果来看，总长度为 7，数值前会补空白。

以下范例利用 format( ) 函数来格式化输出字符串及整数。

范例 3 的代码如下。

```
university=" 全优职能专科学校 "
year=142
print("{} 已办校 {} 年 " .format (university, year))
```

输出结果如图 2.13 所示。

全优职能专科学校 已办校 142 年

图2.13

在上例中可以看到字符串中的"{}"符号是用来表示要写入参数的位置的。例如，要输出的 *university* 及 *year* 变量在字符串中就必须有相对应的"{}"符号来配合，以告知系统将这两个变量的值写在此处。

以下范例利用各种不同的 format( ) 函数来格式化输出字符串及整数。

■ 【程序范例：format_para.py】利用 format( ) 函数来格式化输出字符串及整数

```
01   num1=9.86353
02   print("num1= {:.3f}".format(num1))
03   num2=524.12345
04   print("num2= {:12.3f}".format(num2))
05   company=" 智能 AI 科技股份有限公司 "
06   year=18
07   print("{} 已设立公司 {} 年 " .format (company, year))
08   print("{0} 成立至今已 {1} 年 ".format(company, year))
```

执行结果如图 2.14 所示。

num1= 9.864
num2=   524.123
智能AI科技股份有限公司 已设立公司 18 年
智能AI科技股份有限公司 成立至今已 18 年

图2.14

程序解说

◆ 第 1~4 行：分别指定不同的数值总长度及小数点位数来观察不同的数值输出结果。

◆ 第 7~8 行：分别用两种不同的 format( ) 函数的参数的指定方式示范如何在指定位置输出对应的变量内容。

2.3.2 输入函数——input()

我们知道 print( ) 函数是用来输出数据的，而 input( ) 函数则是让使用者从键盘输入数据，然后把使用者所输入的数值、字符或字符串传送给指定的变量。要从键盘输入数据十分简单，语法如下。

变量 = input(提示字符串)

当输入数据并按下 Enter 键后，就会将输入的数据指定给变量。上述语法中的"提示字符串"是一段告知使用者输入的提示信息，例如，希望使用者输入年龄，再用 print() 函数输出年龄，程序代码如下。

```
age =input(" 请输入你的年龄： ")
print (age)
```

执行结果如图 2.15 所示。

```
请输入你的年龄： 36
36
```

图2.15

在此还要注意，使用者输入的数据一律被视为字符串，可以通过内置的 int()、float()、bool() 等函数将输入的字符串转换为整数、浮点数或布尔值类型。

例如，写一个名为 test.py 的程序进行下列程序代码的测试。

```
price =input(" 请输入产品价格： ")
print(" 涨价 10 元后的产品价格： ")
print(price+10)
```

上面的程序将会因为字符串无法与数值相加而产生错误提示，如图 2.16 所示。

```
>>> price =input("请输入产品价格：")
请输入产品价格： 60
>>> print("涨价10元后的产品价格：")
涨价10元后的产品价格：
>>> print (price+10)
Traceback (most recent call last):
  File "<stdin>", line 1, in <module>
TypeError: can only concatenate str (not "int") to str
>>>
```

图2.16

这是因为输入的变量 *price* 是字符串，无法与数值"10"相加，所以必须在进行相加运算前用 int() 函数将字符串强制转换为整数类型，如此一来才可以正确地进行运算。修正的程序代码如下所示。

```
price =input(" 请输入产品价格： ")
print(" 涨价 10 元后的产品价格： ")
print (int(price)+10)
```

由以下范例可以看出，如果输入的字符串没有先通过 int() 函数转换成整数就直接进行加法运算，其产生的结果会变成两个字符串相加，从而造成错误的输出结果。

■ **【程序范例：strtoint.py】将输入的字符串转换成整数类型**

```
01  ino1=input(" 请输入甲班全班人数： ")
02  no2=input(" 请输入乙班全班人数： ")
03  total1=no1+no2
04  print(type(total1))
05  print(" 两班总人数为 %s" %total1)
06  total2=int(no1)+int(no2)
07  print(type(total2))
08  print(" 两班总人数为 %d" %total2)
```

执行结果如图 2.17 所示。

```
请输入甲班全班人数：50

请输入乙班全班人数：60
<class 'str'>
两班总人数为5060
<class 'int'>
两班总人数为110
```

图2.17

 程序解说

◆ 第1~2行：分别输入甲、乙两班的人数。

◆ 第3~5行：直接将所输入的人数进行相加，可以看出其相加的结果是字符串，结果和预期的两班人数的加总结果不同。

◆ 第6~8行：在加总前先将输入的字符串转换成整数，再进行相加，其结果的数据类型是整数，所输出的两班人数的加总结果才是正确的。

2.4 本章综合范例——商品数据格式化输出与栏宽设定

以下范例使用格式化输出方式，并通过栏宽设定分别输出不同的整数、字符串及浮点数结果。

■ **【程序范例：format.py】格式化输出与栏宽设定**

```
01  name1="多益题库大全"
02  name2="小学单字入门手册"
03  name3="英语初级及中级合集"
04  price1=500
05  price2=45
06  price3=125.85
07  print("%5s 商品价格为 %4d 元 " % (name1, price1))
08  print("%5s 商品价格为 %4d 元 " % (name2, price2))
09  print("%5s 商品价格为 %5.2f 元 " % (name3, price3))
```

执行结果如图 2.18 所示。

```
多益题库大全  商品价格为    500 元
小学单字入门手册  商品价格为     45 元
英语初级及中级合集  商品价格为  125.85 元
```

图2.18

程序解说

◆ 第1~3行：分别设定3种商品的初始值。

◆ 第4~6行：分别设定3种商品的价格，其中第3种商品特别设定为浮点数，这是为了观察浮点数的格式化输出的效果。

◆ 第7~9行：将3种商品的名称及价格按照指定的格式化字符串形式输出。

本章重点整理

- 变量主要用来存储程序中的数据，以供程序中各种运算与处理之用。
- Python 的变量不需要声明，这点与其他语言（如 C 语言、Java）有所不同。
- Python 变量的值通过等号"="进行赋值，可以一次赋值多个相同数据类型的变量或同时赋值不同类型的变量。利用","隔开变量名称，就能在同一行中赋值多个变量。
- Python 也允许使用者用";"来将不同的程序语句放在同一行。
- del 语句用于删掉不必要的变量。
- Python 的注释分为两种：单行注释、多行注释。
- 单行注释：以"#"开头，后续内容即注释。
- 多行注释：以3个双引号（或单引号）开始，输入注释内容，再以3个双引号（或单引号）结束。
- Python 的数值类型有整数（int）、浮点数（float）与布尔值（bool）3种。
- 使用布尔值 False 和 True 时要特别注意第一个字母必须大写。
- 将一连串字符用单引号或双引号括起来，就是一个字符串。
- 可以使用 type() 函数来返回指定变量的数据类型。
- 数据类型转换功能分为"自动类型转换"与"强制类型转换"。
- 3 个强制数据类型转换的函数：int()、float()、str()。

本章课后习题

一、选择题

1.（C）下列哪一个选项是无效的 Python 变量？

（A）_tall

（B）pass01

（C）6_total

（D）SSN_NO

2.（A）将数值数据转换为字符串的函数是哪一个？

（A）str() 函数

（B）string() 函数

（C）ord() 函数

（D）chr() 函数

3.（B）当字符串较长时，可以用哪一个字符将过长的字符串拆成两行？

（A）"/" 字符

（B）"\" 字符

（C）"\\" 字符

（D）"//" 字符

4.（C）如果要根据固定的格式来输出字符串，可以用哪一个符号来引住指定的字符串？

（A）三重单引号

（B）三重双引号

（C）A、B 皆可

（D）A、B 皆否

5.（A）一些特殊字符无法显示于屏幕上，这时候必须在此特殊字符前加上什么符号才能形成所谓的转义字符？

（A）\

（B）\\

（C）/

（D）//

二、问答题

1. 试简述 Python 语言的命名规则。

答：

- 变量名称的第一个字符必须是英文字母、下划线或中文；
- 其余字符可以是大小写英文字母、数字、下划线或中文；
- 不能使用 Python 内置的关键字。
- 区分大小写字母。

2. 请说明以下无效变量错误的原因。

7_up

for

$$$999

happy new year

答：

"7_up"的错误原因是变量名称第一个字符必须是英文字母、下划线或中文，不能是数字；

"for"的错误原因是不能使用 Python 内置的关键字，for 是关键字；

"$$$999"的错误原因是变量名称的第一个字符必须是英文字母、下划线或中文，不能是特殊符号；

"happy new year"的错误原因是变量名称不能包含空格。

3. 什么是切片运算？试举例说明。

答：

字符串的索引值具有顺序性，如果要取得单一字符或子字符串，可以使用"[]"运算符，而从字符串中截取子字符串的动作就称为切片运算。例如以下代码。

```
msg = 'Sunday is fun!'
```

则 msg[2:5] 的结果值为 'nda'。

4. 试写出下表中的 Python 转义字符。

转义字符	说明
	横向制表符（Horizontal Tab）
	换行字符（New Line）
	显示单引号（Single Quote）
	显示反斜线（Backslash）

答：

转义字符	说明
\t	横向制表符（Horizontal Tab）
\n	换行字符（New Line）
\'	显示单引号（Single Quote）
\\	显示反斜线（Backslash）

5. print() 函数也支持格式化功能，请在下表中填入输出格式化功能的符号。

格式化符号	说明
	字符串
	整数
	浮点数
	十六进制整数

答：

格式化符号	说明
%s	字符串
%d	整数
%f	浮点数
%x	十六进制整数

## 第 3 章

表达式与运算符

　　早期的数学家必须花上数年的时间才能计算出圆周率 π 小数点后数百位的精确数字，但是如今的计算机只要数秒钟就可以计算到小数点后数百万位，甚至数千万位。精确快速的计算能力是计算机最重要的能力之一，需要通过程序语言的各种语句来实现，而语句的基本构成是表达式与运算符。

　　表达式就像我们平常用的数学公式一样，由运算符（Operator）与操作数（Operand）组成。不论如何复杂的程序，都是用来帮助我们做各种运算的，而这些过程都必须依赖一个个的表达式来完成。例如下面的表达式。

```
A=(C+2*B)*(B+25)/7
```

　　表达式中的 "=" "+" "*" 及 "/" 称为运算符，而变量 *A*、*B*、*C* 及常数 2、25、7 都属于操作数。只有一个操作数的运算符称为一元运算符，如表达负值的 "-23"。有两个操作数的运算符称为二元运算符，算术运算符加、减、乘、除就是一种二元运算符，如 "3 + 7"。本章将介绍和讨论 Python 中的运算符与表达式的各种相关知识。

3.1 算术运算符

算术运算符是程序语言中使用频率最高的运算符之一，常用于一些四则运算，表 3.1 所示为算术运算符的实例和说明。

表 3.1 算术运算符的实例和说明

算术运算符	实例	说明
+	a+b	加法
−	a−b	减法
*	a*b	乘法
**	a**b	乘幂（次方）
/	a/b	除法
//	a//b	整数除法
%	a%b	取余数

算术运算符的优先级为"先乘除，后加减"，例如下面的表达式。

```
3+1*2
```

上式的运算结果是 5。而括号的优先级又高于乘除，如果上式改为（3+1）*2 的话，运算结果就会是 8。如果优先级相同，通常会以从左至右的顺序来运算。"/"与"//"都是除法运算符，"/"的运算结果为浮点数；"//"会将除法结果的小数部分去掉，只取整数；"%"是取得除法后的余数。例如下面的代码。

```
a = 9
b = 2
print(a / b)  # 浮点数 4.5
print(a // b)  # 整数 4
print(a % b)  # 余数 1
```

如果并不需要将运算结果赋给其他变量，则运算结果的数据类型将由操作数中最大变量的数据类型为主。例如，两个操作数皆为整数，而运算结果为小数，则将自动以小数方式输出结果，不需要担心数据类型的转换问题。

 "+"号也可以用来连接两个字符串。例如下面的代码。

```
a ="abc" + "def"   #a="abcdef"
```

下面的程序范例实现的是加法及减法运算。

■ **【程序范例：AddMinus.py】熟悉加法及减法运算**

```
01   num1=int(input(" 请输入第一个整数："))
02   num2=int(input(" 请输入第二个整数："))
03   print(" 第一个整数的值：%d" %num1)
04   print(" 第二个整数的值：%d" %num2)
05   print(" 两个整数相加的值：%d" %(num1+num2))
```

```
06   print(" 两个整数相减的值：%d" %(num1-num2))
```

执行结果如图 3.1 所示。

```
请输入第一个整数：100
请输入第二个整数：30
第一个整数的值：100
第二个整数的值：30
两个整数相加的值：130
两个整数相减的值：70
```

图3.1

程序解说

◆ 第 1~2 行：输入两个整数。

◆ 第 3~4 行：输出两个整数的值。

◆ 第 5 行：输出两个整数相加的值。

◆ 第 6 行：输出两个整数相减的值。

下面的程序范例可实现让用户输入 3 次月考的成绩，输出 3 次月考的总分数及平均分数。

【程序范例：score.py】成绩计算

```
01   s1=int(input(" 请输入第一次月考成绩："))
02   s2=int(input(" 请输入第二次月考成绩："))
03   s3=int(input(" 请输入第三次月考成绩："))
04   print(" 三次月考的总分数：%d" %(s1+s2+s3))
05   avg=(s1+s2+s3)/3
06   print(" 三次月考的平均分数：%3.1f" %avg)
```

执行结果如图 3.2 所示。

```
请输入第一次月考成绩：95
请输入第二次月考成绩：92
请输入第三次月考成绩：97
三次月考的总分数：284
三次月考的平均分数：94.7
```

图3.2

程序解说

◆ 第 1~3 行：输入 3 次月考的成绩，将所输入的字符串类型转换成整数类型。

◆ 第 4 行：输出 3 次月考的总分数。

◆ 第 5 行：计算 3 次月考的平均分数。

◆ 第 6 行：输出 3 次月考的平均分数。

下面的程序范例可实现让用户输入华氏（Fahrenheit）温度，将其转换为摄氏（Celsius）温度，并给出提示：
C=5/9*（F-32）。

【程序范例：temperature.py】将华氏温度转换为摄氏温度

```
01
```

```
02   将输入的华氏 (Fahrenheit) 温度转换为摄氏 (Celsius) 温度
03   提示：C=5/9*(F-32)
04   """
05   F= float( input(" 请输入华氏温度："))
06   C=5/9*(F-32)
07   print(" 华氏温度 %3.1f 转换为摄氏温度为 %3.1f" %(F,C))
```

执行结果如图 3.3 所示。

```
请输入华氏温度：98
华氏温度 98.0 转换为摄氏温度为 36.7
```

图3.3

程序解说

◆ 第 5 行：让用户输入华氏温度，利用 float() 函数将所输入的内容转换为浮点数数据类型。

◆ 第 6 行：将所输入的华氏温度转换为摄氏温度。

◆ 第 7 行：根据指定的格式化字符串将转换前后的温度输出。

3.2 赋值运算符

赋值运算符 "=" 会将它右侧的值赋给左侧的变量。赋值运算符 "=" 的右侧可以是常数、变量或表达式，最终都会将值赋给左侧的变量；而赋值运算符的左侧只能是变量，不能是数值、函数或表达式等。例如，表达式 "X-Y=Z" 就是不合法的。如下面这样的语句。

```
index=0
index=index+3
```

上述语句中的 index=0 还比较容易理解其所代表的意义，至于 index=index+3 这条语句，许多初学者往往无法想通这条语句所代表的意义，它的意义是将等号右侧的运算结果赋给等号左侧的变量。

有关如何使用赋值运算符将各种数据类型的内容赋给变量的相关语句，我们在上一章的 "变量的声明" 这一小节中已详细说明过，在此不再另外详述。

 在Python中，单个等号 "=" 用作赋值，两个等号 "==" 用作关系比较，不可混用。

赋值运算符可以搭配某个运算符而形成 "复合赋值运算符"（Compound Assignment Operator）。复合赋值运算符的格式如下。

```
a op= b;
```

此表达式的含义是将 a 的值与 b 的值通过 "op" 运算符进行计算，然后再将结果赋给 a，例如下面的代码。

```
a += 1    #相当于 a = a + 1
a -= 1    #相当于 a = a - 1
```

复合赋值运算符有以下几种（num 的初始值为 10），如表 3.2 所示。

表 3.2 复合赋值运算符

运算符	说明	运算	赋值运算	结果
+=	加	num = num + 1	num += 1	num = 11
-=	减	num = num – 1	num –= –1	num = –1
*=	乘	num = num * 2	num *= 2	num = 20
/=	除	num = num / 2	num /= 2	num = 5.0
**=	次方	num = num ** 3	num **= 3	num = 1000
//=	整除	num = num // 3	num //= 3	num = 3
%=	取余数	num = num % 3	num %= 3	num = 1

下面的程序范例实现赋值运算符和复合赋值运算符的综合应用。

■ 【程序范例：compound.py】赋值运算符和复合赋值运算符的综合应用

```
01  """
02  赋值运算符和复合赋值运算符的综合应用
03  """
04
05  a =3
06  b =1
07  c =2
08
09  x = a + b * c
10  print("{}".format(x)) #x=3+1*2=5
11  a += c
12  print("a={0}".format(a,b)) #a=3+2=5
13  a -= b
14  print("a={0}".format(a,b)) #a=5-1=4
15  a *= b
16  print("a={0}".format(a,b)) #a=4*1=4
17  a **= b
18  print("a={0}".format(a,b)) #a=4**1=4
19  a /= b
20  print("a={0}".format(a,b)) #a=4/1=4.0
21  a //= b
22  print("a={0}".format(a,b)) #a=4.0//1=4.0
23  a %= b
24  print("a={0}".format(a,b)) #a=4.0%2=0.0
25  s = "程序设计" + "很有趣"
26  print(s)
```

执行结果如图 3.4 所示。

```
5
a=5
a=4
a=4
a=4
a=4.0
a=4.0
a=0.0
程序设计很有趣
```

图3.4

程序解说

- 第 11~12 行：将 *a* 与 *c* 相加后的值赋给变量 *a*，再将 *a* 的结果输出。
- 第 13~14 行：将 *a* 与 *b* 相减后的值赋给变量 *a*，再将 *a* 的结果输出。
- 第 15~16 行：将 *a* 与 *b* 相乘后的值赋给变量 *a*，再将 *a* 的结果输出。
- 第 17~18 行：将 *a* 与 *b* 进行幂运算后的值赋给变量 *a*，再将 *a* 的结果输出。
- 第 19~20 行：将 *a* 与 *b* 相除后的值赋给变量 *a*，再将 *a* 的结果输出。
- 第 21~22 行：将 *a* 与 *b* 整数相除后的值赋给变量 *a*，再将 *a* 的结果输出。
- 第 23~24 行：将 *a* 与 *b* 相除取余数后的值赋给变量 *a*，再将 *a* 的结果输出。
- 第 25~26 行：将字符串相加后再输出。

3.3 关系运算符

关系运算符的主要作用是比较两个数值之间的大小关系，并产生布尔值的比较结果，通常用于条件控制语句。当使用关系运算符时，所运算的结果不是成立就是不成立。结果成立，称之为"真"（True）；结果不成立，则称之为"假"（False）。False 用数值 0 表示，其他所有非 0 的数值则表示 True（通常用数值 1 表示）。关系运算符共有 6 种，如表 3.3 所示。

表 3.3 关系运算符

关系运算符	说明	用法	A=15，B=2
>	大于	A>B	15>2，结果为 True（1）
<	小于	A<B	15<2，结果为 False（0）
>=	大于等于	A>=B	15>=2，结果为 True（1）
<=	小于等于	A<=B	15<=2，结果为 False（0）
==	等于	A==B	15==2，结果为 False（0）
!=	不等于	A!=B	15!=2，结果为 True（1）

下面的程序范例实现关系运算符的应用。

■ 【程序范例：relation.py】关系运算符的应用

```
01   a = 54
02   b = 35
03   c = 21
04   ans1 = (a == b)  # 判断 a 是否等于 b
05   ans2 = (b != c)  # 判断 b 是否不等于 c
06   ans3 = (a <= c)  # 判断 a 是否小于等于 c
07   print(ans1)
08   print(ans2)
09   print(ans3)
```

执行结果如图 3.5 所示。

```
False
True
False
```

图3.5

程序解说

◆ 第 1~3 行：给 3 个整数变量 *a*、*b*、*c* 赋初始值。

◆ 第 4 行：判断 "a==b" 是否成立；由于程序中第 4 行的 "a==b" 并不成立，因此在图 3.5 所示的第 1 行中显示的比较结果为 "False"。

◆ 第 5 行：判断 "b!=c" 是否成立；由于 "b!=c" 成立，因此比较结果为 "True"。

◆ 第 6 行：判断 "a<= c" 是否成立；由于 "a<=c" 不成立，因此比较结果为 "False"。

◆ 第 7~9 行：将比较结果输出至屏幕上。

3.4 逻辑运算符

逻辑运算符通常用于两个表达式之间的关系判断，运算结果仅有 "真"（True）与 "假"（False）两种值，经常与关系运算符配合使用，可控制程序流程。逻辑运算符包括 "and" "or" "not" 等。逻辑运算符的功能说明如表 3.4 所示。

表 3.4　逻辑运算符

逻辑运算符	说明	实例
and（且）	左、右两侧都成立时结果为真	a and b
or（或）	只要左、右两侧有一侧成立结果就为真	a or b
not（非）	真变成假，假变成真	not a

例如，下面语句的逻辑运算的输出结果为 False。

```
x= 28
y = 35
print(x> y and x == y)
```

例如，下面语句的逻辑运算的输出结果为 True。

```
a = 52
b = 98
print(a < b or a == b)
```

例如，下面语句的逻辑运算的输出结果为 False。

```
a = 3
b = 7
print(not a<5)
```

再来看下面这个例子。

```
num = 89
```

```
value = num % 7 == 0 or num % 5 == 0 or num % 3 == 0
print(value)
```

这个例子使用"or"运算符，由于89无法被3、5和7整除，所以value的值为False。

下面的程序实现关系运算符和逻辑运算符的应用，特别留意运算符间的运算规则及优先次序。

■ 【程序范例：logic.py】关系运算符和逻辑运算符的应用

```
01   a,b,c=3,5,7;    # 给 a、b、c 3 个整数变量赋值
02   print("a= %d b= %d c= %d" %(a,b,c))
03   print("==================================")
04   # 输出包含关系与逻辑运算符的表达式的运算结果
05   print("a<b and b<c or c<a = %d" %(a<b and b<c or c<a))
```

执行结果如图 3.6 所示。

```
a= 3  b= 5  c= 7
==================================
a<b and b<c or c<a = 1
```

图3.6

程序解说

◆ 第 1 行：给 a、b、c 这 3 个整数变量赋值。

◆ 第 2 行：输出 a、b、c 这 3 个整数变量的值。

◆ 第 5 行：输出包含关系与逻辑运算符的表达式的运算结果，1 代表结果为 True。

3.5 位运算符

计算机实际处理的数据只有0与1这两种，也就是说，计算机采取的是二进制数据形式。因此，要把数看作二进制数，可以使用位运算符（Bitwise Operator）来进行位与位之间的逻辑运算。Python中有 4 种位运算符，分别是"&""|""~"与"^"，如表 3.5 所示。

表 3.5 位运算符

位运算符	说明	使用语法
&	A 与 B 进行按位与运算	A & B
|	A 与 B 进行按位或运算	A | B
~	A 进行按位取反运算	~A
^	A 与 B 进行按位异或运算	A^B

● &。执行按位与"&"运算时，对应的两个相应位都为 1 时，运算结果才为 1，否则为 0。例如，a=12，b=8，则"a&b"得到的结果为 8。因为 12 的二进制表示为 1100，8 的二进制表示为 1000，两者执行按位与"&"运算后，结果为（1000）$_2$，也就是（8）$_{10}$。

- |。执行按位或"|"运算时，对应的两个相应位中任一位为 1 时，运算结果为 1。也就是说，只有两者都为 0 时，运算结果才为 0。例如，a=12，则"a｜8"得到的结果为 12。因为 12 的二进制表示为 1100，8 的二进制表示为 1000，两者执行按位或"|"运算后，结果为（1100）$_2$，也就是（12）$_{10}$。

- ~。~x 是对数据 x 的补码中的每个二进制位取反，即把 1 变为 0，把 0 变为 1，得到的为 -x-1 的补码，因此结果为 -x-1。例如，a=12 的二进制表示为 00001100，其补码也是 00001100，将 0 与 1 互换后，运算后的结果为 11110011，该结果为 -13 的补码，所以运算结果为 -13，如图 3.7 所示。

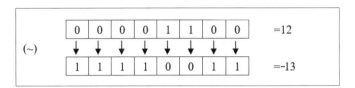

图3.7

- ^。执行按位异或"^"运算时，如果对应的两个相应位中任一位为 1，则运算结果即为 1。不过当两者同时为 1 或 0 时，运算结果为 0。例如，a=12，则"a^8"得到的结果为 4。因为 12 的二进制表示为 1100，8 的二进制表示为 1000，两者执行按位异或"^"运算后，结果为（0100）$_2$，也就是（4）$_{10}$。

 所谓"补码"，是指两个数字加起来等于某特定数（如十进制数为10）时，则称这两个数互为该特定数的补码。例如，4在十进制下的补码为6，6在十进制下的补码为4。

下面的程序范例实现位运算符的综合应用。

■ 【程序范例：bit_operator.py】位运算符的综合应用

```
01  # 位运算符的综合应用
02  x = 12; y = 8
03  print(x & y)
04  print(x ^ y)
05  print(x | y)
06  print(~x)
```

执行结果如图 3.8 所示。

```
8
4
12
-13
```

图3.8

程序解说

◆ 第 3~6 行：4 种位运算符的应用。

3.6 移位运算符

移位运算符能够将整数值的位向左或向右移动指定的位数。Python 提供了两种移位运算符，如表 3.6 所示。

表 3.6 移位运算符

移位运算符	说明	使用语法
<<	A 进行左移 n 个位运算	A<<n
>>	A 进行右移 n 个位运算	A>>n

- <<。左移运算符"<<"可将操作数的内容向左移动 n 个位，左移后超出存储范围的数被舍去，右边空出的位则补 0。语法格式如下。

A<<n

例如，表达式"14<<2"，数值 14 的二进制表示为 1110，向左移动 2 个位后变成 111000，也就是十进制数 56，如图 3.9 所示。

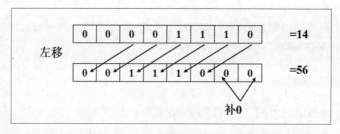

图3.9

- >>。右移运算符">>"与左移运算符相反，可将操作数的内容右移 n 个位，右移后超出存储范围的数被舍去。对于左边空出的位，如果这个数值是正数则补 0，负数则补 1。语法格式如下。

A>>n

例如，表达式"14>>1"，数值 14 的二进制表示为 1110，向右移动 1 个位后变成 0111，也就是十进制数 7，如图 3.10 所示。

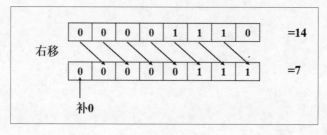

图3.10

3.7 运算符优先级

一个表达式中往往包含了许多运算符,运算符优先级会决定程序执行的顺序,这对执行结果有重大影响。要安排运算符执行的先后顺序,就需要根据优先级来建立运算规则。在处理一个包含多个运算符的表达式时,有一些规则与步骤必须要遵守。

- 当遇到一个表达式时,先区分运算符与操作数。
- 根据运算符的优先级进行整理。
- 将各运算符按照其结合顺序进行运算。

通常运算符会根据默认的优先级进行计算,但是也可利用括号"()"来改变优先级。表3.7所示为Python中计算时各种运算符的优先级。

表 3.7 运算符的优先级

运算符	说明
()	括号
not – +	逻辑运算 NOT 负数 正数
* / %	乘法运算 除法运算 余数运算
+ –	加法运算 减法运算
> >= < <=	比较运算大于 比较运算大于等于 比较运算小于 比较运算小于等于
== !=	比较运算等于 比较运算不等于
and or	逻辑运算 AND 逻辑运算 OR
=	赋值运算

假设"a= 12, b= 2",编写实现输出图 3.11 所示结果的程序。

```
a= 12
b= 2
6*(24/a + (5+a)/b)= 63.0
```

图3.11

■ **【程序范例：precedence.py】运算符优先级**

```
01   a = 12
02   b = 2
03   c = 6*(24/a + (5+a)/b)
04
05   print("a=" , a)
06   print("b=", b)
07   print("6*(24/a + (5+a)/b)=", c)
```

3.8 本章综合范例——快速兑换钞票算法

设计一个 Python 程序，能够让用户输入准备兑换的金额，并能输出所能兑换的 100 元纸钞、50 元纸钞与 10 元纸钞的数量。

执行结果如图 3.12 所示。

请输入将兑换的金额：7890
100 元纸钞有 78 张 50 元纸钞有 1 张 10 元纸钞有 4 张

图3.12

■ **【程序范例：exchange.py】快速兑换钞票**

```
01   num=int(input(" 请输入将兑换的金额 :"))
02   hundred=num//100
03   fifty=(num-hundred*100)//50
04   ten=(num-hundred*100-fifty*50)//10
05   print("100 元纸钞有 %d 张 50 元纸钞有 %d 张 10 元纸钞有 %d 张 "
06       %(hundred,fifty,ten))
```

程序解说

◆ 第 1 行：输入将兑换的金额。

◆ 第 2 行：用整除运算符求 100 元纸钞数。

◆ 第 3 行：将所有已兑换的 100 元纸钞金额扣除，用整除运算符求 50 元纸钞数。

◆ 第 4 行：对剩下的金额用整除运算符求 10 元纸钞数。

本章重点整理

• 表达式由运算符与操作数组成。

• 算术运算符加、减、乘、除就是一种"二元运算符"，其优先级为"先乘除，后加减"。

• "/"与"//"都是除法运算符。"/"的运算结果为浮点数；"//"会将除法结果的小数部分去掉，只取整数；"%"是取得除法后的余数。

• "+"号也可以用来连接两个字符串。

- 赋值运算符"="会将它右侧的值赋给左侧的变量。
- 在 Python 中，单个等号"="用作赋值，两个等号"=="用作关系比较，不可混用。
- 赋值运算符可以搭配某个运算符而形成"复合赋值运算符"。
- 使用关系运算符时，运算结果不是成立就是不成立。
- 逻辑运算符的运算结果仅有"真"（True）与"假"（False）两种值。

本章课后习题

一、选择题

1.（A）下列哪一个运算符可以用来改变运算符原先的优先级？
（A）()
（B）' '
（C）" "
（D）#

2.（D）下列哪个运算符的优先级最高？
（A）==
（B）%
（C）/
（D）not

3.（A）13%3 的值是什么？
（A）1
（B）2
（C）3
（D）4

4.（C）6 !=8 的结果是什么？
（A）true
（B）false
（C）True
（D）False

5.（A）"a =8;b =5;c =3"，经过"a += c"运算后，a 的结果是什么？
（A）11
（B）10
（C）9
（D）8

二、问答题

1. 赋值运算符左右侧的操作数在使用上有哪些要注意的地方？请列举一种不合法的赋值方式。

答：

赋值运算符"＝"的右侧可以是常数、变量或表达式，最终都会将值赋给左侧的变量；而赋值运算符的左侧只能是变量，不能是数值、函数或表达式等；例如，表达式"X-Y=Z"就是不合法的。

2. 处理一个多运算符的表达式时，有哪些规则与步骤是必须要遵守的？

答：

- 当遇到一个表达式时，先区分运算符与操作数；
- 根据运算符的优先级进行整理；
- 将各运算符按照其结合顺序进行运算。

3. 请根据运算符优先级计算下列程序的输出结果。

```
a = 18
b = 3
c = 6*(24/a + (5+a)/b)
print("6*(24/a + (5+a)/b)=", c)
```

答：

54.0。

4. 请写出下列程序的输出结果。

```
x= 25
y = 78
print(x> y and x == y)
```

答：

False。

5. 请写出下列程序的输出结果。

```
a =5
b =4
c =3

x = a + b * c
print("{}".format(x))
a += c
print("a={0}".format(a,b))
a //= b
print("a={0}".format(a,b))
a %= c
print("a={0}".format(a,b))
```

答：

17

a=8

a=2

a=2。

## 第 4 章

流程控制与选择结构

程序的执行顺序有时十分复杂，甚至让人晕头转向。Python 主要根据代码的顺序由上而下执行，不过有时也会视需要改变执行顺序，此时就可由流程控制语句来告诉计算机应该以何种顺序来执行语句。Python 包含了 3 种常用的流程控制结构，分别是顺序结构、选择结构以及循环结构。

4.1 顺序结构

顺序结构就是一个程序语句由上而下接着另一个程序语句执行，如图 4.1 所示。

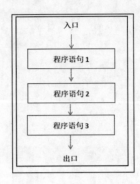

图4.1

程序语句块可以被看作一个最基本的语句区，使用方法就跟一般的程序语句一样。它是顺序结构中的最基本单元，大部分的程序语言（如 C 语言、C++、Java）是用大括号"{}"将多个语句括起来，这些用大括号括起来的多行语句就称作程序语句块，形式如下所示。

```
{
  语句 1;
  语句 2;
  语句 3;
}
```

Python 程序里的语句块主要是通过"缩进"来表示的，可以按空格键或 Tab 键产生空格，建议以 4 个空格进行缩进，按 Tab 键或空格键都能达到在同一程序语句块中缩进的效果。例如，if…else 语句中冒号"："的下一行代码必须缩进，代码如下所示。

```
score = 80

if score > 60:
    print(" 及格 ")
else:
    print(" 不及格 ")
```

Python 程序代码里的缩进对执行结果有很大的影响，也因此 Python 对缩进的要求是非常严格的，同一个语句块的程序代码必须使用相同的空格数进行缩进，否则就会出现错误。同一个文件的程序代码在缩进时采用 Tab 键最能维持其一致性，这是 Python 的特有语法。这种做法其实是希望编写程序的人能够养成缩进的习惯。

4.2 选择结构

选择结构是一种条件控制语句，包含一个条件表达式，如果条件为真，则执行某些语句；条件为假则执行另外一些语句。选择结构让程序能够根据条件表达式选择应该执行的程序代码，就好比开车到十字路口，可以根据不同的情况来选择不同的路径，如图 4.2 所示。

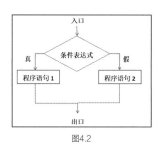

图4.2

4.2.1 if 条件语句

对 Python 程序来说，if 条件语句是个使用频率高且实用的语句。当 if 的判断条件成立（返回 1）时，程序将执行缩进的程序语句块；判断条件不成立（返回 0）时，则不执行缩进的程序语句块，并结束 if 语句。在设计程序的过程中，如果遇到只有单一测试条件的情况，就需要用到 if 条件语句来进行程序的编写。其语法如下所示。

```
if 条件表达式：
    程序语句块
```

if 语句搭配条件表达式可以进行布尔判断来取得真值或假值。条件表达式之后要有 "："来作为缩进的开始。当条件表达式的执行结果为真时，就必须执行这个程序语句块。

 注意，在Python的条件式判断中，符合条件时需要执行的程序语句块内的所有程序语句都必须缩进，否则解译时会产生错误。

例如下面的代码。

```
#
test_score=80
if test_score>=60:
    print("You Pass!")
```

其执行结果如图 4.3 所示。

```
You Pass!
```

图4.3

下面的程序范例使用 if 条件语句简单判断消费金额是否满 1200 元，如果没有满 1200 元，则加收 10% 的服务费。

■ 【程序范例：if.py】使用 if 条件语句判断是否加收服务费

```
01   Money=int (input ("请输入消费的金额 :"))
02   if Money<1200:
03       Money*=1.1; # 消费未满 1200 元，加收 10% 的服务费
04   print ("需支付的实际金额是 %5.0f 元 " %Money)
```

执行结果如图 4.4 所示。

```
请输入消费的金额:500
需支付的实际金额是    550 元
```

图4.4

程序解说

◆ 第 1 行：输入消费的金额。

◆ 第 2 ~ 3 行：由于 if 条件语句只包括一行程序代码 "Money*=1.1"，因此当消费金额不足 1200 元时，就会执行第 3 行的加收服务费运算。

以下程序范例实现让使用者自行输入一个体重数值 [单位为千克（kg）]，接着将输入体重的字符串类型转换为整数类型，再利用 if 语句来判断体重数值是否大于或等于 80，如果判断结果为真，则输出"体形过胖，要小心身材变形"。

■ 【程序范例：if_weight.py】使用 if 条件语句判断体形是否过胖

```
01   weight = input ('请输入体重 : ')
02   andy = int (weight) # 将输入体重的字符串类型转换为整数
03   if andy >= 80:    # 判断体重数值是否大于或等于 80
04       print ('体形过胖，要小心身材变形 ')
```

执行结果如图 4.5 所示。

```
请输入体重: 85
体形过胖，要小心身材变形
```

图4.5

程序解说

◆ 第 1 行：输入体重，并将输入的字符串赋给 *weight* 变量。
◆ 第 2 行：将 *weight* 变量的字符串通过 int() 函数转换为整数，再将该整数值赋给 *andy* 变量。
◆ 第 3~4 行：单向判断式 if，如果判断式成立则输出"体形过胖，要小心身材变形"。

以下程序范例是输入停车时数，以每小时 40 元收费，当大于一小时时才开始收费，并输出停车时数及总费用。

■ 【程序范例：if_fee.py】使用 if 条件语句判断停车时数

```
01   print("停车超过一小时 , 每小时收费 40 元 ")
```

```
02    t=int(input(" 请输入停车几小时 : ")) # 输入小时数
03    if t>=1:
04        total=t*40 # 计算费用
05        print(" 停车 %d 小时 , 总费用为 :%d 元 " %(t,total))      # 程序语句块是两行语句，都要缩进
```

执行结果如图 4.6 所示。

停车超过一小时，每小时收费**40**元

请输入停车几小时:**7**
停车**7**小时，总费用为:**280**元

图4.6

程序解说

◆ 第 2 行：输入停车小时数。

◆ 第 3 行：利用 if 语句，当输入的数字大于 1 时，执行第 4~5 行程序代码。

4.2.2 if…else 条件语句

if…else 条件语句的作用是判断条件式是否成立，是一个使用频率高且实用的语句。当条件成立（True）时，就执行 if 里的语句；条件不成立（False，或用 0 表示）时，则执行 else 里的语句。如果有多重判断，可以加上 elif 语句。if…else 条件语句的语法如下。

```
if 条件表达式:
    # 如果条件成立，就执行这里面的语句
else:
    # 如果条件不成立，就执行这里面的语句
```

例如，要判断变量 *a* 是否大于或等于变量 *b* 时，条件式就可以写成如下形式。

```
if a >= b:
    # 如果 a 大于或等于 b，就执行这里面的语句
else:
    # 如果 a" 不 " 大于或等于 b，就执行这里面的语句
```

if…else 条件式流程如图 4.7 所示。

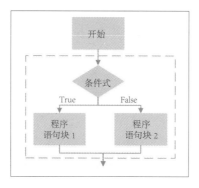

图4.7

另外，如果 if…else 条件语句中使用了 and 或 or 等逻辑运算符，建议加上括号区分执行顺序，从而提高程序的可读性，例如下面的代码。

```
if (a==c) and (a>b):
# 如果 a 等于 c 并且 a 大于 b，就执行这里面的语句
else:
# 如果上述条件不成立，就执行这里面的语句
```

例如下面的代码。

```
test_score=50
if test_score>=60:
    print("You Pass!")
else:
    print("You Fail")
```

执行结果如图 4.8 所示。

```
You Fail
```

图4.8

另外，Python 提供了一种更简洁的 if…else 条件表达式，格式如下。

```
X if C else Y
```

根据条件式返回两个表达式中的一个，当 C 为真时返回 X，否则返回 Y。例如，判断整数 X 是奇数或偶数时，原本的程序会写成如下形式。

```
if (x % 2)==0:
    y=" 偶数 "
else:
    y=" 奇数 "
print('{0}'.format(y))
```

而现在只需要简单的一行程序语句就能达到同样的目的，如下所示。

```
print('{0}'.format(" 偶数 " if (X % 2)==0 else " 奇数 "))
```

当 if 判断式为真时返回"偶数"，否则返回"奇数"。

再来看一个例子，先要求使用者输入身高数值 [单位为厘米（cm ）]，如果所输入的身高数值大于或等于 180，则输出"身高不错"；如果小于 180，则输出"身高不算高"。如果用三元操作数来加以表示，其代码如下。

```
height = int(input(' 请输入身高： '))
print(' 身高不错 ' if height >= 180 else ' 身高不算高 ')
```

执行结果如图 4.9 所示。

```
请输入身高：168
身高不算高
```

图4.9

以下程序范例就是一个使用 if…else 条件语句的应用范例，可以判断所输入的数字是否为 5 的倍数。

■ 【程序范例：if-else.py】if…else 条件语句的应用范例一

```
01   num = int(input(' 请输入一个整数： '))
02   if num%5:
03       print(num, ' 不是 5 的倍数 ')
04   else:
05       print(num, ' 为 5 的倍数 ')
```

执行结果如图 4.10 和图 4.11 所示。

```
请输入一个整数：58
58  不是5的倍数
```

图4.10

```
请输入一个整数：40
40  为5的倍数
```

图4.11

程序解说

◆ 第 1 行：输入一个整数，并将该值赋给变量 num。

◆ 第 2~5 行：利用 "num%5" 取除以 5 的余数作为 if 语句的条件式判断依据。

以下程序范例就是利用 if…else 条件语句让使用者输入一个整数，并判断该整数是否为 2 或 3 的倍数，并且不为 6 的倍数。

■ 【程序范例：if-else-1.py】if…else 条件语句的应用范例二

```
01   value=int(input(" 请任意输入一个整数： ")) # 输入一个整数
02   # 判断是否为 2 或 3 的倍数
03   if value%2==0 or value%3==0:
04       if value%6!=0:
05           print(" 符合条件 ")
06       else:
07           print(" 不符合条件 ") # 为 6 的倍数
08   else:
09       print(" 不符合条件 ")
```

执行结果如图 4.12 所示。

```
请任意输入一个整数：8
符合条件
```

图4.12

程序解说

◆ 第 1 行：任意输入一个整数。

◆ 第 3 行：利用 if 语句判断是否为 2 或 3 的倍数，与第 8 行的 else 语句为一组。

◆ 第 4~7 行：这是一组 if…else 语句，用来判断是否为 6 的倍数。

· 4.2.3 if…elif…else 条件语句

之前我们使用了 if…else 条件语句来做判断，当条件成立时执行 if 里的语句，反之则执行 else 里的语句。可是有时候可能想要做多个不同但相关条件的判断，然后根据判断结果来执行程序。虽然使用多重 if 条件语句可以解决多种条件下的不同执行问题，但始终还是不够精简，这时 elif 条件语句就能派上用场了。elif 条件语句可以让程序代码的可读性更高。

注意，if 后面并不一定要有 elif 和 else，可以只有 if，或是 if…else，或是 if…elif…else 这 3 种情形。格式如下。

```
if 条件表达式 1：
    # 如果条件表达式 1 成立，就执行这里面的语句
elif 条件表达式 2：
    # 如果条件表达式 2 成立，就执行这里面的语句
else：
    # 如果上面的条件表达式都不成立，就执行这里面的语句
```

if…elif…else 条件语句的流程如图 4.13 所示。

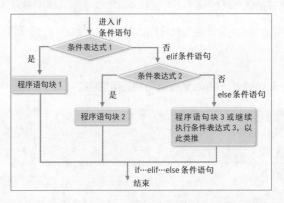

图4.13

用 if…elif…else 条件语句对分数做成绩等级的判断，其程序代码如下。

```
score=9000
if score >= 10000:
    print(' 通过游戏的第 4 关卡 ')
elif score >= 8000:
    print(' 通过游戏的第 3 关卡 ')
elif score >= 6000:
    print(' 通过游戏的第 2 关卡 ')
elif score >= 4000:
    print(' 通过游戏的第 1 关卡 ')
else:
    print(' 没有通过游戏的任何关卡 ')
```

执行结果如图 4.14 所示。

通过游戏的第3关卡

图4.14

以下程序范例可以让消费者输入消费金额，并根据不同的消费金额打不同的折扣，使用 if…elif…else 条件语句来输出最后实际消费的金额。消费金额与折扣的关系如表 4.1 所示。

表 4.1 消费金额与折扣的关系

消费金额	折扣
10 万元及以上	15%
5 万元（含）到 10 万元	10%
5 万元以下	5%

■ 【程序范例：discount.py】购物折扣

```
01   cost=float(input(" 请输入消费总金额 :"))
02   if cost>=100000:
03       cost=cost*0.85 #10 万元（包括 10 万元）以上打 8.5 折
04   elif cost>=50000:
05       cost=cost*0.9 #5 万元（包括 5 万元）到 10 万元打 9 折
06   else:
07       cost=cost*0.95 #5 万元以下打 9.5 折
08   print(" 实际消费总额 :%.1f 元 " %cost)
```

执行结果如图 4.15 所示。

请输入消费总金额:**1800**
实际消费总额:**1710.0**元

图4.15

程序解说

◆ 第 1 行：输入消费总金额，变量采用单精度浮点数类型，因为结果会有小数点位数。
◆ 第 2 行：if 条件判断语句，如果 cost 为 10 万元（包括 10 万元）以上，则打 8.5 折。
◆ 第 4 行：elif 条件判断语句，如果 cost 为 5 万元（包括 5 万元）到 10 万元，则打 9 折。
◆ 第 6 行：else 语句，判断如果 cost 小于 5 万元，则打 9.5 折。

下面的程序范例是利用 if…elif…else 条件语句编写的一个点餐程序，并介绍如何增加条件表达式的应用范围。

■ 【程序范例：pos.py】if…elif…else 条件语句的应用范例

```
01   print(" 目前提供的选择如下 ")
02   print(" 0. 查询其他相关的点心资料 ")
03   print(" 1. 吉士汉堡 ")
04   print(" 2. 咖喱珍珠堡 ")
05   print(" 3. 六块麦克鸡 ")
06   print(" 请选择您要的点心 :")
07   Select=int(input()) # 输入点心的编号
08   if Select == 0: # 是否选择第 0 项？
09     print(" 请稍等……正在查询其他相关的点心资料 ")
10   elif Select == 1: # 是否选择第 1 项？
11     print(" 这个点心的单价 :%d" %45)
12   elif Select == 2: # 是否选择第 2 项？
13     print(" 这个点心的单价 :%d" %55)
```

```
14   elif Select == 3: # 是否选择第 3 项？
15       print(" 这个点心的单价 :%d" %65)
16   else: # 输入错误的处理
17       print(" 您可能输入错误，请重新输入 ")
```

执行结果如图 4.16 所示。

```
目前提供的选择如下
0.查询其他相关的点心资料
1.吉士汉堡
2.咖喱珍珠堡
3.六块麦克鸡
请选择您要的点心：

2
这个点心的单价:55
```

图4.16

程序解说

◆ 第 1 ~ 6 行：显示可供选择的相关信息。

◆ 第 8 ~ 17 行：整个 if…elif…else 条件语句针对输入的内容单独显示相关信息，其他没有指定的选项则一律由 else 语句处理。在这样的架构下，如果要增加可选择的项目，只需要再增加一组 elif 条件表达式即可。

4.3 本章综合范例——闰年判断算法

以下程序范例将练习 if…else 语句的用法。范例的内容是编写一个简单的闰年判断程序，让使用者输入公元年（4 位数的整数），程序判断是否为闰年。满足下列两个条件之一即闰年。

- 逢 4 闰（除 4 可整除）但逢 100 不闰（除 100 不可整除）。
- 逢 400 闰（除 400 可整除）。

■ 【程序范例：leapYear.py】判断闰年

```
01   # -*- coding: utf-8 -*-
02   """
03   程序名称: 闰年判断程序
04   题目要求:
05   输入公元年 (4 位数的整数)，判断是否为闰年
06   条件 1 为逢 4 闰 ( 除 4 可整除 ) 但逢 100 不闰 ( 除 100 不可整除 )
07   条件 2 为逢 400 闰 ( 除 400 可整除 )
08   满足两个条件之一即闰年
09   """
10   year = int(input(" 请输入公元年份: "))
11
12   if (year % 4 == 0 and year % 100 != 0) or (year % 400 == 0):
13       print("{0} 是闰年 ".format(year))
14   else :
15       print("{0} 是平年 ".format(year))
```

执行结果如图 4.17 所示。

请输入公元年份：**2016**
2016是闰年

图4.17

程序解说

◆ 第 10 行：输入一个公元年份，但记得要用 int() 函数将其转换成整数类型。

◆ 第 12~15 行：判断是否为闰年，条件 1 为逢 4 闰（除 4 可整除）但逢 100 不闰（除 100 不可整除），条件 2 为逢 400 闰（除 400 可整除），满足两个条件之一即闰年。

本章重点整理

• 3 种常用的流程控制结构：顺序结构、选择结构以及循环结构。

• 大部分的程序语言（如 C 语言、C++、Java）是用大括号"{}"将多个语句括起来，这些用大括号括起来的多行语句就称作程序语句块。

• Python 程序里的程序语句块主要是通过缩进来表示的，可以按空格键或 Tab 键产生空格，建议以 4 个空格进行缩进。

• 在 Python 的条件式判断中，符合条件时需要执行的程序语句块内的所有程序语句都必须缩进。

• if…else 条件语句的作用是判断条件式是否成立，如果有多重判断，可以加上 elif 语句。

• 如果 if…else 条件语句中使用了 and 或 or 等逻辑运算符，建议加上括号区分执行顺序，从而提高程序的可读性。

• X if C else Y 是一种简洁的 if…else 条件表达式，当 C 为真时返回 X，否则返回 Y。

本章课后习题

一、选择题

1.（D）Python 程序里的程序语句块主要是通过下列哪一种方式来表示的？

（A）()

（B）[]

（C）{}

（D）缩进

2.（C）常用的流程控制结构不包括以下哪一个？

（A）选择结构

（B）顺序结构

（C）goto 结构

（D）循环结构

3.（D）Python 的一次缩进建议几个空格？

（A）1

（B）2

（C）3

（D）4

4.（C）下列代码的结果是什么？

```
' 偶数 ' if (8 % 2)==0 else' 奇数 '
```

（A）' 奇数 '' 偶数 '

（B）' 奇数 '

（C）' 偶数 '

（D）' 偶数 '' 奇数 '

5.（B）在条件表达式之后要用什么符号来作为缩进的开始？

（A）>

（B）:

（C）^

（D）#

二、问答题

1. 请问以下程序代码的执行结果是什么？

```
height=180
if height>=175:
    print("Tall")
```

答：

Tall。

2. 请问以下程序代码的执行结果是什么？

```
X=20
print("5 的倍数 " if (X % 5)==0 else " 不是 5 的倍数 ")
```

答：

5 的倍数。

3. 请试着编写一个程序，让使用者输入一数值 N，判断 N 是否为 7 的倍数，是则输出 True，不是则输出 False。

答：

```
N = int(input(" 请输入一个数值: "))
print('False' if N%7 else 'True')
```

## 第 5 章

循环结构

循环结构又称为重复结构，能够根据所设立的条件重复执行某一段程序语句，直到条件不成立才跳出循环。例如，让计算机输出 100 个字符 'A' 并不需要大费周章地编写 100 次输出语句，只需要利用循环结构就可以轻松完成。也就是说，对于程序中需要重复执行的程序语句，都可以交由循环结构来完成。Python 提供了 for、while 两种循环语句来执行重复程序代码的工作。不论是 for 循环还是 while 循环，都主要由以下两个基本元素组成。

- 循环的执行主体，由程序语句或复合语句组成。
- 循环的条件判断，决定循环何时停止执行。

5.1 for 循环

for 循环又称为计数循环，是程序设计中较常使用的一种循环形式，可以重复执行固定次数的循环。如果程序设计所需要的循环执行次数固定，那么 for 循环就是最佳选择。图 5.1 所示为 for 循环的执行流程图。

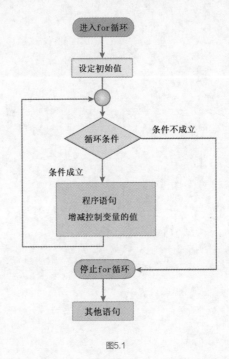

图5.1

for 循环可以通过访问任何序列来操作，而序列可以是一串数字、列表或字符串，按序列顺序进行访问，语法结构如下。

```
for 元素变量 in 序列项目：
# 所要执行的语句
```

 Python序列项目可以将多个数据类型相同的数据集合在一起，序列中的数据称为元素（Element）或项目（Item），通过"索引值"可以取得存于序列中的所需的数据元素。列表、元组或字符串都是一种序列类型，它们的元素类型一样。复合数据类型会在第6章中详细说明。

上述 Python 语法所代表的意义是 for 循环会将一序列（如字符串或列表）内所有的元素都访问一遍，访问的顺序是目前序列内元素或项目的顺序。例如，下面的 x 变量值都可以作为 for 循环的访问序列项目。

下面的程序代码示范了如何利用 for 循环访问序列项目。

```
x = "abcdefghijklmnopqrstuvwxyz"
x = ['Sunday', 'Monday', 'Tuesday', 'Wednesday', 'Thursday', 'Friday', 'Saturday']
x = [1, 2, 3, 4, 5, 6, 7, 8, 9, 10]
```

```
x = "abcdefghijklmnopqrstuvwxyz"
for i in x:
    print(i,end='')
```

执行结果如图 5.2 所示。

```
abcdefghijklmnopqrstuvwxyz
```

图5.2

下面的程序代码示范了如何利用 for 循环访问序列项目。

```
x = ['Sunday', 'Monday', 'Tuesday', 'Wednesday', 'Thursday', 'Friday', 'Saturday']
for i in x:
    print(i)
```

执行结果如图 5.3 所示。

```
Sunday
Monday
Tuesday
Wednesday
Thursday
Friday
Saturday
```

图5.3

下面的程序代码示范了如何利用 for 循环访问序列项目，同时利用 title() 函数将第一个字母以大写形式显示。

```
x = ['michael', 'tom', 'andy', 'june', 'axel']
print(" 我有几位好朋友：")
for friend in x:
    print(friend.title()+ " 是我的好朋友 ")
```

执行结果如图 5.4 所示。

```
我有几位好朋友：
Michael 是我的好朋友
Tom 是我的好朋友
Andy 是我的好朋友
June 是我的好朋友
Axel 是我的好朋友
```

图5.4

下面的程序代码示范了如何利用 for 循环访问序列项目。

```
x = [1, 2, 3, 4, 5, 6, 7, 8, 9, 10]
for i in x:
    print(i,end=' ')
```

执行结果如图 5.5 所示。

```
1 2 3 4 5 6 7 8 9 10
```

图5.5

· 5.1.1 range() 函数

Python 提供了 range() 函数来搭配 for 循环，这个函数的主要功能是建立整数序列。range() 函数的语法如下。

range([起始值], 终止条件 [, 间隔值])

起始值：默认为 0，参数值可以省略。

终止条件：必要参数，不可省略。

间隔值：计数器的增减值，默认值为 1。

● 1 个参数。range(整数值) 产生的序列是 0 到 "整数值 −1" 的序列，例如，range(4) 表示会产生 [0,1,2,3] 的序列。

● 2 个参数。range(起始值 , 终止值) 产生的序列是 "起始值" 到 "终止值 −1" 的序列，例如，range(2,5) 表示会产生 [2,3,4] 的序列。

● 3 个参数。range(起始值 , 终止值 , 间隔值) 产生的序列是 "起始值" 到 "终止值 −1" 的序列，但每次会递增间隔值，例如，range(2,5,2) 表示会产生 [2,4] 的序列。

● range(5) 表示从索引值 0 开始，输出 5 个元素，即 0、1、2、3、4 共 5 个元素。

● range(1,11) 表示从索引值 1 开始，到索引编号 11 前结束，也就是说，索引编号 11 不包括在内，即 1、2、3、4、5、6、7、8、9、10 共 10 个元素。

● range(4,12,2) 表示从索引值 4 开始，到索引编号 12 前结束，也就是说，索引编号 12 不包括在内，递增值为 2，即 4、6、8、10 共 4 个元素。

下面的程序代码示范了在 for 循环中搭配使用 range() 函数输出 1~10，每个数字之间以一个空格隔开。

```
for x in range(1,11): # 数值 1~10
    print(x, end=" ")
print()
```

得到图 5.6 所示的输出结果。

```
1 2 3 4 5 6 7 8 9 10
```

图5.6

下面的程序代码示范了如何利用 for 循环输出指定数量的特殊符号。

```
n=int(input(" 请输入要输出的特殊符号的数量 : "))
for x in range(n): # 循环次数为 n
    print("$",end="")
print()
```

得到图 5.7 所示的输出结果。

```
请输入要输出的特殊符号的数量: 10
$$$$$$$$$$
```

图5.7

以下程序范例则是利用 for 循环并配合 range() 函数来计算 11~20 的数字加总。

【程序范例：range.py】用 range() 函数来计算 11~20 的数字加总

```
01  sum = 0 # 存储加总结果，初始值为 0
02  print(' 进行加总前的初始值：', sum) # 输出加总前的初始值
03  for i in range(11, 21):
04      sum += i # 将数值累加
05      print(' 累加值 =', sum) # 输出累加结果
06  else:
07      print(' 数值累加完毕……')
```

执行结果如图 5.8 所示。

```
进行加总前的初始值:0
累加值= 11
累加值= 23
累加值= 36
累加值= 50
累加值= 65
累加值= 81
累加值= 98
累加值= 116
累加值= 135
累加值= 155
数值累加完毕……
```

图5.8

程序解说

◆ 第 1 行：设定变量 *sum* 的初始值为 0，变量 *sum* 是用来存储加总结果的。

◆ 第 2 行：输出加总前的初始值。

◆ 第 3~5 行：for 循环的执行块，其中的 range(11,21) 表示由 11 开始，到 21 结束；也就是说，当数值为 21 时，就会结束循环的执行工作。

◆ 第 7 行：如果 for 循环执行结束，则输出"数值累加完毕……"。

下面的程序范例是计算 10！的值，也是 for 循环的应用。我们知道符号"！"代表数学上的阶乘。例如，4 阶乘可写为 4!，代表 1*2*3*4 的值；5!=1*2*3*4*5。

【程序范例：fac.py】计算 10! 的值

```
01  #计算 10! 的值
02  product=1
03  for i in range(1,11): # 定义 for 循环
04      product*=i
05  print("product=%d" %product) # 输出乘积的结果
```

执行结果如图 5.9 所示。

```
product=3628800
```

图5.9

程序解说

◆ 第 2 行：设定变量的初始值为 1。

◆ 第 3~5 行：循环重复条件为 i 小于等于 10，i 的递增值为 1，所以当 i 大于 10 时，就会停止 for 循环。

> **Tips** 在使用for循环时还有一个地方要特别留意，那就是print()函数。如果该print()函数有缩进的话，就表示在for 循环内有要执行的工作，就会按照执行次数来输出。如果没有缩进，就表示不在for循环内，只会输出最后的 结果。

· 5.1.2 嵌套循环

接下来介绍一种嵌套循环，也就是多层次的 for 循环结构。在嵌套 for 循环结构中，必须先等内层循环 执行完毕，才会逐层继续执行外层循环。两层式的嵌套 for 循环结构格式如下。

```
for 外层循环：

        for 内层循环：
```

许多人会利用嵌套循环绘制特殊的图案，例如，以下的程序代码就可以绘制三角形图案。

```
n=int(input("请输入要产生图案的魔术数字："))
for x in range(1,n+1): # 循环次数为 n
    for j in range(1,x+1):
        print("*",end="")
    print()
```

得到图 5.10 所示的输出结果。

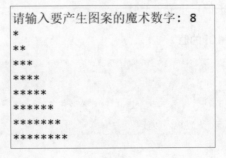

```
请输入要产生图案的魔术数字：8
*
**
***
****
*****
******
*******
********
```

图5.10

以下程序范例就示范了如何利用两个 for 循环输出九九乘法表。

【程序范例：99table.py】九九乘法表

```
01  """
02  程序名称：九九乘法表
03  """
04  for x in range(1, 10):
05      for y in range(1, 10):
06          print("{0}*{1}={2: ^2}".format(y, x, x * y), end=" ")
07      print()
```

执行结果如图 5.11 所示。

```
1*1=1   2*1=2   3*1=3   4*1=4   5*1=5   6*1=6   7*1=7   8*1=8   9*1=9
1*2=2   2*2=4   3*2=6   4*2=8   5*2=10  6*2=12  7*2=14  8*2=16  9*2=18
1*3=3   2*3=6   3*3=9   4*3=12  5*3=15  6*3=18  7*3=21  8*3=24  9*3=27
1*4=4   2*4=8   3*4=12  4*4=16  5*4=20  6*4=24  7*4=28  8*4=32  9*4=36
1*5=5   2*5=10  3*5=15  4*5=20  5*5=25  6*5=30  7*5=35  8*5=40  9*5=45
1*6=6   2*6=12  3*6=18  4*6=24  5*6=30  6*6=36  7*6=42  8*6=48  9*6=54
1*7=7   2*7=14  3*7=21  4*7=28  5*7=35  6*7=42  7*7=49  8*7=56  9*7=63
1*8=8   2*8=16  3*8=24  4*8=32  5*8=40  6*8=48  7*8=56  8*8=64  9*8=72
1*9=9   2*9=18  3*9=27  4*9=36  5*9=45  6*9=54  7*9=63  8*9=72  9*9=81
```

图5.11

以下程序范例利用 for 循环来让用户输入 n 值，并计算出 "1!+2!+…+n!" 的总和。

【程序范例：fac_total.py】计算 1!+2!+…+n! 的总和

```
01  sum=0
02  n1=1
03  n=int(input(" 请输入任意一个整数 :"))
04  for i in range(1,n+1):
05      for j in range(1,i+1):
06          n1*=j; # n! 的值
07      sum+=n1;# 1!+2!+3!+...+n!
08      n1=1
09  print("1!+2!+3!+...+{0}!={1}".format(n,sum))
```

执行结果如图 5.12 所示。

```
请输入任意一个整数:8
1!+2!+3!+...+8!=46233
```

图5.12

程序解说

- 第 3 行：外层 for 循环控制 i 输出，表示可以运算 n 次。
- 第 4~5 行：计算出 n! 的值。
- 第 6 行：累加到 sum 变量中。
- 第 7 行：n1 重新设定为 1。

已知有以下公式，请设计一个程序，根据输入的 k 值，求 π 的近似值。

$$\frac{\pi}{4} = \sum_{n=0}^{k} \frac{(-1)^n}{2n+1}$$

其中，k 的值越大，π 的近似值越精确，本程序限定只能使用 for 循环。

■ 【程序范例：pi.py】求 π 的近似值

```
01  sigma=0
02  k=int(input(" 请输入 k 值："))  # 输入 k 值
03  for n in range(0,k,1):
04      if n & 1: # 如果 n 是奇数
05          sigma += float(-1/(2*n+1))
06      else: # 如果 n 是偶数
07          sigma += float(1/(2*n+1))
08  print("PI = %f" %(sigma*4))
```

执行结果如图 5.13 所示。

```
请输入k值：10000
PI = 3.141493
```

图5.13

程序解说

◆ 第 1 行：设定 sigma 的初始值。

◆ 第 2 行：输入 k 值。

◆ 第 3~8 行：根据给定的公式，配合 for 循环，求 π 的近似值并输出。

5.2 while 循环

如果所要执行的循环次数确定，那么使用 for 循环就是最佳选择。但对于某些不确定次数的循环，while 循环就可以派上用场了。while 循环与 for 循环类似，都属于前测试型循环。两者最大的不同之处就在于 for 循环需要给它一个特定的次数；而 while 循环不需要，只要在判断结果为 True 的情况下就能一直执行。

while 循环内的语句可以是一个语句，也可以是多个语句形成的程序块。while 关键字后面到冒号 ":" 之间的表达式是用来判断是否执行循环的测试条件，语法格式如下。

```
while 条件表达式：
    要执行的程序语句
```

当程序遇到 while 循环时，它会先判断条件表达式中的条件，如果条件成立，那么程序就会执行 while 循环下的语句一次，完成后会再次判断条件，如果还成立那么就继续执行循环，当条件不成立时循环就中止，例如下面的程序。

```
i=1
while i < 10:  # 循环条件表达式
```

```
    print( i)
    i += 1   # 调整变量增减值
```

当 i 小于 10 时，执行 while 循环内的语句，所以 i 会加 1，直到 i 等于 10。当条件不成立时，就会中止循环，例如下面的代码。

```
sum=0
count = 0 # 计数器
while count <= 20:
  sum += count # 将 3 的倍数累加
  count += 3
print('1~20 内的 3 的倍数的总和为：', sum) # 输出累加结果
```

上面例子中的 while 循环变量 *sum* 用来存储累加结果；count 是一个计数器，用来取得指定数值范围内所有的 3 的倍数，因此循环每执行一次 count 值就加 3。

以下程序范例是应用 while 循环让用户输入捐款金额，并同步进行累加的工作。当输入的捐款金额为 0 时，输出所有捐款金额的总和。

■ 【程序范例：donate.py】计算捐款金额的总和

```
01   total = 0
02   money = -1
03   count = 0 # 计数器
04
05   # 进入 while 循环
06   while money != 0:
07     money = int(input(' 输入捐款金额：')) # 用 int() 转为整数
08     total += money
09     print(' 累计 :', total)
10
11   print(' 总捐款金额 :', total, ' 元 ')
```

执行结果如图 5.14 所示。

```
输入捐款金额：52
累计：52

输入捐款金额：68
累计：120

输入捐款金额：58
累计：178

输入捐款金额：54
累计：232

输入捐款金额：89
累计：321

输入捐款金额：81
累计：402

输入捐款金额：0
累计：402
总捐款金额：402 元
```

图5.14

程序解说

◆ 第 1 行：设定 *total* 变量的初始值为 0，*total* 变量用来累计捐款金额的总额。

◆ 第 2 行：任意设定 *money* 变量的值，例如，此处设定 "money=-1"，以作为进入循环的初始条件。

◆ 第 6 行：进入 while 循环，条件表达式 "money != 0" 表示输入 0 才会结束循环；变量 *total* 存储加总的金额，此变量的初始值为 0。

以下程序范例是用 while 循环来计算当 1000 依次减去 1、2、3……时，到哪个数相减的结果为负。

■ 【程序范例：while.py】：while 循环的应用范例

```
01   x,sum=1,1000
02   while sum>0: #while 循环
03       sum-=x
04       x=x+1
05   print(x-1)
```

执行结果如图 5.15 所示。

45

图5.15

程序解说

◆ 第 2 行：定义 while 循环的成立条件为 "sum>0"，sum 依次减去 *x* 的值。*x* 每循环一次就累加一次，当循环条件不成立时，输出 *x* 的值。

以下程序范例利用辗转相除法与 while 循环来求任意两个正整数的最大公因数。

■ 【程序范例：divide.py】求两个正整数的最大公因数

```
01   print(" 求两个正整数的最大公因数 :")
02   print(" 输入两个正整数 :")
03   # 输入两个正整数
04   Num1=int(input())
05   Num2=int(input())
06   if Num1 < Num2:
07       TmpNum=Num1
08       Num1=Num2
09       Num2=TmpNum# 找出这两个正整数中的较大值
10   while Num2 != 0:
11       TmpNum=Num1 % Num2
12       Num1=Num2
13       Num2=TmpNum # 辗转相除法
14   print(" 最大公因数为 :%d" %Num1)
```

执行结果如图 5.16 所示。

```
求两个正整数的最大公因数：
输入两个正整数：
72
60
最大公因数为:12
```

图5.16

程序解说

◆ 第 4~5 行：输入两个正整数。

◆ 第 6~9 行：找出这两个正整数中的较大值。

◆ 第 10~13 行：辗转相除法。

◆ 第 14 行：输出最大公因数。

以下程序范例利用 while 循环，让用户输入一个整数并将此整数的每一个数字反向输出，例如，输入 12345，则输出 54321。

■ 【程序范例：reverse.py】将输入整数的每一个数字反向输出

```
01  n=int(input(" 请输入任意一个整数 :"))
02  print(" 反向输出的结果 :",end='')
03  while n!=0: #while 循环
04    print("%d" %(n%10),end='') # 求出余数值
05    n//=10
```

执行结果如图 5.17 所示。

请输入任意一个整数:**987654321**
反向输出的结果:**123456789**

图5.17

程序解说

◆ 第 1 行：请输入任意一个整数。

◆ 第 3~5 行：利用 while 循环将所输入的整数的每一个数字反向输出。

5.3 循环控制语句

事实上，循环并非一成不变地重复执行。程序员可通过循环控制语句更有效地运用循环功能，例如，必须让循环提前结束时，可以使用 break 或 continue 语句。

5.3.1 break 语句

break 语句用来跳出最近的 for、while 循环，并将控制权交给所在块之外的下一行程序。也就是说，break 语句是用来中断目前循环的语句的。

break 语句通常会与 if 条件语句连用，用来设定在某些条件成立时即跳出循环的执行。由于 break 语句只能跳出本身所在的这一层循环，因此如果遇到嵌套循环，就需要逐层加上 break 语句。break 语句的语法格式如下。

```
break
```

例如下面的代码。

```
for x in range(1, 10):
    if x == 5:
        break
    print( x, end=" ")
```

执行结果如图 5.18 所示。

```
1 2 3 4
```

图5.18

以下程序范例先设定要存储累加的总数 total 为 0，每执行完一次循环后再将变量 i（i 的初始值为 1）累加 2，计算 1+3+5+7+…+99 的和。当 i 等于 101 时，就利用 break 语句来强制中断 while 循环。

■ 【程序范例：break.py】break 语句的使用范例

```
01    # break 语句的使用范例
02    total=0
03    for i in range(1,201,2):
04        if i==101:
05            break # 跳出循环
06        total+=i
07    print("1~99 的奇数总和 :%d" %total)
```

执行结果如图 5.19 所示。

```
1~99的奇数总和:2500
```

图5.19

程序解说

◆ 第 3~6 行：执行 for 循环，当 i=101 时，执行 break 语句跳出循环。

接下来的程序范例则是利用 break 语句来控制九九乘法表的输出，只计算到 7 为止的乘法表。

■ 【程序范例：breaktable.py】利用 break 语句来控制九九乘法表的输出

```
01    #九九乘法表的双重循环
02    for i in range(1,10):
03        for j in range (1,10):
04            print('{0}*{1}={2:2d}  '.format(i,j,i*j), sep='\t',end='')
05            if j>=7:
06                break # 设定跳出的条件
07        print('\n-------------------------------------------------\n')
```

执行结果如图 5.20 所示。

```
1*1= 1   1*2= 2   1*3= 3   1*4= 4   1*5= 5   1*6= 6   1*7= 7
-------------------------------------------------------------
2*1= 2   2*2= 4   2*3= 6   2*4= 8   2*5=10   2*6=12   2*7=14
-------------------------------------------------------------
3*1= 3   3*2= 6   3*3= 9   3*4=12   3*5=15   3*6=18   3*7=21
-------------------------------------------------------------
4*1= 4   4*2= 8   4*3=12   4*4=16   4*5=20   4*6=24   4*7=28
-------------------------------------------------------------
5*1= 5   5*2=10   5*3=15   5*4=20   5*5=25   5*6=30   5*7=35
-------------------------------------------------------------
6*1= 6   6*2=12   6*3=18   6*4=24   6*5=30   6*6=36   6*7=42
-------------------------------------------------------------
7*1= 7   7*2=14   7*3=21   7*4=28   7*5=35   7*6=42   7*7=49
-------------------------------------------------------------
8*1= 8   8*2=16   8*3=24   8*4=32   8*5=40   8*6=48   8*7=56
-------------------------------------------------------------
9*1= 9   9*2=18   9*3=27   9*4=36   9*5=45   9*6=54   9*7=63
-------------------------------------------------------------
```

图5.20

程序解说

◆ 第 2~6 行：两层嵌套循环。

◆ 第 5~6 行：设定当 j 大于或等于 7 时，就跳出内层循环，再执行外层的 for 循环。

5.3.2 continue 语句

相较于 break 语句用于跳出循环，continue 语句则用于继续下一次循环的执行。也就是说，如果想要终止的不是整个循环，而是想要在某个特定的条件下才终止执行某次的循环，就可使用 continue 语句。continue 语句只会直接略过底下尚未执行的程序代码，并跳至循环块的开头继续下一个循环，而不会离开循环。continue 语句的语法格式如下。

```
continue
```

让我们用下面的例子来说明 continue 语句的应用。

```
for a in range(0,10,1):
    if a==3:
        continue
    print("a=%d" %a)
```

在这个例子中，我们利用 for 循环来累加 a 的值，当 a 等于 3 的这个条件出现时，我们利用 continue 语句来跳过"print("a=%d" %a)"语句的执行，并回到循环开头，继续进行累加 a 及输出 a 值的程序，所以输出的数值中不会有 3。执行结果如图 5.21 所示。

```
a=0
a=1
a=2
a=4
a=5
a=6
a=7
a=8
a=9
```

图5.21

再来看另一个例子，程序代码如下所示。

```
for x in range(1, 10):
    if x == 5:
        continue
    print( x, end=" ")
```

执行结果如图 5.22 所示。

```
1 2 3 4 6 7 8 9
```

图5.22

当 x 等于 5 的时候执行 continue 语句，程序不会继续往下执行，所以没有输出 5，for 循环仍继续执行。

以下程序范例是嵌套 for 循环与 continue 语句的应用范例。可以发现当执行到"b==6"时，continue 语句会跳过该次循环，并执行下层循环，也就是不会输出 6。

【程序范例：continue.py】嵌套 for 循环与 continue 语句的应用范例

```
01    #continue 练习
02    for a in range(10): # 外层 for 循环控制 y 轴输出
03        for b in range(a+1): # 内层 for 循环控制 x 轴输出
04            if b==6:
05                continue
06            print("%d " %b,end='')# 输出 b 的值
07        print()
```

执行结果如图 5.23 所示。

```
0
0 1
0 1 2
0 1 2 3
0 1 2 3 4
0 1 2 3 4 5
0 1 2 3 4 5
0 1 2 3 4 5 7
0 1 2 3 4 5 7 8
0 1 2 3 4 5 7 8 9
```

图5.23

程序解说

◆ 第 2~7 行：双层嵌套循环，第 4 行的 if 语句用于当 b 的值等于 6 时执行 continue 语句，而跳过第 6 行的 print 输出语句，回到第 2 行的 for 循环继续执行。

5.4 本章综合范例——密码验证程序算法

编写一个 Python 程序，要求能够让用户输入密码，并且利用 while 循环、break 与 continue 语句进行简单的密码验证工作，不过输入次数以 3 次为限，超过 3 次则不准登录，假设目前密码为 3388。

■ 【程序范例：password.py】简单的密码验证程序

```
01  """
02  让用户输入密码，并且进行密码验证，
03  输入次数以 3 次为限，超过 3 次则不准登录，
04  假如目前密码为 3388
05  """
06  password=3388 # 利用变量来存储密码以供验证
07  i=1
08
09  while i<=3: # 输入次数以 3 次为限
10    new_pw=int(input(" 请输入密码 :"))
11    if new_pw != password: # 如果输入的密码与默认密码不同
12      print(" 密码发生错误 !")
13      i=i+1
14      continue # 跳回 while 循环开始处
15    else:
16      print(" 密码正确 !")
17      break
18  if i>3:
19      print(" 密码错误 3 次，取消登录 !\n"); # 密码错误处理
```

执行结果如图 5.24 和图 5.25 所示。

```
请输入密码:1234
密码发生错误!
请输入密码:5678
密码发生错误!

请输入密码:1258
密码发生错误!
密码错误 3 次，取消登录!
```

图5.24

```
请输入密码:3388
密码正确!
```

图5.25

程序解说

◆ 第 6 行：利用变量来存储密码以供验证。

◆ 第 9~17 行：利用 while 循环、break 与 continue 语句进行简单的密码验证工作，不过输入次数以 3 次为限，超过 3 次则不准登录。

◆ 第 18~19 行：密码错误处理的程序代码，此处会输出"密码错误 3 次，取消登录！"。

本章重点整理

• 循环结构能够根据所设立的条件重复执行某一段程序语句，直到条件不成立才跳出循环。

• 循环的基本元素。

1. 循环的执行主体，由程序语句或复合语句组成。

2. 循环的条件判断，决定循环何时停止执行。

• for 循环又称为计数循环，可以重复执行固定次数的循环。

• for 循环可以访问任何序列项目，序列项目可以是数字序列、列表或字符串，按序列顺序执行。

• range() 函数的主要功能是建立整数序列，range() 函数的语法如下。

> range([起始值], 终止条件 [, 间隔值])

• 嵌套循环的执行流程是，必须先等内层循环执行完毕，才会逐层继续执行外层循环。

• while 循环与 for 循环都属于前测试型循环，两者最大的不同之处就是 for 循环需要设定一个特定的次数，而 while 循环不需要。

• break 语句用来跳出最近的 for、while 循环，并将控制权交给所在循环块之外的下一行程序。

• 由于 break 语句只能跳出本身所在的这一层循环，因此如果遇到嵌套循环，就需要逐层加上 break 语句。

• continue 语句只会直接略过底下尚未执行的程序代码，并跳至循环块的开头继续下一个循环，而不会离开循环。

本章课后习题

一、选择题

1.（D）下列有关循环的叙述中，哪一个有误？

（A）range() 函数的主要功能是建立整数序列

（B）for 循环又称为计数循环

（C）break 语句用来跳出最近的程序循环

（D）while 循环属于后置条件循环

2.（D）Python 的 for 循环可以访问的序列项目不包括下面哪一个？

（A）数字序列

（B）列表

（C）字符串

（D）结构

3.（B）以下程序当跳出循环时，*i* 的值为多少？

```
i=1
while i <105:# 循环条件式
    i += 2  # 调整变量增减值
print(i)
```

（A）107

（B）105

（C）103

（D）101

4.（C）以下程序当跳出循环时，sum 的值为多少？

```
sum=0
count = 0 # 计数器
while count <= 12:
    sum += count # 将 3 的倍数累加
    count += 3
print( sum) # 输出累加结果
```

（A）10

（B）20

（C）30

（D）40

5.（A）当 100 依次减去 1、2、3……时，直到哪个数，相减的结果为负？

（A）14

（B）15

（C）13

（D）12

二、问答题

1. 不论是 for 循环还是 while 循环，主要由哪两个基本元素组成？

答：

* 循环的执行主体，由语句或语句块组成；

* 循环的条件判断，决定循环何时停止执行。

2. 以下程序的执行结果是什么？

```
x = "13579"
for i in x:
    print(i,end='')
```

答：

13579。

3. 以下程序的执行结果是什么？

```
x = ['Love', 'Happy', 'Money']
for i in x:
    print(i)
```

答：

Love

Happy

Money。

4. 以下程序的执行结果是什么？

```
for x in range(1,5,2):
    print(x, end=" ")
print()
```

答：

1 3。

5. 以下程序的执行结果是什么？

```
product=1
for i in range(1,11,3):
    product*=i
print(product)
```

答：

280。

6. 以下程序的执行结果是什么？

```
n=53179
while n!=0:
    print("%d" %(n%10),end='')
    n//=10
```

答：

97135。

## 第 6 章

复合数据类型简介

　　我们知道一般的变量能帮我们存储一份数据，但如果班上有 50 位学生，那么是不是就得给定 50 个变量来存储学生的数据？为了方便存储多条相关的数据，大部分的程序语言（如 C 语言、C++）会以数组（Array）的方式处理。所谓数组，就是统一命名的一组变量，它们具有相同的名字和相同的数据类型。数组可以有效改善上述问题。类似数组这种有顺序编号的结构的延伸数据类型，在 Python 中称为序列。序列类型可以将多条数据集合在一起，序列中的数据称为元素或项目，通过"索引值"可以取得存于序列中的所需数据元素。

　　除了基本数据类型及基础语法，Python 还提供了许多特殊数据类型的相关应用，如元组、列表、字典、集合等复合数据类型。这些数据类型的组成元素可以是不同的数据类型，还能相互搭配使用。另外，这些特殊的数据类型有不同的使用函数与限制，可以更有效地解决许多问题，可以说是 Python 中非常重要的知识。

6.1 列表

列表（List）是不同数据类型的集合，用中括号"[]"来将存放的元素括起来，可以提供数据存储的记忆空间。列表中的数据有顺序性，也能改变数据的内容，也就是说列表是一种可以用一个变量名称来表示的集合。列表中的每一个元素都可以通过索引值取得。

· 6.1.1 列表简介

列表的组成元素可以是不同的数据类型，甚至可以是其他的子列表，当列表内没有任何元素时，则称之为空列表。例如，以下列表都是合法的列表。

```
list1 = []    # 没有任何元素的空列表
score = [98, 85, 76, 64,100] # 只存储数值的列表
info= ['2018', 176, 80, ' 北京市 ']  # 含有不同数据类型的列表
mixed = ['manager', [58000, 74800], 'labor', [26000, 31000]]
```

又如，以下变量 *employee* 也是一种列表，其中共有 6 个元素，分别表示"部门编号""主管""姓名""薪资""专长""性别"6 项数据。

```
employee = ['sale9001',' 陈正中 ', ' 许富强 ',54000,' 财务 ','Male']
```

Python 列表的中括号里面也可以含有其他表达式，如 for 语句、if 语句等，这种方式提供了另一种更快速的更具有弹性的建立列表的方式。例如，以下的列表元素是 for 语句的 i。

```
>>>data1=[i for i in range(5,18,2)]
>>> data1
[5, 7, 9, 11, 13, 15, 17]
>>>
```

再来看另外一个例子。

```
>>> data2=[i+5 for i in range(10,45)]
>>> data2
[15, 16, 17, 18, 19, 20, 21, 22, 23, 24, 25, 26, 27, 28, 29, 30, 31, 32, 33, 34, 35, 36, 37, 38, 39, 40,
 41, 42, 43, 44, 45, 46, 47, 48, 49]
>>>
```

还有一点要说明，列表中的元素也像字符串中的字符一样具有顺序性，因此支持切片运算，可以通过截取运算符"[]"截取列表中指定索引的子列表，例如以下的例子。

```
>>> list = [7,5,4,3,8,1,9,6]
>>> list[4:8]
[8, 1, 9, 6]
>>> list[-2:]
[9, 6]
>>>
```

又例如以下的例子。

```
word = ['H','O','L','I','D','A', 'Y']
print(word [:5])   # 取出索引值为 0~4 的元素
print(word [1:5])  # 取出索引值为 1~4 的元素
print(word [3:])   # 取出索引值为 3 之后的元素
```

执行结果如图 6.1 所示。

```
['H', 'O', 'L', 'I', 'D']
['O', 'L', 'I', 'D']
['I', 'D', 'A', 'Y']
```

图6.1

另外，列表本身提供了 list() 函数，该函数可以将字符串转换成列表类型，也就是说它会将字符串拆解成单一字符，再转换成列表的元素。我们直接以下面这个例子来说明。

```
print(list('CHINESE'))
```

执行结果如图 6.2 所示。

```
['C', 'H', 'I', 'N', 'E', 'S', 'E']
```

图6.2

在 Python 中，列表中可以有列表，这种列表称为二维列表。要读取二维列表中的数据，可以通过 for 循环来完成。二维列表是指列表中的元素是列表，例如下面的例子。

```
num = [[25, 58, 66], [21, 97, 36]]
```

上例中的 num 是一个列表。num [0] 又称第一行索引，存放另一个列表；num[1] 又称第二行索引，也存放一个列表，以此类推。每个列表的索引如表 6.1 所示。

表 6.1　索引表

	列索引 [0]	列索引 [1]	列索引 [2]
行索引 [0]	25	58	66
行索引 [1]	21	97	36

如果要读取二维列表中特定的元素，其语法如下。

```
列表名称 [ 行索引 ][ 列索引 ]
```

例如下面的代码。

```
num[0]   # 输出第一行的 3 个元素
[25, 58, 66]
num[1][1] # 输出第二行的第二列元素
97
```

在 Python 中，三维列表声明方式如下。

```
um=[[[58,87,77],[62,18,88],[57,39,46]],[[28,89,40],[26,55,34],[58,56,92]]]
```

下面这个例子就是一种三维列表的初始值设定及各种不同列表的存取方式。

```
num=[[[58,87,77],[62,18,88],[57,39,46]],[[28,89,40],[26,55,34],[58,56,92]]]
print(num[0])
print(num[0][0])
print(num[0][0][0])
```

执行结果如图 6.3 所示。

```
[[58, 87, 77], [62, 18, 88], [57, 39, 46]]
[58, 87, 77]
58
```

图6.3

6.1.2 删除列表元素

之前我们提过 del 语句除了可以删除变量，还可以删除列表中指定位置的元素与指定范围的子列表，例如下面的代码。

```
>>> L=[51,82,77,48,35,66,28,46,99]
>>> del L[6]
>>> L
[51, 82, 77, 48, 35, 66, 46, 99]
>>>
```

下面的代码会删除 L 列表中索引值为 1~3（即 4 的前一个索引值）的元素。

```
>>> L=[51,82,77,48,35,66,28,46,99]
>>> del L[1:4]
>>> L
[51, 35, 66, 28, 46, 99]
>>>
```

如果要检查某一个元素是否存在或不存在于列表中，则可以使用"in"与"not in"运算符，例如下面的代码。

```
>>> "happy" in ["good","happy","please"]
True
>>> "sad" not in ["good","happy","please"]
True
>>>
```

6.1.3 列表的复制

列表的复制是指复制一个新的列表，这两个列表内容互相独立，当改变其中一个列表的内容时，不会影响到另一个列表的内容。举例来说，假设姐弟两人有一些父母亲遗传的共同特点，但各自也有自己的特点，我们就可以以列表复制的方式来示范这样的概念，代码如下所示。

```
parents= [" 勤俭 "," 老实 "," 客气 "]
child=parents[:]
```

```
daughter=parents[:]
print("parents 特点 ",parents)
print("child 特点 ",child)
print("daughter 特点 ",daughter)
child.append(" 毅力 ")
daughter.append(" 时尚 ")
print(" 分别新增小孩的特点后 :")
print("child 特点 ",child)
print("daughter 特点 ",daughter)
```

执行结果如图 6.4 所示。

```
parents特点 ['勤俭', '老实', '客气']
child特点 ['勤俭', '老实', '客气']
daughter特点 ['勤俭', '老实', '客气']
分别新增小孩的特点后：
child特点 ['勤俭', '老实', '客气', '毅力']
daughter特点 ['勤俭', '老实', '客气', '时尚']
```

图6.4

可以试着将上述程序代码稍加修改。

```
child=parents[:]
daughter=parents[:]
```

修改成直接将变量名称设定给另一个变量，这样会造成这 3 个变量的列表内容互相联动，只要更改其中一个变量的列表内容，另外两个变量的列表内容也会同步更新，而这种结果就不是原先我们所预期的列表复制的想法，此时代码可写为如下形式。

```
child=parents
daughter=parents
```

完整的程序代码如下所示。

```
parents= [" 勤俭 ", " 老实 ", " 客气 "]
child=parents
daughter=parents
print("parents 特点 ",parents)
print("child 特点 ",child)
print("daughter 特点 ",daughter)
child.append(" 毅力 ")
daughter.append(" 时尚 ")
print(" 分别新增小孩的特点后 :")
print("child 特点 ",child)
print("daughter 特点 ",daughter)
```

执行结果如图 6.5 所示。

```
parents特点 ['勤俭', '老实', '客气']
child特点 ['勤俭', '老实', '客气']
daughter特点 ['勤俭', '老实', '客气']
分别新增小孩的特点后：
child特点 ['勤俭', '老实', '客气', '毅力', '时尚']
daughter特点 ['勤俭', '老实', '客气', '毅力', '时尚']
```

图6.5

· 6.1.4 常用的列表函数

由于列表中的元素可以任意地增加或删减，因此列表的长度可以变动。列表是一种可变的序列数据类型。下面介绍与列表操作相关的常用函数。

● 附加函数 append()。append() 函数会在列表末端加入新的元素，格式如下。

List.append(新元素)

例如下面的代码。

```
word = ["red", "yellow", "green"]
word.append("blue")
print(word)
```

执行结果如图 6.6 所示。

```
['red', 'yellow', 'green', 'blue']
```

图6.6

● 插入函数 insert()。insert() 函数可以指定新的元素插入列表中指定的位置，格式如下。

List.insert(索引值 , 新元素)

索引值是指列表的索引位置，索引值为 0 表示放置在最前端。举例来说，要将新元素插入索引值为 2 的位置，可以表示如下。

```
word = ["red", "yellow", "green"]
word.insert(2,"blue")
print(word)
```

执行结果如图 6.7 所示。

```
['red', 'yellow', 'blue', 'green']
```

图6.7

● 移除元素函数 remove()。remove() 函数可以在括号内直接指定要移除的元素，例如下面的代码。

```
word = ["red", "yellow", "green"]
word.remove ("red")
```

```
print(word)
```

执行结果如图 6.8 所示。

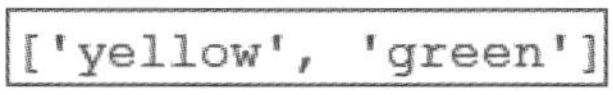

```
['yellow', 'green']
```

图6.8

● 移除元素函数 pop()。pop() 函数可以在括号内指定移除某个索引位置的元素，例如下面的代码。

```
word = ["red", "yellow", "green"]
word.pop(2)
print(word)
```

执行结果如图 6.9 所示。

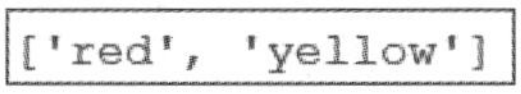

```
['red', 'yellow']
```

图6.9

如果 pop() 括号内没有指定索引值，则默认移除最后一个元素。

```
word = ["red", "yellow", "green"]
word.pop()
word.pop()
print(word)
```

执行结果如图 6.10 所示。

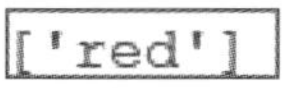

```
['red']
```

图6.10

● 排序函数 sort()。sort() 函数可以将列表元素进行排序，例如下面的代码。

```
word = ["red", "yellow", "green"]
word.sort()
print(word)
```

执行结果如图 6.11 所示。

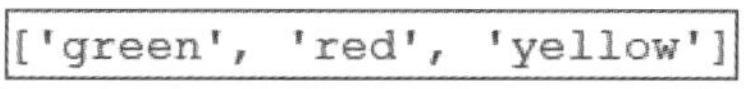

```
['green', 'red', 'yellow']
```

图6.11

● 反转函数 reverse()。reverse() 函数可以将列表元素进行反转排列，例如下面的代码。

```
word = ["red", "yellow", "green"]
word.reverse()
print(word)
```

执行结果如图 6.12 所示。

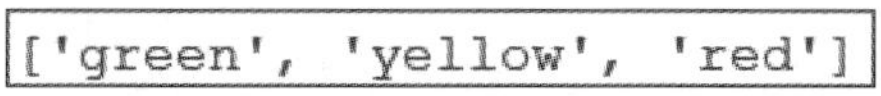

```
['green', 'yellow', 'red']
```

图6.12

- 长度函数 len()。len() 函数可以返回列表的长度，亦即该列表包含几个元素，例如下面的代码。

```
word = ["red", "yellow", "green"]
print( len(word) )  # 长度 =3
```

- 计数函数 count()。count() 函数可以返回列表中特定内容出现的次数。举例来说，如果我们从历年的英语考题中将所考过的单词收集在一个列表中，此时就可以利用 count() 函数去计算特定单词出现的次数，从而判断这些常考单词的出现频率，例如下面的代码。

```
word = ["holiday", "happy", "birth",
        "yesterday", "holiday", "car",
        "yellow", "happy", "mobile",
        "cup", "happy", "holiday",
        "holiday", "desk", "birth",
        ]
print("holiday 出现的次数 ", word.count("holiday"))
```

执行结果如图 6.13 所示。

```
holiday 出现的次数  4
```

图6.13

- 索引函数 index()。index() 函数可以返回列表中特定元素第一次出现的索引值，例如下面的代码。

```
word = ["holiday", "happy", "birth",
        "yesterday", "holiday", "car",
        "yellow", "happy", "mobile",
        "cup", "happy", "holiday",
        "holiday", "desk", "birth",
        ]
search_str="yellow"
print(" 单词 %s 第一次出现的索引值为 %d" %(search_str,word.index(search_str)))
```

执行结果如图 6.14 所示。

```
单词 yellow 第一次出现的索引值为6
```

图6.14

以下程序范例示范了由使用者输入数据后，使用 append() 函数附加元素到列表中，最后再将列表的内容输出。整个程序的步骤是，首先建立空的列表，接着再配合 for 循环及 append() 函数为该列表加入元素。

■ 【程序范例：append.py】使用 append() 函数附加元素到列表中

```
01   num=int(input(' 请输入总人数 : '))
02   student = []  # 建立空的列表
03   print(' 请输入 {0} 个数值: '.format(num))
04
05   # 用 for 循环依次读取要输入的分数
06   for item in range(1,num+1):
07       score = int(input())  # 取得输入数值
```

```
08      student.append(score) # 将输入数值新增到列表中
09
10    print(' 已输入完毕 ')
11    # 输出数据
12    print(' 总共输入的分数 ', end = '\n')
13    for item in student:
14        print('{:3d} '.format(item), end = '')
```

执行结果如图 6.15 所示。

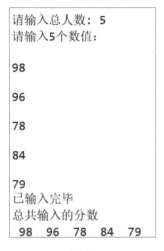

请输入总人数： 5
请输入5个数值：

98

96

78

84

79
已输入完毕
总共输入的分数
 98   96   78   84   79

图6.15

程序解说

◆ 第 1 行：输入总人数，并将输入的字符串转换为整数。

◆ 第 2 行：建立空列表，中括号 "[]" 中无任何元素。

◆ 第 5~8 行：使用 for 循环依次将所输入的数值转换为整数，再通过 append() 函数新增到列表。

◆ 第 7~8 行：如果有输入数据，用 int() 函数将数据转换为数值。

◆ 第 13~14 行：将存储于 student 列表中的元素输出。

以下是应用列表的 sort() 函数来进行数据排序的程序范例。

■ **【程序范例：listsort.py】列表的 sort() 函数的应用实例**

```
01    no = [105, 25, 8, 179, 60, 57]
02    print(' 排序前的数据顺序： ',no)
03    no.sort() # 省略 reverse 参数 , 递增排序
04    print(' 递增排序： ', no)
05    zoo = ['tiger', 'elephant', 'lion', 'rabbit']
06    print(' 排序前的数据顺序： ')
07    print(zoo)
08    zoo.sort(reverse = True) # 根据字母递减排序
09    print(' 根据单词字母递减排序： ')
10    print(zoo)
```

执行结果如图 6.16 所示。

```
排序前的数据顺序： [105, 25, 8, 179, 60, 57]
递增排序： [8, 25, 57, 60, 105, 179]
排序前的数据顺序：
['tiger', 'elephant', 'lion', 'rabbit']
根据单词字母递减排序：
['tiger', 'rabbit', 'lion', 'elephant']
```

图6.16

程序解说

◆ 第 3 行：sort() 函数没有参数时会采取默认值进行递增排序。

◆ 第 8 行：sort() 函数加入参数"reverse = True"后会以递减方式进行排序。

以下程序范例介绍与应用列表中的 reverse() 函数，其中包含两个列表，一个列表中的元素全部都是数字，另一个列表中的元素全部都是字符串。

■ **【程序范例：reverse.py】列表中 reverse() 函数的应用实例**

```
01   no = [185, 278, 97, 48, 33, 61]
02   print(' 反转前内容: ', no)
03   no.reverse()
04   print(' 反转后内容: ', no)
05
06   zoo = ['tiger', 'lion', 'horse', 'cattle']
07   print(' 反转前内容: ', zoo)
08   zoo.reverse()
09   print(' 反转后内容: ', zoo)
```

执行结果如图 6.17 所示。

```
反转前内容： [185, 278, 97, 48, 33, 61]
反转后内容： [61, 33, 48, 97, 278, 185]
反转前内容： ['tiger', 'lion', 'horse', 'cattle']
反转后内容： ['cattle', 'horse', 'lion', 'tiger']
```

图6.17

程序解说

◆ 第 3 行：利用 reverse() 函数将数字列表反转。

◆ 第 8 行：利用 reverse() 函数将字符串列表反转。

6.2 元组

元组（Tuple）也是一种有序序列，一旦建立之后，元组中的元素个数与内容值不能被任意更改，所以我们也称元组是不能更改的序列，这一点和列表内容可以变动是有所不同的。简单来说，当元组建立之后，绝对不能变动每个索引值所指向的元素。

· 6.2.1 元组简介

前面提到列表是用中括号"[]"来存放元素的，而元组却是用小括号"()"来存放元素的。元组可以存放不同数据类型的元素，因为元组内的元素有与之对应的索引值，所以可以使用 for 循环或 while 循环来读取元组内的元素，语法如下。

元组名称 =(元素 1, 元素 2,…)

Python 语法相当具有弹性，在建立元组数据类型时可以不指定名称，甚至允许将括号直接省略，以下为 3 种建立元组的方式。

```
('733254', 'Andy', 178) # 建立时没有名称
tupledata = ('733249', 'Michael', 185) # 有名称的元组
data = '733249', 'Michael', 185 # 无小括号，也是元组
```

即使元组里只有一个元素，都必须在元素之后加上逗号，例如下面的代码。

obj = ("Microwave",)

元组中可以存放不同数据类型的元素，而且每个元素的索引值左边从 0 开始，右边则从 -1 开始。由于元组内的元素有对应的索引值，因此可以使用 for 循环或 while 循环来读取元素。

例如，以下程序代码用 for 循环将元组中的元素输出，其中 len() 函数可以求取元组的长度。

■ 【程序范例：tuple_create.py】新建元组

```
01   tup = (28, 39, 58, 67,97, 54)
02   print(' 目前元组内的所有元素：')
03   for item in range(len(tup)):
04       print ('tup[%2d] %3d' %(item, tup[item]))
```

执行结果如图 6.18 所示。

```
目前元组内的所有元素：
tup[ 0]   28
tup[ 1]   39
tup[ 2]   58
tup[ 3]   67
tup[ 4]   97
tup[ 5]   54
```

图6.18

虽然存储在元组中的元素的值不可以用"[]"运算符来改变，但是元组内的元素仍然可以利用"+"运算符将两个元组的数据内容连接成一个新的元组，而"*"运算符可以复制元组的元素，例如下面的代码。

```
>>> (1,5,8)+(9,4,2)
(1, 5, 8, 9, 4, 2)
>>> (3,5,6)*3
(3, 5, 6, 3, 5, 6, 3, 5, 6)
>>>
```

此外，切片运算也可以应用于元组来取出若干元素。若要取出指定范围的若干元素，使用正值就正向（由左而右）取出元素，使用负值就负向（由右而左）取出元素。以下例子说明了各种元组切片运算的语法。

```
>>> (1,5,8)+(9,4,2)
(1, 5, 8, 9, 4, 2)
>>> (3,5,6)*3
(3, 5, 6, 3, 5, 6, 3, 5, 6)
>>> tup =(90,43,65,72,67,55)
>>> tup[3]
72
>>> tup[-3]
72
>>> tup[1:4]
(43, 65, 72)
>>> tup[-6:-2]
(90, 43, 65, 72)
>>> tup[-1:-3] # 无法正确取得元素
()
>>>
```

6.2.2 常用元组函数

简单来说，当元组建立之后，绝对不能变动每个索引值所指向的元素。一般而言，列表的大部分函数在元组中都可以使用，但是那些会改变元素个数或元素值的函数不可以使用，如 append()、insert() 等函数。但是像 count() 函数（用来统计特定元素出现的次数）或是 index() 函数（用来取得某元素第一次出现的索引值）等就可以应用于元组。以下介绍常用的元组函数。

sum() 函数：用来计算总和。

```
bonus= (900,580,850,480,800,1000,540,650,200,100) # 建立元组来存放红利积点
print(' 所有红利积点 ', sum(bonus), ', 平均红利点数 = ', sum(bonus)/10)
```

执行结果如图 6.19 所示。

```
所有红利积点 6100 , 平均红利点数 =  610.0
```

图6.19

max() 函数：返回元组中最大的元素，例如下面的代码。

```
>>> max((89,32,58,76))
89
```

min() 函数：返回元组中最小的元素，例如下面的代码。

```
>>> min((89,32,58,76))
32
```

以下程序范例示范了如何利用 sorted() 函数来对元组内的元素进行排序。

【程序范例: tuple_sorted.py】利用 sorted() 函数来对元组内的元素进行排序

```
01   salary = (86000, 72000, 83000, 47000, 55000)
02   print(' 原有数据: ')
03   print(salary)
04   print('------------------------------')
05
06   # 由小而大
07   print(' 薪资由低到高排序: ',sorted(salary))
08   print('------------------------------')
09
10   # 递减排序
11   print(' 薪资由高到低排序: ', sorted(salary, reverse = True))
12   print('------------------------------')
13
14   print(' 元素经排序后仍保留原数据位置: ')
15   print(salary)
16   print('------------------------------')
```

执行结果如图 6.20 所示。

```
原有数据:
(86000, 72000, 83000, 47000, 55000)
------------------------------
薪资由低到高排序:    [47000, 55000, 72000, 83000, 86000]
------------------------------
薪资由高到低排序:    [86000, 83000, 72000, 55000, 47000]
------------------------------
元素经排序后仍保留原数据位置:
(86000, 72000, 83000, 47000, 55000)
------------------------------
```

图6.20

程序解说

◆ 第 7 行: 使用 sorted() 函数进行递增排序（由低到高）。

◆ 第 11 行: sorted() 函数加入参数 "reverse = True" 后会以递减方式进行排序（由高到低）。

◆ 第 3 行和第 15 行: 排序前与排序后元素的位置并未改变。

6.2.3 解包与交换

Python 针对元组有个很特别的用法，即解包。举例来说，下列第一行语句将 "happy" "cheerful" "flexible" "optimistic" 这些值定义为元组，第二行语句则使用变量取出元组中的元素，称为解包。解包不只限于元组，还包括列表、集合等序列，但重点是将序列解包的等号左边的变量个数必须与等号右边的序列元素数量相同，例如下面的代码。

```
wordlist = ("happy", "cheerful", "flexible", "optimistic")
w1, w2, w3, w4=wordlist  # Unpacking
```

```
print(w3)      # 输出 flexible
print(type(w3)) # <class 'str'>
```

在其他程序语言中，如果想要交换（Swap）两个变量的值，通常需要第三个变量来辅助。如 $x=100$、$y=58$，如果要让 x 与 y 的值对调，以 C 语言为例，其程序代码如下。

```
temp = x;
x = y;
y = temp;
```

Python 的解包特性则可以简化变量值交换的工作，只要一行语句就可以完成上述数据交换工作，代码如下。

```
y,x = x,y
```

■ 【程序范例：swap.py】数据交换

```
01   x = 859
02   y = 935
03   print(" 两数经交换前的值 : ")
04   print('x={},y={}'.format(x,y))
05   y,x = x,y
06   print(" 两数经交换后的值 : ")
07   print('x={},y={}'.format(x,y))
```

执行结果如图 6.21 所示。

```
两数经交换前的值：
x=859,y=935
两数经交换后的值：
x=935,y=859
```

图6.21

程序解说

◆ 第 5 行：利用解包的特性，变量值交换只要一行程序代码就可以完成。

以下范例通过 for 循环结合解包的特性，来辅助个人数据的分析或进一步的处理工作。

■ 【程序范例：unpack.py】列表交换

```
01   info = [['C 语言程序设计 ',' 朱大峰 ','480'],
02          ['Python 程序设计 ',' 吴志明 ','500'],
03          ['Java 程序设计 ',' 许伯如 ','540']]
04
05   for(book, author,price) in info:
06      print('%10s %3s'%(book,author),' 书籍定价 :',price)
```

执行结果如图 6.22 所示。

```
C语言程序设计  朱大峰   书籍定价: 480
Python程序设计  吴志明   书籍定价: 500
  Java程序设计  许伯如   书籍定价: 540
```

图6.22

程序解说

◆ 第 1~3 行：建立二维列表，即列表中有列表，用于存放书籍信息。

◆ 第 5~6 行：利用解包的特性及 for 循环读取书籍信息，并输出其值。

6.3 字典

字典（Dict）的元素放置于大括号"{}"内，是一种"键"（Key）与"值"（Value）对应的数据类型。字典跟前面谈过的列表、元组序列类型有一个很大的不同点，就是字典中的键是不具有顺序性的。由于键没有顺序性，因此适用于序列类型的切片运算在字典中就无法使用。

· 6.3.1 字典简介

字典的元素放置于大括号"{}"内，每一个元素都是一个键值对，语法如下。

字典名称 ={key1:value1, key2:value2, key3:value3 …}

例如下面的代码。

dic = {'length':4, 'width':8, 'height':12}

在上述代码中，"length""width""height"是字典中字符串数据类型的键，而值是一种数值。

又例如下面的代码。

```
dic={'name':'Python 程序设计 ', 'author': ' 许志峰 ', 'publisher':' 先进出版社 '}
print(dic['name'])
print(dic['author'])
print(dic['publisher'])
```

上面的程序代码中共有 3 个元素，我们只要利用每一个元素的键就可以读出其所代表的值。执行结果如图 6.23 所示。

```
Python程序设计
许志峰
先进出版社
```

图6.23

要修改字典的元素值，必须针对键设定新值才能取代原先的旧值，例如下面的代码。

```
dic={'name':'Python 程序设计 ', 'author': ' 许志峰 ', 'publisher':' 先进出版社 '}
dic['name']= ' 网络营销 '          # 将字典中的 "'name'" 键的值修改为 ' 网络营销 '
print(dic)
```

执行结果如图 6.24 所示。

{'name': '网络营销', 'author': '许志峰', 'publisher': '先进出版社'}

图6.24

可以直接往字典中加入新的键值对，例如下面的代码。

```
dic={'name': ' 网络营销 ', 'author': ' 许志峰 ', 'publisher':' 先进出版社 '}
dic['price']= 580 # 在字典中新增 "'price'"，该键的值为 580
print(dic)
```

执行结果如图 6.25 所示。

{'name': '网络营销', 'author': '许志峰', 'publisher': '先进出版社', 'price': 580}

图6.25

另外，字典中的键必须唯一，而值可以是相同值。字典中如果有相同的键却被设定了不同的值，则只有最后面的键所对应的值有效，前面的键将被覆盖。例如以下的范例中，字典中的 'nation' 键被设定了两个不同的值，前面那一个被设定为 ' 美国 '，后面那一个被设定为 ' 日本 '，所以前面会被后面那一个设定值 ' 日本 ' 所覆盖。请参考以下的程序代码说明。

```
dic={'name':'Peter Anderson', 'age':18, 'nation':' 美国 ','nation':' 日本 '} # 设定字典
print(dic['nation']) # 会输出日本
```

如果要删除字典中的特定元素，语法如下。

```
del 字典名称 [ 键 ]
```

例如下面的代码。

```
del dic['age']
```

如果想删除整个字典，则可以使用 del 语句，其语法如下。

```
del 字典名称
```

例如下面的代码。

```
del dic
```

具体的例子如下列代码所示。

```
english ={' 春 ':'Spring', ' 夏 ':'Summer', ' 秋 ':'Fall', ' 冬 ':'Winter'} # 字典内容
del english[' 秋 '] # 删除字典中指定的键值对
print(english)
del english # 删除整个字典
```

执行结果如图 6.26 所示。

```
{'春': 'Spring', '夏': 'Summer', '冬': 'Winter'}
```

图6.26

6.3.2 常用的字典函数

下面介绍与字典操作相关的常用函数。

● 清除函数 clear()。clear() 函数会清空整个字典，这个函数和前面提到的 del 语句的不同点是它会清空字典中所有的元素，但是字典仍然存在，只不过变成空的字典。但是 del 语句则会将整个字典删除，字典一经删除，就不存在了。以下例子将示范如何使用 clear() 函数。

```
dic={'name': ' 网络营销 ', 'author': ' 许志峰 ', 'publisher':' 先进出版社 '}
dic.clear()
print(dic)
```

执行结果如图 6.27 所示。

图6.27

● 复制函数 copy()。copy() 函数可以复制整个字典，以达到数据备份的目的，复制后所得到的新字典会和原先的字典在存储器中占据不同的地址，两者的内容不会相互影响，例如下面的代码。

```
dic1={"title":" 行动营销 ", "year":2018, "author":" 陈来贵 "}
dic2=dic1.copy()
print(dic2)# 新字典 dic 2 和 dic1 的内容一致
dic2["title"]=" 网络概论 "# 修改新字典 dic2 的内容
print(dic2)# 新字典 dic2 的内容已和原字典 dic1 的内容不一致
print(dic1)# 原字典的内容不会受到新字典 dic 2 内容更改的影响
```

执行结果如图 6.28 所示。

```
{'title': '行动营销', 'year': 2018, 'author': '陈来贵'}
{'title': '网络概论', 'year': 2018, 'author': '陈来贵'}
{'title': '行动营销', 'year': 2018, 'author': '陈来贵'}
```

图6.28

● 查找函数 get()。get() 函数会用键查找对应的值，但是如果该键不存在则会返回默认值，没有默认值就返回 None，格式如下。

```
v1=dict.get(key[, default=None] )
```

例如下面的代码。

```
dic1={"title":" 行动营销 ", "year":2018, "author":" 陈来贵 "}
owner=dic1.get("author")
print(owner) # 输出陈来贵
```

如果指定的键不存在，会返回 default 值（也就是 None）。也可以改变 default 值，那么当键不存在时，就会输出所设定的值，例如下面的代码。

```
dic1={"title":" 行动营销 ", "year":2018, "author":" 陈来贵 "}
owner=dic1.get("color")
print(owner) # 输出 None
owner=dic1.get("color"," 白色封面 ")
print(owner) # 输出白色封面
```

● 移除函数 pop()。pop() 函数可以移除指定的元素，例如下面的代码。

```
dic1={"title":" 行动营销 ", "year":2018, "author":" 陈来贵 "}
dic1.pop("title")
print(dic1) # 输出 {'year': 2018, 'author': ' 陈来贵 '}
```

执行结果如图 6.29 所示。

```
{'year': 2018, 'author': '陈来贵'}
```

图6.29

● 更新或合并函数 update()。update() 函数可以将两个字典合并，格式如下。

```
dict1.update(dict2)
```

dict1 会与 dict2 字典合并，如果有重复的值，括号内字典 dict2 的元素会取代字典 dict1 的元素，例如下面的代码。

```
dic1={"title":" 行动营销 ", "year":2018, "author":" 陈来贵 "}
dic2={"color":" 白色封面 ", "year":' 公元 2020 年 '}
dic1.update(dic2)
print(dic1)
```

执行结果如图 6.30 所示。

```
{'title': '行动营销', 'year': '公元2020年', 'author': '陈来贵', 'color': '白色封面'}
```

图6.30

● items()、keys() 与 values() 函数。items() 函数用来获取字典的所有项，以列表方式返回。keys() 与 values() 这两个函数分别取字典的 key 或 value。例如下面的代码。

```
dic1={"title":" 行动营销 ", "year":2018, "author":" 陈来贵 "}
print(dic1. items())
print(dic1. keys())
print(dic1.values())
```

执行结果如图 6.31 所示。

```
dict_items([('title', '行动营销'), ('year', 2018), ('author', '陈来贵')])
dict_keys(['title', 'year', 'author'])
dict_values(['行动营销', 2018, '陈来贵'])
```

图6.31

以下程序范例是各种字典函数的综合运用。

【程序范例: dict.py】字典函数的综合运用

```
01    labor = {' 高中仁 ':'RD', ' 许富强 ':'SA'} # 设定字典的数据
02    labor[' 陈月风 '] = 'CEO' # 新增一个元素
03    labor.setdefault(' 陈月风 ')
04    print(' 目前字典 :')
05    print(labor)
06    labor[' 陈月风 '] ='PRESIDENT'
07    # 用 update() 函数更新字典
08    labor.update({' 周慧宏 ':'RD', ' 郑大富 ':'SA'})
09    print(' 按照名字递增排序 :')
10    for key in sorted(labor):
11        print('%8s %9s' % (key, labor[key]))
12
13    person = {' 陈志强 ':'SA',' 蔡工元 ':'RD'}
14    labor.update(person) # 更新字典
15    labor.update( 胡慧兰 = 'RD', 周大全 = 'SA')# 以指派方式更新
16    print(' 更新字典内容: \n', labor)
17    labor.pop(' 陈志强 ')# 删除指定数据
18    print(' 删除后按照名字排序 :')
19    for value in sorted(labor, reverse = False):
20        print('%8s %9s' % (value, labor[value]))
21    print(' 将字典内容清空 :')
22    print(labor.clear())
23    print(labor)# 输出字典
```

执行结果如图 6.32 所示。

```
目前字典:
{'高中仁': 'RD', '许富强': 'SA', '陈月风': 'CEO'}
按照名字递增排序:
     周慧宏         RD
     许富强         SA
     郑大富         SA
     陈月风 PRESIDENT
     高中仁         RD
更新字典内容:
 {'高中仁': 'RD', '许富强': 'SA', '陈月风': 'PRESIDENT', '周慧宏': 'RD', '郑大富': 'SA', '陈志强':
'SA', '蔡工元': 'RD', '胡慧兰': 'RD', '周大全': 'SA'}
删除后按照名字排序:
     周大全         SA
     周慧宏         RD
     胡慧兰         RD
     蔡工元         RD
     许富强         SA
     郑大富         SA
     陈月风 PRESIDENT
     高中仁         RD
将字典内容清空:
None
{}
```

图6.32

程序解说

◆ 第 3 行：用 setdefault() 函数新增一个键；由于未指定值，因此默认为 None。

◆ 第 8 行：用 update() 函数配合大括号 "{}" 直接加入字典元素。

◆ 第 14~15 行：两种不同的更新字典的方式。

◆ 第 17 行：用 pop() 函数删除指定键值对。

◆ 第 19~20 行：用 sorted() 函数将键值对排序。

◆ 第 22 行：用 clear() 函数清空字典内容。

6.4 集合

集合（Set）与字典一样，都是把元素放在大括号 "{}" 内，不过集合只有键而没有值，类似数学里的集合，可以进行并集 "|"、交集 "&"、差集 "–" 与异或 "^" 等运算。另外，集合里的元素没有顺序之分，而且相同元素不可重复出现。所以集合不会记录元素的位置，当然也不支持索引或切片运算。集合内的元素是不可变的，常见可以作为集合元素的有整数、浮点数、字符串、元组，而列表、字典、集合这类具有可变性质的数据类型则不能成为集合的元素。虽然说集合内的元素必须是不可变的，但是集合本身可以增加或删除元素，因此集合本身是可变的。

· 6.4.1 集合简介

集合可以使用大括号 "{}" 或 set() 函数建立，使用大括号 "{}" 建立集合的方式如下。

集合名称 ={ 元素 1, 元素 2,…}

例如下面的代码。

```
animal = {"tiger", "sheep", "elephant"}
print(animal)
print(type(animal))
```

执行结果如图 6.33 所示。

```
{'tiger', 'elephant', 'sheep'}
<class 'set'>
```

图6.33

注意，建立集合时，大括号内要有元素，否则 Python 会把它视为字典而不是集合。例如，x={} 表示 x 是一个字典而不是集合，例如下面的代码。

```
animal = {}
print(animal)
print(type(animal))
```

执行结果如图 6.34 所示。

```
{}
<class 'dict'>
```

图6.34

另外，集合的元素必须是唯一的。如果集合中有重复的元素，那么这些相同的元素只会保留一个，例如下面的代码。

```
animal = {"tiger","sheep","elephant",
    "lion","sheep","bird",
    "cat","snake","tiger"}
print(animal)
```

执行结果如图 6.35 所示。

```
{'sheep', 'bird', 'cat', 'tiger', 'elephant', 'lion', 'snake'}
```

图6.35

除了可以用大括号建立集合外，也可以使用set()函数建立集合，set()函数所传入的参数内容可以是列表、字符串、元组。使用set()函数建立空集合的范例如下。

```
set1=set()
print(set1)
```

如果我们收集的数据是用列表来保存的，但不确定其中是否有重复的元素，举例来说，如果收集了一堆单词，并以列表来保存这些收集的单词，为了避免所收集的单词重复出现，此时就可以利用集合的元素的唯一性来去除重复收集的单词。

以下程序范例能将所收集到的列表数据中的重复元素删除，并以另外的列表来保存这些不重复的元素。

■ 【程序范例：word.py】去除重复收集的单词

```
01  original= ["abase", "abate", "abdicate","abhor", "abate", "acrid","appoint", "abate", "kindle"]
02  print(" 单词收集的原始内容 : ")
03  print(original)
04  set1=set(original)
05  not_duplicatd=list(set1)
06  print(" 删除重复单词后的内容 : ")
07  print(not_duplicatd)
08  print(" 按照字母的顺序排列 : ")
09  not_duplicatd.sort()
10  print(not_duplicatd)
```

执行结果如图 6.36 所示。

```
单词收集的原始内容:
['abase', 'abate', 'abdicate', 'abhor', 'abate', 'acrid', 'appoint', 'abate',
'kindle']
删除重复单词后的内容:
['abate', 'acrid', 'abase', 'kindle', 'appoint', 'abdicate', 'abhor']
按照字母的顺序排列:
['abase', 'abate', 'abdicate', 'abhor', 'acrid', 'appoint', 'kindle']
```

图6.36

程序解说

- ◆ 第 3 行：输出原始列表内容。
- ◆ 第 4 行：将列表转换成集合，此语句会将集合内重复的元素删除。
- ◆ 第 5 行：将没有重复元素的集合转换成列表。
- ◆ 第 7 行：输出删除重复单词后的列表内容。
- ◆ 第 9~10 行：输出按照字母的顺序排列的列表内容。

· 6.4.2 集合的运算

两个集合可以做并集"|"、交集"&"、差集"-"与异或"^"等运算，如表 6.2 所示。

表 6.2 集合运算范例

集合运算	范例	说明
并集"|"	A|B	存在集合 A 或存在集合 B
交集"&"	A&B	存在集合 A 也存在集合 B
差集"-"	A-B	存在集合 A 但不存在集合 B
异或"^"	A^B	排除集合 A 与集合 B 中的相同元素

以下范例说明了集合的运算操作方式。

```
friendA= {"Andy", "Axel", "Michael","May"}
friendB = {"Peter", "Axel", "Andy","Julia"}
print(friendA & friendB)
print(friendA | friendB)
print(friendA - friendB)
print(friendA ^ friendB)
```

执行结果如图 6.37 所示。

```
{'Axel', 'Andy'}
{'May', 'Julia', 'Axel', 'Michael', 'Peter', 'Andy'}
{'Michael', 'May'}
{'Julia', 'May', 'Michael', 'Peter'}
```

图6.37

集合内的元素可以是相同数据类型，也可以是不同数据类型。但要把握一项原则，即集合的元素是不可变的，因此元组可以作为集合的元素，但是列表就不可以作为集合的元素，因为列表是一种可变的元素。

从以下两个例子可以清楚地看出如果在集合中加入列表将会产生错误。

```
set1={5,6,7,3,9}
print(set1)
set2={8,5,"happy","1235",(3,2,5),('a','b')}
print(set2)
```

执行结果如图 6.38 所示。

```
{3, 5, 6, 7, 9}
{'happy', (3, 2, 5), 5, 8, '1235', ('a', 'b')}
```

图6.38

```
set3={8,5,"happy","1235",[3,2,5],('a','b')}
print(set3)
```

执行结果如图 6.39 所示。

```
File "E:/C语言、python繁变简参编/python繁变简/范例档/ch06/untitled0.py", line 1, in <module>
  set3={8,5,"happy","1235",[3,2,5],('a','b')}

TypeError: unhashable type: 'list'
```

图6.39

可以发现，如果在集合中加入列表就会出现 TypeError 的错误。

6.4.3 常用的集合函数

下面将介绍常用的集合函数。

● 新增与删除函数 add() 与 remove()。add() 函数一次只能新增一个元素，如果要新增多个元素，可以使用 update() 函数，以下是 add() 与 remove() 函数的使用方式。

```
friend= {"Andy", "Axel", "Michael","May"}
friend.add("Patrick")
print(friend)
```

执行结果如图 6.40 所示。

```
{'Patrick', 'Andy', 'Michael', 'May', 'Axel'}
```

图6.40

```
friend= {"Andy", "Axel", "Michael","May"}
friend.remove("Andy")
print(friend)
```

执行结果如图 6.41 所示。

```
{'May', 'Axel', 'Michael'}
```

图6.41

● 更新或合并函数 update()。update() 函数可以将两个集合合并，格式如下。

```
set1.update(set2)
```

set1 会与 set2 合并，由于集合不允许有重复的元素，因此重复的元素会被忽略，例如下面的代码。

```
friend = {"Andy", "May", "Axel"}
friend.update({"Andy", "May","John","Michael"})
print(friend)
```

执行结果如图 6.42 所示。

```
{'Andy', 'Michael', 'May', 'Axel', 'John'}
```

图6.42

建立集合后，可以使用 in 语句来测试元素是否在集合中，例如下面的代码。

```
friend = {"Andy", "May", "Axel"}
print("Mike" in friend)  # 输出 False
```

"Mike"并不在集合内，所以就会返回 False。

以下程序范例能将全班同学中同时通过中高级测试及中级测试的同学名单列出，也会列出没有通过这两种测试的同学名单。

■ 【程序范例：english.py】列出通过及不通过测试的同学名单

```
01    # 小班制的同学清单
02    classmate={' 陈大庆 ',' 许大为 ',' 朱时中 ',' 庄秀文 ',' 吴彩凤 ',
03           ' 黄小惠 ',' 曾明宗 ',' 马友友 ',' 韩正文 ',' 胡天明 '}
04    test1={' 陈大庆 ',' 许大为 ',' 朱时中 ',' 马友友 ',' 胡天明 '} # 通过中高级测试的同学名单
05    test2={' 许大为 ',' 朱时中 ',' 吴彩凤 ',' 黄小惠 ',' 马友友 ',' 韩正文 '} # 通过中级测试的同学名单
06    goodguy=test1 | test2
07    print(" 全班有 %d 人通过两种测试中的其中一种 " %len(goodguy), goodguy)
08    bestguy=test1 & test2
09    print(" 全班有 %d 人两种测试全部通过 " %len(bestguy), bestguy)
10    poorguy=classmate -goodguy
11    print(" 全班有 %d 人没有通过任何测试 " %len(poorguy), poorguy)
```

执行结果如图 6.43 所示。

```
全班有  8  人通过两种测试中的其中一种 {' 陈大庆 ',  ' 许大为 ',  ' 胡天明 ',  ' 朱时中 ',  ' 韩正文 ',  ' 马友友 ',
' 吴彩凤 ',  ' 黄小惠 '}
全班有  3  人两种测试全部通过 {' 许大为 ',  ' 马友友 ',  ' 朱时中 '}
全班有  2  人没有通过任何测试 {' 曾明宗 ',  ' 庄秀文 '}
```

图6.43

程序解说

◆ 第 2~3 行：全班名单，以列表方式保存。

◆ 第 4 行：通过中高级测试的同学名单，以列表方式保存。

◆ 第 5 行：通过中级测试的同学名单，以列表方式保存。

◆ 第 6~7 行：输出通过两种测试中的其中一种的人数与同学名单。

◆ 第 8~9 行：输出两种测试全部通过的人数与同学名单。

◆ 第 10~11 行：输出没有通过任何测试的人数与同学名单。

阅读完本章的内容，相信大家已经学会了 Python 的特殊数据类型的内容与应用，包括元组、列表、字典、集合等复合数据类型。复合数据类型就像容器一样，可以装进各种不同类型的数据，而各种不同数据类型彼此之间还能互相搭配使用。不过每一种数据类型都有各自的特性、使用方式、函数和使用限制。

本章重点整理

● Python 提供了许多特殊数据类型的相关应用，如元组、列表、字典、集合等复合数据类型。

● 通过"索引值"可以取得存于序列中的所需的数据元素。

● 列表是不同数据类型的集合，用中括号"[]"来将存放的元素括起来。

● 列表的组成元素可以是不同的数据类型，甚至可以是其他的子列表，当列表内没有任何元素时，则称之为空列表。

● Python 列表的中括号里面也可以含有其他表达式，如 for 语句、if 语句等。

● 列表本身提供了 list() 函数，该函数可以将字符串转换成列表类型。

● 在 Python 中，列表中可以有列表，这种列表称为二维列表，要读取二维列表中的数据，可以通过 for 循环来完成。

● del 语句除了可以删除变量，还可以删除列表中指定位置的元素与指定范围的子列表。

● 如果要检查某一个元素是否存在或不存在于列表中，则可以使用"in"与"not in"运算符。

● 列表的复制是指复制一个新的列表，两者的内容不会受到影响。

● append() 函数会在列表末端加入新的元素。

● insert() 函数可以指定新的元素插入列表中指定的位置。

● pop() 函数可以在括号内指定移除某个索引位置的元素。

● sort() 函数可以将列表元素进行排序。

● reverse() 函数可以将列表元素进行反转排列。

● count() 函数可以返回列表中特定内容出现的次数。

● index() 函数可以返回列表中特定元素第一次出现的索引值。

● 元组也是一种有序序列，一旦建立之后，元组中的元素个数与内容值不能被任意更改。

● 元组内的元素可以使用 for 循环或 while 循环来读取。

● 元组内的元素仍然可以利用"+"运算符将两个元组数据内容连接成一个新的元组。

● 字典的元素放置于大括号"{}"内，是一种"键"与"值"对应的数据类型。

● 要修改字典的元素值，必须针对键设定新值才能取代原先的旧值。

- 如果想删除整个字典，则可以使用 del 语句。
- clear() 函数会清空整个字典，这个函数和前面提到的 del 语句的不同点是它会清空字典中所有的元素，但是字典仍然存在，只不过变成空的字典。
- get() 函数会用键查找对应的值，但是如果该键不存在则会返回默认值。
- update() 函数可以将两个字典合并。
- 集合与字典一样，都是把元素放在大括号"{}"内，不过集合只有键而没有值，类似数学里的集合，可以进行并集"|"、交集"&"、差集"−"与异或"^"等运算。
- 集合可以使用大括号"{}"或 set() 函数建立。

本章课后习题

一、选择题

1.（D）请问 [i for i in range（5,18,3）] 所产生的列表内容是什么？

（A）[5, 9, 13, 17,18]

（B）[5, 9, 13, 17]

（C）[5, 7, 9, 11, 13, 15, 17]

（D）[5, 8, 11, 14, 17]

2.（C）下列哪一个选项是不合法的列表？

（A）[]

（B）[98, 85, 76, 64,100]

（C）（'2018', 176, 80, ' 北京市 '）

（D）['manager', [58000, 74800], 'labor', [26000, 31000]]

3.（B）num = [[25, 58, 66], [21, 77, 36]]，请问 num[1][1] 的值是什么？

（A）36

（B）77

（C）66

（D）58

4.（C）如果 word = ["red", "yellow", "green"]，请问执行"word.sort()"语句的结果是什么？

（A）['red', 'yellow', 'green']

（B）['red', 'green', 'yellow']

（C）['green', 'red', 'yellow']

（D）['green', 'yellow', 'red']

5.（A）如果 word = ["red", "yellow", "green", "white"]，请问执行"print（len（word））"语句的结果是什么？

（A）4

（B）3

（C）5

（D）2

二、问答题

1. 请问 [i+5 for i in range（10,15）] 的列表结果是什么？

答：

[15, 16, 17, 18, 19]。

2. list = [1,3,5,7,9,7,5,3,1]，请分别写出以下语句的切片运算结果。

（list[4:8]

（list[-2:]。

答：

（ [9, 7, 5, 3]

（ [3, 1]。

3. 请写出以下程序的执行结果。

```
num=[[[1,8,77],[6,1,4],[5,3,4]],[[2,8,0],[2,5,3],[7,1,3]]]
print(num[0][0])
print(num[0][0][0])
```

答：

[1, 8, 77]

1。

4. 请写出以下程序的执行结果。

```
L=[51,82,77,48,35]
del L[2]
del L[3]
print(L)
```

答：

[51, 82, 48]。

5. 请写出以下程序的执行结果。

```
word = ["1", "3", "5","7"]
word.pop()
word.pop()
print(word)
```

答：

['1', '3']。

6. 请写出以下程序的执行结果。

```
>>> (1,2,6)*3
```

答：

（1, 2, 6, 1, 2, 6, 1, 2, 6）。

7. 请写出以下程序的执行结果。

```
dic={'name':'Python 程序设计 ', 'author': ' 许志峰 '}
dic['name']= 'Python 程序设计第二版 '
print(dic)
```

答：

{'name': 'Python 程序设计第二版 ', 'author': ' 许志峰 '}。

8. 请写出以下程序的执行结果。

```
friendA= {"Andy", "Axel", "Michael","Julia"}
friendB = {"Peter", "Axel", "Andy","Tom"}
print(friendA & friendB)
```

答：

{'Andy', 'Axel'}。

## 第 7 章

函 数

大型程序设计与开发是相当耗时且复杂的工作。当需求及功能越来越多时，程序代码就会越来越庞大，这时多人分工合作来完成程序开发是非常必要的。在中大型程序开发中，为了实现程序代码的可读性和程序项目的规划，通常我们会将程序切割成一个个功能明确的函数，这就是模块化的概念。函数是模块化的充分表现，简单说就是将特定功能或经常重复使用的程序独立出来。函数由许多的语句所组成，我们将程序中重复执行的代码定义成函数，以便让程序调用该函数来执行重复的语句。函数除了可以让程序代码更加简洁外，也能够使开发人员提高程序的开发效率。

7.1 函数简介

根据程序的设计需求，Python 函数大概分为 3 种类型：内置函数、标准函数库及自定义函数。内置函数是指 Python 本身所提供的函数，如 len() 函数、int() 函数，或是在 for 循环中所提到的 range() 函数等。标准函数库或第三方开发的模块库函数提供了许多相当实用的函数，但是在使用这类函数之前，必须事先导入该函数模块。这里的模块就是指包含一些特定功能函数的组合，例如，程序中使用到随机数时，就必须先引入 Random 模块，再去使用 Random 模块所提供的函数，这部分概念我们会在第 8 章中特别说明。

程序员可以利用 def 关键字自定义一个函数，自定义的函数可以根据个人的需求自行设计。本章将重点讲解自定义函数的使用方法，包括函数的声明、参数的使用、函数体与返回值。

· 7.1.1 自定义函数

自定义函数是指由用户自行编写的函数，定义该函数后才能调用它。定义函数是函数架构中最重要的部分，它定义了一个函数的内部流程运作，包括接收什么参数、进行哪种处理、处理完成后返回哪些数据等。定义函数时先使用关键字 def，接着写函数名称，后面小括号内可以填写要传入函数的参数，小括号之后再加上 ":"，格式如下所示。

```
def 函数名称 ( 参数 1, 参数 2, …):
    程序代码块
    return 返回值  # 有返回值时才需要
```

函数名称的命名必须遵守 Python 标识符名称的规范。另外，自定义函数中的参数可有可无，也可以有多个。冒号 ":" 之后则是函数主体，函数的程序代码内容可以是单行或多行语句，并统一进行缩进（一次缩进 4 个半角的空格）。return 语句可以返回值给调用函数的主程序，返回值也可以有多个，如果函数没有返回任何数值，则可以省略 return 语句。

定义完函数后，函数并不会主动执行，只有在调用该函数时才会开始执行，调用自定义函数的语法格式如下所示。

```
函数名称 ( 参数 1, 参数 2, …)
```

下面我们将定义一个名为 blessings() 的简单函数，该函数会输出一行字符，程序代码如下。

```
def blessings():
    print(' 一元复始，万象更新 ')
blessings()
```

执行结果如图 7.1 所示。

一元复始，万象更新

图7.1

下面在函数中增加一个参数，动态指定函数要输出的字符串，程序代码如下。

```
def blessings(str1):
    print(str1)
blessings(' 一元复始，万象更新 ')
blessings(' 恭贺新禧，财源滚滚 ')
```

执行结果如图 7.2 所示。

一元复始，万象更新
恭贺新禧，财源滚滚

图7.2

接下来要介绍的自定义函数带有返回值，例如，函数会返回所传入参数相乘后的结果，程序代码如下。

```
def func(a,b):
    x = a * b
    return x

print(func(4,3))
```

执行结果如图 7.3 所示。

12

图7.3

读者可以修改上述程序代码，将输出的语句写在函数内，并取消原先的返回语句，该函数则会返回 None，程序代码如下。

```
def func(a,b):
    x = a * b
    print(x)

print(func(4,3))
```

执行结果如图 7.4 所示。

12
None

图7.4

在自定义函数时，也可以给小括号内的参数默认初始值，调用函数时，如果实参值未传递，则会默认"参数 = 初始值"，例如下面的程序代码。

```
def func(a,b,c=10):
    x = a - b + c
    return x
print(func(3,1,3)) # a=3,b=1,c=3
print(func(5,2))  # a=5,b=2,c=10
```

执行结果如图 7.5 所示。

```
5
13
```

图7.5

上面 func() 函数里的参数 c 默认的初始值为 10，因此调用函数时就可以只输入两个数值。

另外 Python 的函数也可以一次返回多个值，所有返回的多个值之间以逗号 "," 分隔，例如下面的程序代码。

```
def func(a,b):
    p1 = a * b
    p2 = a - b
    return p1, p2

num1 ,num2 = func(5, 4)
print(num1)
print(num2)
```

执行结果如图 7.6 所示。

```
20
1
```

图7.6

我们再来看一个例子，要求函数一次返回 3 个值，程序代码如下。

```
def func(length,width,height):
    p1 = length*width*height
    p2 = length+width+height
    p3 = (length*width+height*length+width*height)*2
    return p1, p2, p3

num1 ,num2, num3 = func(5, 4, 3)
print(num1)
print(num2)
print(num3)
```

执行结果如图 7.7 所示。

```
60
12
94
```

图7.7

如果用户事先不知道调用函数时要传入参数的个数，这种情况下可以在定义函数时，在参数前面加上一个星号"*"，表示该参数可以接收不定个数的实参，而所传入的实参会被视为一个元组；但是在自定义函数时在参数前面加上两个星号"**"，传入的实参会被视为一个字典。下面的程序范例将演示调用函数的过程中传入不定个数的实参。

■ 【程序范例：para.py】调用函数——传入不定个数的实参

```
01   def factorial(*arg):
02       product=1
03       for n in arg:
04           product *= n
05       return product
06
07   ans1=factorial(5)
08   print(ans1)
09   ans2=factorial(5,4)
10   print('5*4=',ans2)
11   ans3=factorial(5,4,3)
12   print('5*4*3=',ans3)
13   ans4=factorial(5,4,3,2)
14   print('5*4*3*2=',ans4)
15
16   def myfruit(**arg):
17       return arg
18
19   print(myfruit(d1='apple', d2='mango', d3='grape'))
```

执行结果如图 7.8 所示。

```
5
5*4= 20
5*4*3= 60
5*4*3*2= 120
{'d1': 'apple', 'd2': 'mango', 'd3': 'grape'}
```

图7.8

程序解说

◆ 第 1~5 行：如果事先不知道要传入的实参个数，可以在自定义函数时在参数前面加上一个星号"*"，表示该参数接收不定个数的实参，传入的实参会被视为一个元组。

◆ 第 16~17 行：在参数前面加上两个星号"**"，传入的实参会被视为一个字典。

以下程序范例将自定义业务奖金计算函数，让用户输入产品单价及销售数量计算总销售业绩，然后将总销售业绩乘上 35% 计算出应得奖金。

■ 【程序范例：bonus.py】自定义业务奖金计算函数

```
01   def payment():
02       price = float(input(" 产品单价："))
03       num = float(input(" 销售数量："))
```

```
04      rate = 0.35  # 奖金所占的百分比
05      total = price*num * rate
06      return price*num, total
07
08   e1 ,e2 = payment()
09   print(" 总销售业绩 {}, 应得奖金：{}".format(e1, e2))
```

执行结果如图 7.9 所示。

```
产品单价：500
销售数量：10
总销售业绩5000.0,应得奖金：1750.0
```

图7.9

程序解说

◆ 第 1~6 行：定义自定义函数 payment()，该函数有两个返回值，即总销售业绩及应得奖金。

◆ 第 8 行：变量 e1、e2 分别用来接收 payment() 函数的两个返回值。

我们接着再看另外一个例子，以下程序范例定义了输入两数 x、y 并计算 x^y 值的函数 pow()。

■ 【程序范例：pow.py】求一个数的指数次方值

```
01   # 参数：x 为底数
02   #y 为指数
03   # 返回值：指数运算结果
04   def Pow(x,y):
05      p=1
06      for i in range(y):
07         p *= x
08      return p
09   print(" 请输入两个整数进行指数运算（如 2 3）：")
10   x,y=input().split()
11   print('x=',x)
12   print('y=',y)
13   print(" 指数运算结果：%d" %Pow(int(x), int(y)))
```

执行结果如图 7.10 所示。

```
请输入两个整数进行指数运算 （如 2 3）：
3 4
x= 3
y= 4
指数运算结果：81
```

图7.10

程序解说

◆ 第 4~8 行：定义了函数的主体。

◆ 第 10 行：输入两个整数。

◆ 第 13 行：输出调用函数计算的结果。

7.1.2 参数传递

前面我们提到，变量存储在系统的内存地址上，而地址上的数值和地址本身是独立与分开运作的，所以更改变量的数值是不会影响它存储的地址的。而函数中的参数传递是将主程序中的变量值（实参）传递给函数部分的参数（形参），然后进行相应的处理。

大部分程序设计语言有以下两种参数传递方式。

传值：在调用函数时，会将实参值一一复制给函数内的形参，在函数体中对形参值的修改都不会影响到原来的实参值。

传址：在调用函数时，传递给函数的参数值是实参的内存地址，因此函数内形参值的变动会同时影响到原来的实参值。

Python 的自变量传递是利用不可变和可变对象进行的，也就是说当所传递的实参是一种不可变对象（如数值、字符串）时，Python 会视为"传值"调用。但是当所传递的实参是一种可变对象（如列表、字典）时，Python 会视为"传址"调用，这种情况下，如果函数内的可变对象被修改，因为占用同一地址，所以会同时影响函数外部实参的值。

以下程序范例说明在函数内部修改字符串的内容不会影响函数外部的值，不过在函数内部修改列表内容会改变函数外部的值。

【程序范例：arg.py】Python 的参数传递

```
01   def fun1(obj, price):
02       obj = 'Microwave'
03       print(' 函数内部修改字符串及列表数据 ')
04       print(' 物品名称 :', obj)
05       # 新增价格
06       price.append(12000)
07       print(' 物品售价 :', price)
08
09   obj1 = 'TV'  # 未调用函数时的字符串
10   price1 = [24000, 18000, 35600] # 未调用函数时的列表
11   print(' 函数调用前默认的字符串及列表 ')
12   print(' 物品名称 :', obj1)
13   print(' 物品售价 :', price1)
14   fun1(obj1, price1)
15
16   print(' 函数内部被修改后的字符串及列表 ')
17   print(' 名字 :', obj1) # 字符串内容没变
18   print(' 分数 :', price1) # 列表内容已改变
```

执行结果如图 7.11 所示。

```
函数调用前默认的字符串及列表
物品名称：TV
物品售价：[24000, 18000, 35600]
函数内部修改字符串及列表数据
物品名称：Microwave
物品售价：[24000, 18000, 35600, 12000]
函数内部被修改后的字符串及列表
名字：TV
分数：[24000, 18000, 35600, 12000]
```

图7.11

· 7.1.3 位置参数与关键字参数

前面谈过在调用函数时使用括号运算符"()"即可传入参数，但是参数传入的方式有位置参数与关键字参数两种方式，之前演示的函数调用方式采用的都是位置参数，特点是传入的参数个数与先后顺序必须和所定义函数的参数个数与先后顺序互相一致。例如，函数有 3 个参数，调用函数时必须有一对一的实参与之配对。

但是如果想让参数不按照函数所定义的顺序传入，这种情况下就可以采用关键字参数。它能以让用户指定关键字的值的方式来传入实参值，在此以下面这个程序示例来加以说明。

```
def func(x,y,z):
    formula = x*x+y*y+z*z
    return formula

print(func(z=5,y=2,x=7))
print(func(7, 2, 5))
print(func(x=7, y=2 , z=5))
print(func(7, y=2 , z=5))
```

执行结果如图 7.12 所示。

```
78
78
78
78
```

图7.12

从执行结果可以看出：调用函数 4 次，虽然使用的都是不同的参数传递方式（位置参数、关键字参数与混合位置参数），但是其执行结果值都一致。这里要特别注意：如果位置参数与关键字参数混用，必须确保位置参数在关键字参数之前，而且每个实参只能对应一个形参。下式就是一种错误的参数设定方式。

```
func(7, x=8 , z=5)
```

上式第一个实参传给参数 x，第二个实参又指定给参数 x，像这样重复指定相同参数的值就会发生错误，使用时要特别留意。

· 7.1.4 lambda() 函数

lambda() 函数能够简化程序，我们可以将 lambda 表达式视为一种函数的简化书写方式，它可以根据输入的值确定输出的值。通常定义函数时需要给定函数名称，但是 lambda 并不需要函数名，所以我们称 lambda 是一种匿名函数的表达式写法。其语法如下。

lambda 参数列表，…：表达式

其中表达式之前的冒号 "："不能省略，并且不能使用 return 语句。例如，将数学函数 $f(x) = 3 \times x - 1$ 写成 lambda 表达式，程序代码如下。

```
result = lambda x : 3*x-1  #lambda() 函数
print(result(3)) # 输出数值 8
```

也就是说 "："左边是参数，右边是表达式或程序块。就本例而言，"："右边是表达式 3*x-1，左边参数的个数是 1。

那么自定义函数与 lambda() 函数有何不同？我们先以一个简单的例子加以说明，程序代码如下。

```
def formula(x, y): # 自定义函数
    return 3*x+2*y

formula = lambda x, y : 3*x+2*y  # 表示 lambda 有两个参数
print(formula (5,10)) ## 传入两个数值让 lambda() 函数做运算，输出数值 35
```

上面的程序代码中分别使用了自定义函数及 lambda() 函数两种方式，我们可以观察到自定义函数与 lambda() 函数有以下区别。

- 自定义函数的函数体可以有多行语句，但是 lambda() 函数只能有一行表达式。
- 自定义函数有名称，但 lambda() 函数无名称，lambda() 函数必须指定一个变量来存储运算结果。
- 自定义函数的结果以 return 语句返回，lambda() 函数将结果赋给指定的变量。
- lambda() 函数必须以变量名（如上例中的 formula 变量）来调用，依其定义传入参数。

7.2 变量作用域

变量作用域（或称变量的有效范围）是由变量所在的位置决定的，从而形成变量不同的有效范围与生命周期。变量作用域用来决定在程序中有哪些语句可以合法使用这个变量。

在 Python 中，变量根据在程序中所定义的位置，可以分为以下两种作用范围的变量。

· 7.2.1 全局变量和局部变量

定义在函数内部的变量称为局部变量（Local Variable），它的作用域范围为函数内，也就是出了函数外就无效。除了在函数内部定义变量，Python 还允许在所有函数的外部定义变量，这样的变量称为全局变

量（Global Variable）。全局变量的默认作用域是整个程序，即全局变量既可以在各个函数的外部使用，也可以在各函数内部使用。全局变量的生命周期是从赋值开始的，一直到整个程序结束。

下面的例子说明了全局变量和局部变量的不同。

```python
def demo():
    n = 10  # 局部变量 n
    print(product)
product = 100 # 全局变量 product
print(demo())
print(n)
```

上述程序代码中变量 *n* 在函数 demo 中定义，是局部变量，作用域范围在函数 demo( ) 内，然而程序最后一行代码 print(n) 中使用了局部变量 *n*，因此程序运行时会提示出错。变量 *product* 在函数外定义，是全局变量，程序中任何位置使用它都可以。

7.2.2 函数内的全局变量

如果编写的代码中同时有多个相同名称的全局变量与局部变量，Python 会以局部变量为优先。例如，在函数内必须以局部变量为优先；当离开函数时，则会采用全局变量。我们可以从以下的例子看出这两者的差别。

```python
def fun():
    num=10  # 函数内局部变量
    for i in range(num):
        print('*',end='')

num=30
fun()  # 根据局部变量所定义的个数输出符号
print()
for i in range(num): # 根据全局变量所定义的个数输出符号
    print('*',end='')
```

执行结果如图 7.13 所示。

图7.13

但是如果要在函数内使用全局变量，则必须在该函数内将该变量以 global 赋值，例如下面的代码。

```python
def fun():
    global num # 说明在函数内使用的 num 变量是全局变量
    for i in range(num):# 根据全局变量所定义的个数输出符号
        print('*',end='')
    num=50  # 在函数内将全局变量的值改为 50

num=30
for i in range(num): # 根据全局变量所定义的个数输出符号
```

```
   print('*',end='')
print()# 换行
fun()  # 调用函数
print()# 换行
for i in range(num): # 全局变量的值已变为 50, 依此数字输出符号
   print('*',end='')
```

执行结果如图 7.14 所示。

```
*****************************
*****************************
*************************************************
```

图7.14

 # **7.3** 常见 Python 函数

本节将整理出 Python 中较为常用且相当实用的函数，包括数值函数、字符串函数及
与序列有关的函数。

7.3.1 数值函数

表 7.1 所示为 Python 中与数值运算有关的内建函数说明。

表 7.1 与数值运算有关的内建函数说明

名称	说明
int（x）	转换为整数型
bin（x）	将整数转换为二进制数，以字符串返回
hex（x）	将整数转换为十六进制数，以字符串返回
oct（x）	将整数转换为八进制数，以字符串返回
float（x）	转换为浮点数类型
abs（x）	取绝对值，x 可以是整数、浮点数或复数
divmod（a,b）	a // b 得商，a % b 取余，a、b 为数值
pow（x,y）	x ** y，（x ** y）% z
round（x）	将数值四舍五入
chr（x）	取得 x 的字符
ord（x）	返回字符 x 的 unicode
str（x）	将数值 x 转换为字符串
sorted（list）	将列表由小到大排序
max（参数列）	取最大值
min（参数列）	取最小值
len（x）	返回元素个数

以下程序范例将示范常用数值函数的使用方法。

【程序范例：numberfun.py】数值函数的使用范例

```
01   print(" 指数次方运算结果 : %d" %pow(int(x), int(y)))
02   print('int(8.4)=',int(8.4))
03   print('bin(14)=',bin(14))
04   print('hex(84)=',hex(84))
05   print('oct(124)=',oct(124))
06   print('float(6)=',float(6))
07   print('abs(-6.4)=',abs(-6.4))
08   print('divmod(58,5)=',divmod(58,5))
09   print('pow(3,4)=',pow(3,4))
10   print('round(3.5)=',round(3.5))
11   print('chr(68)=',chr(68))
12   print('ord(\'%s\')=%d' %('A',ord('A')))
13   print('str(1234)=',str(1234))
14   print('sorted([5,7,1,8,9])=',sorted([5,7,1,8,9]))
15   print('max(4,6,7,12,3)=',max(4,6,7,12,3))
16   print('min(4,6,7,12,3)=',min(4,6,7,12,3))
17   print('len([5,7,1,8,9])=',len([5,7,1,8,9]))
```

执行结果如图 7.15 所示。

```
指数次方运算结果 : 81
int(8.4)= 8
bin(14)= 0b1110
hex(84)= 0x54
oct(124)= 0o174
float(6)= 6.0
abs(-6.4)= 6.4
divmod(58,5)= (11, 3)
pow(3,4)= 81
round(3.5)= 4
chr(68)= D
ord('A')=65
str(1234)= 1234
sorted([5,7,1,8,9])= [1, 5, 7, 8, 9]
max(4,6,7,12,3)= 12
min(4,6,7,12,3)= 3
len([5,7,1,8,9])= 5
```

图7.15

程序解说

◆ 第 1~17 行：各种数值函数的使用语法范例。

7.3.2 字符串函数

本小节将介绍一些常用的字符串函数（方法）。当声明了字符串变量之后，就可以通过点运算符 "." 来使用相应的函数。

• 与字符串有关的函数如表 7.2 所示。

表 7.2 与字符串有关的函数说明

名称	说明
find(sub[, start[, end]])	寻找字符串中的特定字符
index(sub[, start[, end]])	返回指定字符的索引值
count(sub[, start[, end]])	用切片运算计算子字符串出现的次数
replace(old, new[, count])	用 new 子字符串取代 old 子字符串
startswith(s)	判断字符串的开头是否与设定值相符
endswitch(s)	判断字符串的结尾是否与设定值相符
split()	依据设定字符来分割字符串
join(iterable)	将 iterable 的字符串连成一个字符串
strip()、lstrip()、rstrip()	移除字符串左右特定的字符

其中，split() 函数可以通过指定分隔符将字符串分割为子字符串，并返回子字符串的列表，格式如下。

字符串 .split(分隔符 , 分割次数)

默认的分隔符为空字符串，包括空格、换行符 "\n"、定位符 "\t"。使用 split() 函数分割字符串时，会将分割后的字符串以列表返回，例如下面的代码。

```
str1 = "apple \nbanana \ngrape \norange"
print( str1.split() ) # 没有指定分割符，所以会用空格或换行符 "\n" 来分割
print( str1.split(' ', 2 ) ) # 以空格分割，分割 3 个子字符串之后的字符串就不再分割
```

执行结果如图 7.16 所示。

```
['apple', 'banana', 'grape', 'orange']
['apple', '\nbanana', '\ngrape \norange']
```

图7.16

以下范例搜索特定字符串出现的次数。

```
str1="do your best what you can do"
s1=str1.count("do",0) # 从 str1 字符串索引值为 0 的位置开始搜索
s2=str1.count("o",0,20) # 在索引值 0 到索引值为 20-1 的范围内搜索
print("{}\n"do" 出现 {} 次 ,"o" 出现 {} 次 ".format(str1,s1,s2))
```

执行结果如图 7.17 所示。

```
do your best what you can do
「do」出现2次，「o」出现3次
```

图7.17

另外，表 7.2 中的 strip() 函数用于去除字符串首尾的字符，lstrip() 函数用于去除左边的字符，rstrip() 函数用于去除右边的字符。3 种方法的格式相同，以下以 strip() 函数来说明。

字符串 .strip([特定字符])

特定字符默认为空格符，特定字符可以输入多个，例如下面的代码。

```
str1="Happy new year?"
s1=str1.strip("H?")
print(s1)
```

执行结果如图 7.18 所示。

```
appy new year
```

图7.18

由于输入的是"H?"，相当于要去除"H"与"?"，执行时会依序去除两端符合的字符，直到没有匹配的字符为止，因此上面的范例分别去除了左边的"H"与右边的"?"字符。

函数 replace() 可以将字符串里的特定字符串替换成新的字符串，程序代码如下。

```
s= "My favorite sport is baseball."
print(s)
s1=s.replace("baseball", "basketball")
print(s1)
```

执行结果如图 7.19 所示。

```
My favorite sport is baseball.
My favorite sport is basketball.
```

图7.19

这里还要介绍两个函数，它们会依据设定范围判断指定的子字符串是否存在于原字符串中，若存在则返回 True。startswith() 函数用来比较前端字符，endswith() 函数则以尾端字符为主。

startswith() 函数当没有指定开始索引、结束索引时，只会搜索整句的开头文字是否满足。若要搜索第二个子句的开头字符是否满足，startswith() 函数就得加入 start 或 end 参数。endswith() 函数要搜索非句尾的末端字符时，同样要设开始索引或结束索引参数才会根据索引值进行搜索。

这两个函数的语法如下。

```
startswith( 开头的字符 [, 开始索引 [, 结束索引 ]])
endswith( 结尾的字符 [, 开始索引 [, 结束索引 ]])
```

例如下面的程序代码。

```
wd = 'Python is funny and powerful.'
print(' 字符串 :', wd)
print('Python 为开头的字符串吗 ', wd.startswith('Python'))  # 返回 True
print('funny 为开头的字符串吗 ', wd.startswith('funny', 0))# 返回 False
print('funny 为指定位置的开头的字符串吗 ', wd.startswith('funny', 10))  # 返回 True
print('powerful. 为结尾字符串吗 ', wd.endswith('powerful.'))  # 返回 True
```

执行结果如图 7.20 所示。

```
字符串: Python is funny and powerful.
Python为开头的字符串吗 True
funny为开头的字符串吗 False
funny为指定位置的开头的字符串吗 True
powerful.为结尾字符串吗 True
```

图7.20

- 与字母大小写有关的函数如表 7.3 所示。

表 7.3 与字母大小写有关的函数说明

名称	说明
capitalize()	只有第一个单词的首字母大写，其余字母皆小写
lower()	全部大写
upper()	全部小写
title()	采取标题式大小写，每个单词的首字母大写，其余字母皆小写
islower()	判断字符串是否所有字母皆为小写
isupper()	判断字符串是否所有字母皆为大写
istitle()	判断字符串首字母是否为大写，其余字母皆小写

以下程序范例包含了跟字母大小写有关的函数。

```
phrase = 'never put off until tomorrow what you can do today.'
print(' 原字符串: ', phrase)
print(' 将首字母大写 ', phrase.capitalize())
print(' 每个单词的首字母大写 ', phrase.title())
print(' 全部转为小写字母 ', phrase.lower())
print(' 判断字符串首字母是否为大写 ', phrase.istitle())
print(' 是否皆为大写字母 ', phrase.isupper())
print(' 是否皆为小写字母 ', phrase.islower())
```

执行结果如图 7.21 所示。

```
原字符串:  never put off until tomorrow what you can do today.
将首字母大写  Never put off until tomorrow what you can do today.
每个单词的首字母大写 Never Put Off Until Tomorrow What You Can Do Today.
全部转为小写字母 never put off until tomorrow what you can do today.
判断字符串首字母是否为大写 False
是否皆为大写字母 False
是否皆为小写字母 True
```

图7.21

- 与对齐格式有关的函数如表 7.4 所示。

表 7.4 与对齐格式有关的函数说明

名称	说明
center（width [, fillchar]）	增加字符串宽度，字符串置中间，两侧补空格符
ljust（width [, fillchar]）	增加字符串宽度，字符串置左边，右侧补空格符
rjust（width [, fillchar]）	增加字符串宽度，字符串置右边，左侧补空格符
zfill（width）	字符串左侧补"0"

名称	说明
partition（sep）	字符串分割成 3 个部分，即 sep 前、sep、sep 后
splitlines（[keepends]）	根据符号分割字符串为序列元素，keepends = True 时保留分割的符号

以下程序范例示范了与对齐格式有关的函数的使用方法。

■ 【程序范例：align.py】与对齐格式有关的函数的使用方法

```
01    str1 = ' 淡泊以明志，宁静以致远 '
02    print(' 原字符串 ', str1)
03    print(' 栏宽 20，字符串置中 ', str1.center(20))
04    print(' 字符串置中，# 填补 ', str1.center(20, '#'))
05    print(' 栏宽 20，字符串靠左 ', str1.ljust(20, '@'))
06    print(' 栏宽 20，字符串靠右 ', str1.rjust(20, '!'))
07
08    mobilephone = '931828736'
09    print(' 字符串左侧补 0:', mobilephone.zfill(10))
10
11    str2 = 'Time create hero.,I love my family.'
12    print(' 用逗号分割字符 ', str2.partition(','))
13
14    str3 = ' 和谐 \n 仁爱 \n 团结 \n 和平 '
15    print(' 用 \\n 分割字符串 ', str3.splitlines(False))
```

执行结果如图 7.22 所示。

```
原字符串 淡泊以明志，宁静以致远
栏宽20，字符串置中    淡泊以明志，宁静以致远
字符串置中，# 填补 ####淡泊以明志，宁静以致远#####
栏宽20，字符串靠左 淡泊以明志，宁静以致远@@@@@@@@@@
栏宽20，字符串靠右 !!!!!!!!!!淡泊以明志，宁静以致远
字符串左侧补0: 0931828736
用逗号分割字符 ('Time create hero.', ',', 'I love my family.')
用\n分割字符串 ['和谐', '仁爱', '团结', '和平']
```

图7.22

程序解说

◆ 第 3~4 行：使用 center() 函数设定栏宽（参数 width）为 20，字符串置中间，两侧补 "#"。

◆ 第 5~6 行：ljust() 函数会将字符串靠左对齐，rjust() 函数会将字符串靠右对齐。

◆ 第 8~9 行：字符串左侧补 "0"。

◆ 第 12 行：partition() 函数中，会以 sep 参数 "," 为主，将字符串分割成 3 个部分。

◆ 第 14 行：将 splitlines() 函数的参数 keepends 设为 False，分割的字符不会显示出来。

· 7.3.3 与序列有关的函数

表 7.5 所示为与序列有关的函数说明。

表 7.5 与序列有关的函数说明

函数	说明
list()	列表或转换为列表对象
tuple()	转换为元组对象
len()	返回序列的长度
max()	找出最大值
min()	找出最小值
reversed()	反转序列，以迭代器返回
sum()	计算总和
sorted（）	排序

以下程序范例示范了与序列有关的函数的使用方法。

【程序范例：sequence.py】与序列有关的函数的使用方法

```
01  str1="I love python."
02  print(" 原字符串内容 : ",str1)
03  print(" 转换成列表 : ",list(str1))
04  print(" 转换成元组 : ",tuple(str1))
05  print(" 字符串长度 : ",len(str1))
06
07  list1=[8,23,54,33,12,98]
08  print(" 原列表内容 ",list1)
09  print(" 列表中最大值 ",max(list1))
10  print(" 列表中最小值 : ",min(list1))
11
12  relist=reversed(list1)# 反转列表
13  for i in relist: # 将反转后的列表内容依序输出
14      print(i,end=' ')
15  print()# 换行
16  print(" 列表所有元素总和 : ",sum(list1))# 输出总和
17  print(" 列表元素由小到大排序 : ",sorted(list1))
```

执行结果如图 7.23 所示。

```
原字符串内容：I love python.
转换成列表：['I', ' ', 'l', 'o', 'v', 'e', ' ', 'p', 'y', 't', 'h', 'o', 'n', '.']
转换成元组：('I', ' ', 'l', 'o', 'v', 'e', ' ', 'p', 'y', 't', 'h', 'o', 'n', '.')
字符串长度：14
原列表内容：[8, 23, 54, 33, 12, 98]
列表中最大值：98
列表中最小值：8
98 12 33 54 23 8
列表所有元素总和：228
列表元素由小到大排序：[8, 12, 23, 33, 54, 98]
```

图7.23

程序解说

◆ 第 3 行：将字符串转换成列表。

◆ 第 4 行：将字符串转换成元组。

- 第 5 行：输出字符串长度。
- 第 9~10 行：输出列表所有元素中的最大值及最小值。
- 第 12~14 行：将反转后的列表内容依序输出。
- 第 16 行：列表所有元素的总和。
- 第 17 行：列表元素由小到大排序。

 7.4 本章综合范例——利用辗转相除法求最大公因数

以下这个范例会要求输入两个数值，并且利用辗转相除法计算这两个数的最大公因数。

■ **【程序范例：common.py】利用辗转相除法求最大公因数**

```
01   def Common_Divisor():
02       print(" 请输入两个数值 ")
03       Num1=int(input(" 数值 1： "))
04       Num2=int(input(" 数值 2： "))
05       print(Num1,' 及 ',Num2)
06       while Num2 != 0: # 利用辗转相除法计算最大公因数
07           Temp=Num1 % Num2
08           Num1 = Num2
09           Num2 = Temp
10       return Num1
11
12   Min=Common_Divisor(); # 函数调用
13   print(" 的最大公因数为： ",Min)
```

执行结果如图 7.24 所示。

```
请输入两个数值
数值 1：48
数值 2：72
48 及 72
的最大公因数为： 24
```

图7.24

程序解说

- 第 1~10 行：利用辗转相除法计算最大公因数。
- 第 12 行：函数调用。

本章重点整理

- Python 包含 3 种类型的函数：内建函数、标准函数库及自定义函数。

- 在自定义函数时，参数可以设置默认值。当调用函数时，如果实参未传递，则参数的值为默认值。
- 大部分程序设计语言有以下两种参数传递方式：传值调用、传址调用。
- 当所传递的实参是一种不可变对象（如数值、字符串）时，Python 会视为传值调用。
- 当所传递的实参是一种可变对象（如列表、字典）时，Python 会视为传址调用。
- 调用函数时使用括号运算符"()"即可传入参数，但是参数传入的方式分为位置参数与关键字参数两种方式。
- lambda 表达式简化了函数定义的书写形式，使代码更为简洁、直观、易理解。
- lambda 是一种匿名函数，其中表达式之前的冒号":"不能省略，并且不能使用 return 语句。
- 变量作用域（或称变量的有效范围）是由变量所在的位置决定的，从而形成变量不同的有效范围与生命周期。
- 变量根据在程序中所定义的位置，可以分为两种作用范围的变量：全局变量和局部变量。
- 如果程序中同时有相同名称的全局变量与局部变量，Python 会优先处理局部变量。
- 如果要在函数体内使用全局变量，则必须在该函数内将该变量以 global 赋值。
- 当声明了字符串变量之后，就可以通过点运算符"."来使用相应的函数。
- 字符串的 split() 函数可以通过指定分隔符将字符串分割为子字符串，并返回子字符串的列表。

本章课后习题

一、选择题

1.（B）Python 定义函数使用的是下列哪一个关键字？
（A）main
（B）def
（C）fun
（D）function

2.（A）哪个运算符可以进行函数调用？
（A）（ ）
（B）call
（C）to
（D）%

3.（B）请问 int（9.7）的值是多少？
（A）8.7
（B）9
（C）7
（D）10

4.（D）请问 divmod（62,7）的值是多少？
（A）（9,8）

（B）（8，7）

（C）（9，6）

（D）（8，6）

5.（A）假设 list1=[8,23,54]，则 max（list1）的值是多少？

（A）54

（B）23

（C）8

（D）85

二、问答题

1. 如果要自定义一个可以传递 3 个参数的函数，返回值为这 3 个参数的总和，该如何做？

答：

```
def func(a,b,c):
    x = a + b +c
    return x
```

2. 请问以下程序的执行结果是什么？

```
def func(a,b):
    x = a * b+6
    print(x)

print(func(3,2))
```

答：

12

None。

3. 请问以下程序的执行结果是什么？

```
def func(a,b):
    p1 = a + b
    p2 = a % b
    return p1, p2

num1 ,num2 = func(22, 3)
print(num1,num2)
```

答：

25 1。

4. 请问以下程序的执行结果是什么？

```
def factorial(*arg):
    product=1
    for n in arg:
        product *= n
    return productans3=factorial(3,3,3)
print(ans3)
```

答：

27。

5. 请问以下程序的执行结果是什么？

```
def Pow(x,y):
    p=1
    for i in range(y):
        p *= x
    return p

x,y=2,6
print(Pow(x,y))
```

答：

64。

6. 请问以下程序的执行结果是什么？

```
def func(x,y,z):
    formula = x+y+z
    return formula

print(func(z=5,y=2,x=7))
print(func(x=7, y=2 , z=5))
```

答：

14

14。

7. 请问以下程序的执行结果是什么？

```
result = lambda x : 3*x*x-1
print(result(2))
```

答：

11。

8. 试比较自定义函数与 lambda() 函数的异同。

答：

- 自定义函数的函数名称可作为调用 lambda() 函数的变量名称；
- 自定义函数的函数体内可以有多行语句，但是 lambda() 函数只能有一行表达式；
- 自定义函数有名称，但 lambda() 函数无名称，lambda() 函数必须指定一个变量来存储运算结果；
- 自定义函数的结果以 return 语句返回，lambda() 函数将结果赋给指定的变量；
- lambda() 函数必须以变量名(如上例中的 formula 变量)来调用 lambda() 函数，依其定义传入参数。

9. Python 中有哪两种作用范围的变量？

答：

全局变量和局部变量。

10. 请问以下程序的执行结果是什么？

```
score = [80, 90, 100]
total = 0
for item in score:
    total += item
    print(total)
print(total)
```

答：

80

170

270

270。

## 第 8 章

模　块

Python 最为人津津乐道的优势是加入了许多由其他程序设计高手设计的第三方模块，使得许多可实现复杂功能的程序只要短短几行程序代码就可以编写完成。使用这些模块时，只需要在自己的程序中加入简单的引入，可节省许多自行开发的时间。Python 支持这些第三方所开发的模块，这使得其功能非常强大，受到许多开发者的青睐。本章将介绍 Python 的模块及其应用。

8.1 模块简介

模块是指已经写好的 Python 文件，也就是一个 "*.py" 文件，模块中包含可执行的代码和定义好的数据、函数或类。Python 的标准函数库包含相当多的模块，要使用模块内的函数，就必须提前进行导入。

除了可以导入单一模块外，也可以一次导入多个模块，本节将介绍各个模块的导入方式。一般而言，只要使用 import 语句就可以导入指定的模块，格式如下。

```
import 模块名称
```

例如，下面的语句可以导入数学（math）模块。

```
import math  # 导入 math 模块
```

按照程序设计惯例，import 语句会放在程序最上方，模块导入后就可以使用该模块的函数。例如，以下范例使用 math 模块来求两个整数间的最大公因数。

```
import math  # 导入 math 模块
print("math.gcd(72,48)= ",math.gcd(72,48)) # 最大公因数
```

执行结果如图 8.1 所示。

math.gcd(72, 48)=　24

图8.1

又例如，想要计算 3 的 4 次方的值时，就可以使用 math 模块的 pow() 函数，程序代码如下。

```
import math  # 导入 math 模块
print("math.pow(3,4)= ",math.pow(3,4)) # 输出运算结果
```

执行结果如图 8.2 所示。

math.pow(3, 4)=　81.0

图8.2

但是如果要一次导入多个模块，则必须以逗号 "," 分隔开不同的模块名称，语法如下。

```
import 模块名称 1, 模块名称 2, …, 模块名称 n
```

例如，同时导入 Python 的随机数 (random) 模块和 math 模块的语法如下。

```
import random, math
```

我们来看一个例子，其中的 math 模块的 floor(n) 函数是取小于参数 n 的最大整数，random 模块的 random() 函数是取 0~1 范围内的随机数，程序代码如下。

```
import random, math # 导入 random 和 math 模块
print("math.floor(10.6)= ",math.floor(10.6)) # 取小于参数 10.6 的最大整数
print("random.random()= ", random.random()) # 取 0~1 范围内的随机数
```

执行结果如图 8.3 所示。

```
math.floor(10.6)=   10
random.random()=   0.6292395607695117
```

图8.3

虽然可以直接用模块名称来使用模块中的函数，但过长的模块名称会给人们造成程序输入的困扰，这时不妨取一个简明且有意义的别名，语法如下。

```
import 模块名称 as 别名
```

有了别名之后，就可以利用"别名 . 模块名称"的方式对模块进行调用。

例如，上面例子中的 math 模块也以改用别名的方式调用，程序代码如下。

```
import math as m  # 将 math 取别名为 m
print("floor(10.6)= ", m.floor(10.6)) # 以别名来进行调用
```

执行结果如图 8.4 所示。

```
floor(10.6)=   10
```

图8.4

我们还可以只导入模块中的特定函数，这样就可以在程序中通过函数名称来调用，不再需要加上模块名称，格式如下。

```
from 模块名称  import 函数名称
```

例如，只想从 random 模块中导入 randint() 函数，可以直接在程序中以函数名称调用，程序代码如下。

```
from random import randint
print(randint(10,500)) # 会产生指定范围内的随机整数
```

执行结果如图 8.5 所示。

```
305
```

图8.5

输入"from 模块名 import *"语句可导入该模块的所有函数，例如以下代码会导入 random 模块内的所有函数。

```
from random import *
```

上述例子可以改写成以下代码。

```
from random import *
```

```
print(randint(10,500))
```

执行结果如图 8.6 所示。

263

图8.6

下面的程序范例是为 math 模块取一个别名，并试着以别名方式调用 math 模块的函数。

■ 【程序范例：math.py】math 模块常用函数的练习

```
01    import math as m # 以别名取代
02    print("sqrt(16)= ",m.sqrt(16)) # 取平方根
03    print("fabs(-8)= ",m.fabs(-8)) # 取绝对值
04    print("fmod(16,5)= ",m.fmod(16,5)) # 16%5
05    print("floor(3.14)= ",m.floor(3.14)) # 向下取整
```

执行结果如图 8.7 所示。

```
sqrt(16)=    4.0
fabs(-8)=    8.0
fmod(16,5)=   1.0
floor(3.14)=   3
```

图8.7

程序解说

◆ 第 1 行：以别名 m 取代 math 模块。

◆ 第 2~5 行：以别名 m 调用 math 模块内的函数。

8.2 常用内置模块

Python 的标准函数库提供了许多不同用途的模块供程序设计人员使用，例如，math 模块提供了许多浮点数运算的函数，time 模块定义了一些与时间和日期相关的函数，datetime 模块有许多操作日期、时间的函数，os 模块是操作系统相关的模块。本节将介绍几个常用的模块，包括 random 模块、time 模块以及 datetime 模块。

8.2.1 random 模块

我们在设计程序时需要一些随机性的数据，而用来产生随机数据的方式之一就是利用随机数功能。random 模块可以用来产生随机数，在发扑克牌、抽奖或猜数字游戏时经常用到。Python 贴心地提供了

random 模块来产生各种形式的随机数。表 8.1 所示为 random 模块中各函数的说明及使用范例。

表 8.1 random 模块中各函数的说明及使用范例

函数	说明	范例
random()	随机产生一个浮点数 n，$0 \leqslant n < 1.0$	random.random()
uniform(f1,f2)	在 $f1$ 及 $f2$ 的范围内随机产生一个浮点数	random.uniform(101, 200)
randint(n1,n2)	在 $n1$ 及 $n2$ 的范围内随机产生一个整数	random.randint(-50,0)
randrange(n1,n2,n3)	在 $n1$ 及 $n2$ 的范围内，从步长为 $n3$ 的递增序列中随机取一个整数	random.randrange(2, 500, 2)
choice()	从序列中随机取一个数	random.choice([" 健康 "," 运势 "," 事业 "," 感情 "," 流年 "])
shuffle(x)	将序列打乱	random.shuffle(['A', 'J', 'Q', 'K'])
sample(序列或集合 , k)	从序列或集合中获取 k 个不重复的元素	random.sample('123456', 2)

random 模块里的函数都很容易使用，最常见的是只要设定一个范围，它就会从这个范围内取一个数，以下的程序范例就是在指定范围内随机产生整数及浮点数。

■ 【程序范例：rint.py】在指定范围内随机产生整数及浮点数

```
import random as r # 为 random 模块取别名
for j in range(6): # 循环执行 6 次
    print(r.randint(1,42), end=' ')# 随机产生 1~42 范围内的整数
print() # 换行
for j in range(3): # 循环执行 3 次
    print(r.uniform(1,10), end=' ')# 随机产生 1~10 范围内的浮点数
```

执行结果如图 8.8 所示。

```
35  2  2  13  27  25
5.820504960954229  7.80731238370085  5.577994130589864
```

图8.8

我们这里要特别补充说明 randrange() 与 shuffle() 这两个函数。randrange() 函数是在指定的范围内，依照递增基数随机取一个数，所以取出的数一定是递增基数的倍数。shuffle() 函数是直接将序列打乱，并返回 None，所以不能直接用 print() 函数来将它输出。例如，以下程序范例表示在 2~500 的范围内取 10 个偶数。

■ 【程序范例：range1.py】在 2~500 的范围内取 10 个偶数

```
import random as r # 以别名方式导入 random 模块
for i in range(10): # 执行 10 次
    print ( r.randrange(2, 500, 2) ) # 在 2~500 的范围内取 10 个偶数
```

执行结果如图 8.9 所示。

■ 【程序范例：range2.py】在 0~100 的范围内取随机数

```
import random as r # 以别名方式导入 random 模块
for i in range(10): # 执行 10 次
    print(r.randrange(100)) # 在 0~100 的范围内随机取整数
```

执行结果如图 8.10 所示。

```
238
32
24
320
346
268
394
210
362
390
```

```
90
5
27
84
60
28
37
55
78
75
```

图8.9   图8.10

下面的例子示范了 random 模块中常用函数的使用方法。

■ 【程序范例：random.py】random 模块中常用函数的使用方法

```
01    import random as r
02
03    print( r.random() ) # 随机产生浮点数 n,0 <= n < 1.0
04    print( r.uniform(101, 200) ) # 随机产生 101~200 范围内的浮点数
05    print( r.randint(-50, 0) ) # 随机产生 -50~0 范围内的整数
06    print( r.randrange(0, 88, 11) ) # 从序列中取一个随机数
07    print( r.choice([" 健康 "," 运势 "," 事业 "," 感情 "," 流年 "]) ) # 从序列中随机选择
08
09    items = ['a','b','c','d']
10    r.shuffle(items) # 将 items 序列打乱
11    print( items )
12    # 从序列或集合中取 12 个不重复的元素
13    print( r.sample('0123456789ABCDEFGHIJKLMNOPQRSTUVWXYZ', 12))
```

执行结果如图 8.11 所示。

```
0. 31138653203917166
178. 57289571038132
-39
55
事业
['c', 'b', 'd', 'a']
['F', '4', '0', 'K', 'E', '2', 'P', '0', 'T', '3', 'I', 'H']
```

图8.11

程序解说

◆ 第 1 行：以别名方式导入 random() 模块。

◆ 第 3~13 行：示范 random() 模块内重要函数的使用方法。

8.2.2 time 模块

time 模块提供了许多和时间有关的功能，在实际编程的过程中，有时会需要计算两个动作或事件间的时间间隔，这时就可以使用 time 模块中的 perf_counter() 或 process_time() 函数来取得程序执行的时间。time

模块中的常用函数如表 8.2 所示。

表 8.2 time 模块中的常用函数

函数	说明
perf_counter() 或 process_time()	较早版本的 time.clock() 函数会以浮点数计算的秒数返回当前的 CPU 时间。Python 3.3 以后不被推荐，建议使用 perf_counter() 或 process_time() 函数代替
sleep(n)	可以让程序停止 n 秒
time()	取得目前的时间数值，Python 的时间是以 tick 为单位的，即百万分之一秒（微秒）。此函数所取得的"时间数值"是从 1970 年 1 月 1 日 0 时开始到现在所经历的秒数，精确到小数点后 6 位
localtime([时间数值])	因为时间数值对用户较无意义，此函数可以取得用户时区的日期及时间信息，并以元组数据类型返回
ctime([时间数值])	功能和 localtime() 函数类似，但时间以字符串数据类型返回
asctime()	列出目前的系统时间

在举例之前，我们先来说明 localtime([时间数值]) 函数的用法。调用这个函数时，它的"时间数值"参数可以省略。如果没有传入任何参数，表示该函数会返回目前的日期及时间，并以元组数据类型返回。例如以下的代码。

```
import time as t
print(t.localtime())
```

执行结果如图 8.12 所示。

```
time.struct_time(tm_year=2020, tm_mon=1, tm_mday=19, tm_hour=22, tm
_min=48, tm_sec=2, tm_wday=6, tm_yday=19, tm_isdst=0)
```

图8.12

图 8.12 返回的元组数据中各名称的含义如下。

● tm_year：索引值 0，代表年份。

● tm_mon：索引值 1，代表 1~12 月份。

● tm_mday：索引值 2，代表 1~31 的日数。

● tm_hour：索引值 3，代表 0~23 小时。

● tm_min：索引值 4，代表 0~59 分。

● tm_sec：索引值 5，代表 0~60 的秒数（60 是为调整地球自转变化引起的时间误差而考虑的跳秒情况）。

● tm_wday：索引值 6，代表星期几，数值 0~6。

● tm_yday：索引值 7，代表一年中的第几天，数值为 1~366（366 是考虑闰年的情况）。

● tm_isdst：索引值 8，代表是否为夏令时，0 表示非夏令时，1 表示夏令时。

我们再来看另一种 asctime() 函数的使用方法，该函数会列出目前的系统时间，请参考下例。

```
import time as t
print(t.asctime ())
```

执行结果如图 8.13 所示。

```
Sun Jan 19 22:51:52 2020
```

图8.13

141

下列程序范例中除了示范如何使用 time 模块的常用函数外，也可以清楚地看出"时间数值"参数包含哪些字段及所代表的意义。

■ 【程序范例：time.py】time 模块中常用函数的使用方法

```
01   import time as t
02
03   print(t.time())
04   print(t.localtime())
05
06   field=t.localtime(t.time())# 以元组类型取得数据
07   print('tm_year= ',field.tm_year)
08   print('tm_mon= ',field.tm_mon)
09   print('tm_mday= ',field.tm_mday)
10   print('tm_hour= ',field.tm_hour)
11   print('tm_min= ',field.tm_min)
12   print('tm_mec= ',field.tm_sec)
13   print('tm_wday= ',field.tm_wday)
14   print('tm_yday= ',field.tm_yday)
15   print('tm_isdst= ',field.tm_isdst)
16
17   for j in range(9):# 以元组的索引值取得数据内容
18       print(' 以元组的索引值取得数据 = ',field[j])
19
20   print(" 我有一句话想对你说 :")
21   t.sleep(1) # 程序停 1 秒
22   print(" 学习 Python 的过程虽然漫长 , 但最终的果实是甜美的 ")
23   print(" 程序执行到目前的时间是 "+str(t.process_time()))
24   t.sleep(2) # 程序停 2 秒
25   print(" 程序执行到目前的时间是 "+str(t.perf_counter()))
```

执行结果如图 8.14 所示。

```
1579445647.0968812
time.struct_time(tm_year=2020, tm_mon=1, tm_mday=19, tm_hour=2
2, tm_min=54, tm_sec=7, tm_wday=6, tm_yday=19, tm_isdst=0)
tm_year=   2020
tm_mon=   1
tm_mday=   19
tm_hour=   22
tm_min=   54
tm_mec=   7
tm_wday=   6
tm_yday=   19
tm_isdst=  0
以元组的索引值取得数据=   2020
以元组的索引值取得数据=   1
以元组的索引值取得数据=   19
以元组的索引值取得数据=   22
以元组的索引值取得数据=   54
以元组的索引值取得数据=   7
以元组的索引值取得数据=   6
以元组的索引值取得数据=   19
以元组的索引值取得数据=   0
我有一句话想对你说:
学习Python的过程虽然漫长,但最终的果实是甜美的
程序执行到目前的时间是3.6816236
程序执行到目前的时间是5976.997458553
```

图8.14

程序解说

◆ 第 7~15 行：以元组数据的名称去取得数据。

◆ 第 7~18 行：以元组的索引值取得数据内容。

◆ 第 21 行：程序停 1 秒。

◆ 第 23 行：输出目前程序运行时间。

◆ 第 24 行：程序停 2 秒。

◆ 第 25 行：输出目前程序运行时间。

· 8.2.3 datetime 模块

datetime 模块除了可以显示日期和时间之外，还可以进行日期和时间的运算以及格式化，常用的函数如表 8.3 所示。

表 8.3 datetime 模块中的常用函数

函数	说明	范例
datetime.date（年，月，日）	取得日期	datetime.date（2018,5,25）
datetime.time（时，分，秒）	取得时间	datetime.time（12, 58, 41）
datetime.datetime（年，月，日［时，分，秒，微秒，时区］）	取得日期和时间	datetime.datetime（2018, 3, 5, 18, 45, 32）
datetime.timedelta（）	取得时间间隔	datetime.timedelta（days=1）

其中，datetime 模块可以单独取得日期对象，也可以单独取得时间对象或者两者一起使用。

■ 【程序范例：datetime.py】datetime 模块中常用函数的使用方法

```
import datetime
print(datetime.date(2018,5,25))
print(datetime.time(12, 58, 41))
print(datetime.datetime(2018, 3, 5, 18, 45, 32))
print(datetime.timedelta(days=1))
```

执行结果如图 8.15 所示。

```
2018-05-25
12:58:41
2018-03-05 18:45:32
1 day, 0:00:00
```

图8.15

date 对象：datetime.date（year, month, day）

date 对象包含年、月、日，常用的方法如表 8.4 所示。

表 8.4　date 对象常用方法的说明

date 方法	说明
datetime.date.today()	取得今天的日期
datetime.datetime.now()	取得现在的日期和时间
datetime.date.weekday()	取得星期数，星期一返回 0，星期天返回 6，例如 datetime.date(2019,3,9).weekday() 返回 5
datetime.date. isoweekday()	取得星期数，星期一返回 1，星期天返回 7，例如 datetime.date(2019,7,2). isoweekday() 返回 2
datetime.date. isocalendar()	取得 3 个元素的元组（年,周数,星期数），例如 datetime.date(2019,5,7).isocalendar() 返回 (2019, 19, 2)

■【范例：date.py】date 对象的常用方法的使用方法

```
import datetime
print(datetime.date.today())
print(datetime.datetime.now())
print(datetime.date(2019,3,9).weekday())
print(datetime.date(2019,7,2).isoweekday())
print(datetime.date(2019,5,7).isocalendar())
```

执行结果如图 8.16 所示。

```
2020-01-19
2020-01-19 22:59:01.777030
5
2
(2019, 19, 2)
```

图8.16

表 8.5 所示为 date 对象常用属性的说明。

表 8.5　date 对象常用属性的说明

date 属性	说明
datetime.date.min	取得支持日期值范围的最小日期 (0001-01-01)
datetime.date.max	取得支持日期值范围的最大日期 (9999-12-31)
datetime.date().year	取得年，例如 datetime.date(2019,5,10).year，返回 2019
datetime.date().month	取得月，例如 datetime.date(2019,8,24).month，返回 8
datetime.date().day	取得日，例如 datetime.date(2019,8,24).day，返回 24

■【程序范例：attribute.py】date 对象常用属性的使用方法

```
import datetime
print(datetime.date.min)
print(datetime.date.max)
print(datetime.date(2019,5,10).year)
print(datetime.date(2019,8,24).month)
print(datetime.date(2019,8,24).day)
```

执行结果如图 8.17 所示。

```
0001-01-01
9999-12-31
2019
8
24
```

图8.17

time 对象：datetime.time(hour=0,minute=0,second=0,microsecond=0,tzinfo=None)

time 对象允许的值范围如下：

0 <= hour < 24；

0 <= minute < 60；

0 <= second < 60；

0 <= microsecond < 1000000。

time 对象常用属性的说明如表 8.6 所示。

表 8.6 time 对象常用属性的说明

time 属性	说明
datetime.time.min	取得支持时间值范围的最小时间（00:00:00）
datetime.time.max	取得支持时间值范围的最大时间（23:59:59.999999）
datetime.time().hour	取得小时，例如 datetime.time（18,25,33）.hour，返回 18
datetime.time().minute	取得分钟，例如 datetime.time（18,25,33）.minute，返回 25
datetime.time().second	取得秒，例如 datetime.time（18,25,33）.second，返回 33
datetime.time().microsecond	取得微秒，例如 datetime.time（18,25,33, 32154）. microsecond 返回 32154

【程序范例：time_fun.py】time 对象常用属性的使用方法

```
import datetime
print(datetime.time.min)
print(datetime.time.max)
print(datetime.time(18,25,33).hour)
print(datetime.time(18,25,33).minute)
print(datetime.time(18,25,33).second)
print(datetime.time(18,25,33, 32154).microsecond)
```

执行结果如图 8.18 所示。

```
00:00:00
23:59:59. 999999
18
25
33
32154
```

图8.18

此外，datetime 模块还提供了 timedelta 对象用于计算两个日期或时间的间隔，例如，要获知明天的日期可以采用如下代码。

```
datetime.date.today() + datetime.timedelta(days=1)  # datetime.date(2019, 4, 30)
```

timedelta 对象括号里的参数可以是 days、seconds、microseconds、milliseconds、minutes、hours 或 weeks，参数值可以是整数、浮点数或负数。以下程序范例利用 datetime 模块让用户输入年、月，判断当月的最后一天的日期。因为每个月的最后一天并不是固定不变的，有 28、29、30、31 这 4 种可能，所以程序的设计技巧是先求下个月的第一天，然后减一天来得到答案。

■ **【程序范例：lastDay.py】输出指定月份的最后一天**

```
01    import datetime as d
02
03    def check(y,m):
04        temp_d=d.date(y,m,1)
05        temp_year = temp_d.year
06        temp_month= temp_d.month
07
08        if temp_month == 12 :
09            temp_month = 1
10            temp_year += 1
11        else:
12            temp_month += 1
13
14        return d.date(temp_year,temp_month,1)+ d.timedelta(days=-1)
15
16    year=int(input(" 请输入要查询的年份： "))
17    month=int(input(" 请输入要查询的月份1~12： "))
18    print(" 你要查询的月份的最后一天是： ",check(year,month))
```

执行结果如图 8.19 所示。

```
请输入要查询的年份：2017
请输入要查询的月份1~12： 7
你要查询的月份的最后一天是： 2017-07-31
```

图8.19

8.3 建立自定义模块

为了提高程序的开发效率，我们也可以将自己所写的函数或类存储成模块文件，在其他的程序中就可以直接导入使用。将函数放在"*.py"文件中，存储之后就可以被当作模块导入。

下面进行具体的实例演示，先建立一个"*.py"文件，本例文件命名为 my_module.py，程序代码如下。

■ **【程序范例：my_module.py】自定义模块**

```
'''
函数功能：计算奖金的百分比
```

```
    price: 产品单价
    num: 销售数量
    price*num: 销售业绩总额
    total: 实得奖金
"""
def payment():
    price = float(input("产品单价："))
    num = float(input("销售数量："))
    rate = 0.35  # 抽取奖金的百分比
    total = price * num * rate
    return price*num, total
```

把写好的"*.py"文件存储在与主文档相同的文件夹下，然后就可以当成模块来使用。我们另外新建一个程序，加载刚刚写好的 my-module 模块，接着调用模块里的函数，程序代码如下。

■ 【程序范例：use_my_module.py】自定义模块主程序

```
import my_module # 导入自己建立的模块
e1 ,e2 = my_module.payment()  # 调用自定义模块内的函数
print("总销售业绩 {}, 应得奖金：{}".format(e1, e2))
```

执行结果如图 8.20 所示。

```
产品单价：500
销售数量：10
总销售业绩5000.0, 应得奖金：1750.0
```

图8.20

执行完成之后，读者会发现在文件夹下多了一个"__pycache__"文件夹，如图 8.21 所示。这是因为第一次加载 my_module.py 文件，Python 会将"*.py"文件编译并存放在"__pycache__"文件夹的"*.pyc"文件中。下次执行主程序时，如果 my_module.py 程序代码没有改变，Python 就会跳过编译，直接执行"__pycache__"文件夹的"*.pyc"文件来加速程序的执行。

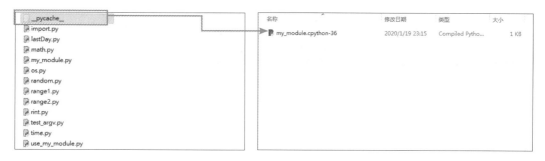

图8.21

8.4 本章综合范例——随机将序列洗牌

以下程序范例使用 random 模块里的 randint() 函数来取得随机整数，利用 shuffle() 函数随机将序列洗牌。

【程序范例：import.py】随机将序列洗牌

```
01   import random
02
03   for i in range(5):
04       a = random.randint(1,10) # 随机取得整数
05       print(a,end=' ')
06   print()
07   # 给定 items 序列的初始值
08   items = ['A','2','3','4','5','6','7','8','9','10','J','Q','K']
09   random.shuffle(items)  # 使用 shuffle() 函数洗牌
10   print(items)# 将洗牌后的序列输出
```

执行结果如图 8.22 所示。

```
4 6 2 7 9
['Q', '3', '7', 'K', '5', 'J', '6', '9', '8', 'A', '2', '10', '4']
```

图8.22

程序解说

◆ 第 3~6 行：使用 randint() 函数输出 5 个随机整数后换行。

◆ 第 8~10 行：指定 items 序列的内容，并将洗牌后的序列输出。

本章重点整理

• 模块是指已经写好的 Python 文件，也就是一个"*.py"文件，模块中包含可执行的代码和定义好的数据、函数或类。

• 除了可以导入单一模块外，也可以一次导入多个模块。

• 依照程序设计惯例，import 语句会放在程序最上方，模块导入后就可以使用该模块的函数。

• 如果要一次导入多个模块，则必须以逗号","分隔开不同的模块名称。

• 模块的名称过长会给人们造成程序输入的困扰，这时可以取一个简明且有意义的别名。

• 我们可以只导入模块中的特定函数，这样就可以在程序中通过函数名称来调用，不再需要加上模块名称。

• randrange() 函数是在指定的范围内，依照递增基数随机取一个数，所以取出的数一定是递增基数的倍数。

• shuffle() 函数是直接将序列打乱，并返回 None，所以不能直接用 print() 函数来将它输出。

• localtime([时间数值]) 函数如果没有传入任何参数，表示该函数会返回目前的日期及时间，并以元组数据类型返回。

• datetime 模块除了可以显示日期和时间之外，还可以进行日期和时间的运算以及格式化。

• datatime 模块提供了 timedelta 对象用于计算两个日期或时间的间隔。

• 将函数放在"*.py"文件中，存储之后就可以被当作模块导入。

- asctime() 函数会列出目前的系统时间。

本章课后习题

一、选择题

1.（D）下列有关函数的叙述中，哪个选项有误？

（A）randrange() 函数是在指定的范围内，依照递增基数随机取一个数

（B）choice() 函数能从序列中取一个随机数

（C）uniform(f1,f2) 函数能在 f1 及 f2 的范围内随机产生浮点数

（D）shuffle() 函数是直接将序列打乱，并直接用 print() 函数来将它输出

2.（D）下列有关导入模块的说明中，哪个选项不正确？

（A）导入单一模块 　　　　　　（B）一次导入多个模块

（C）只导入模块中的特定函数 　　（D）不能以别名的方式导入

3.（B）假设已导入 math 模块，下列哪个结果不正确？

（A）math.sqrt(25)=5.0 　　　　（B）math.fabs(-8)=-8

（C）math.fmod(18,7)=4.0 　　　（D）math.floor(3.5)=3

4.（D）random 模块内的函数不包括下列哪个选项？

（A）uniform(f1,f2) 　　　　　（B）randrange(n1,n2,n3)

（C）shuffle() 　　　　　　　（D）randomseed()

5.（A）常见的 Python 模块不包括下列哪个选项？

（A）quick 　　（B）random 　　（C）time 　　（D）math

二、问答题

1. 请列举出至少 3 种 Python 模块的名称，并简述该模块的功能。

答：

math 模块提供了许多浮点数运算的函数，time 模块定义了一些与时间和日期相关的函数，datetime 模块有许多操作日期以及时间的函数，os 模块是与操作系统相关的模块。

2. 请简述自定义模块的基本步骤。

答：

我们也可以将自己所写的函数或类放在 "*.py" 文件中，存储之后就可以被当作模块导入；写好的 "*.py" 文件存储在与主文档相同的文件夹中就可以当成模块来使用了。

3. 请问以下程序的执行结果是什么？

```
import datetime
print(datetime.time(15,21,32).hour)
print(datetime.time(15,21,32).minute)
print(datetime.time(15,21,32).second)
```

答：

15

21

32。

4. 调用 localtime([时间数值]) 函数时，如果没有传入任何参数，则会返回目前的日期及时间，并以元组数据类型返回。请简述返回的元组数据的各名称的含义。

答：

返回的元组数据中各名称的含义如下。

tm_year：索引值 0，代表公元年。

tm_mon：索引值 1，代表 1~12 月份。

tm_mday：索引值 2，代表 1~31 的日数。

tm_hour：索引值 3，代表 0~23 小时。

tm_min：索引值 4，代表 0~59 分。

tm_sec：索引值 5，代表 0~60 的秒数（60 是为调整地球自转变化引起的时间误差而考虑的跳秒情况）。

tm_wday：索引值 6，代表星期几，数值 0~6。

tm_yday：索引值 7，代表一年中的第几天，数值为 1~366（366 是考虑闰年的情况）。

tm_isdst：索引值 8，代表是否为夏令时，0 表示非夏令时，1 表示夏令时。

5. 请问以下程序的执行结果是什么？

```
import math
print(math.gcd(144,272))
```

答：

16。

6. 如果想从 2~1000 的范围内随机取 20 个偶数，程序该如何编写？

答：

```
import random as r
for i in range(20):
    print(r.randrange(2, 1000, 2))。
```

7. 指定模块别名的语法是什么？

答：

import 模块 as 别名。

8. 如何一次导入多个模块？

答：

以逗号"，"隔开不同的模块名称，语法为 import 模块名称 1, 模块名称 2, …, 模块名称 n。例如，同时导入 Python 标准模块的 math、random 模块和 time 模块的代码为"import math, random, time"。

## 第 9 章

文件与异常处理

在程序运行的过程中，所有的数据都存储在内存中。一旦结束程序再重新运行时，之前输入的数据就会全部消失。因此在程序执行的过程中，如果要将计算得到的数据永久保存下来，必须通过文件格式对数据加以保存。文件就是计算机中数据的集合，数据可以是文字、图片或可执行程序等。

9.1 认识文件与打开文件

Python 在处理文件的读取与写入时，都会通过文件对象进行操作。所谓文件对象，就是一个提供文件存取方式的接口，并非实际存储的文件。

9.1.1 打开文件——open() 函数

在 Python 中要打开文件必须借助 open() 函数，open() 函数的语法如下。

```
open(file, mode, encode)
```

file：以字符串形式指定打开文件的路径和文件名。

mode：以字符串形式指定打开文件的存取模式，默认为读取模式。

encode：文件的编码模式，通常可以设定成 cp936 或 UTF-8 两种，其中 cp936 就是《汉字内码扩展规范》（GBK）的中文编码模式。

上面 3 种 open() 函数所使用的参数中，file 参数不可省略，其余的参数如果省略会采用默认值。

9.1.2 打开文件的模式

表 9.1 所示为使用 open() 函数打开文件的常见模式。

表 9.1 open() 函数打开文件的常见模式及说明

模式	说明
"r"	读取模式（默认值）
"w"	写入模式，覆盖旧文件（覆盖旧数据），如果文件不存在则建立新文件
"a"	附加（写入）模式，建立新文件或附加于旧文件末尾
"x"	写入模式，文件不存在则建立新文件，文件存在则有错误
"t"	文本模式（默认）
"b"	二进制模式
"r+"	更新模式，可读可写，文件必须存在，从文件开头进行读写
"w+"	更新模式，可读可写，如果文件不存在，建立新文件；如果文件存在，则覆盖旧文件内容，从文件开头进行读写
"a+"	更新模式，可读可写，建立新文件或从旧文件末尾开始读写

如果利用 open() 函数成功打开文件，就会返回文件对象；如果失败，就会发生错误。另外，文件处理结束后要记得用 close() 函数关闭，例如下面的代码。

```
file1= open("test.txt "."r")
…
…
file1.close()
```

9.1.3 新建文件

如果以写入模式第一次打开文件，且该文件不存在时，系统就会自动建立新文件。例如，要在当前文件夹所在位置新建一个 food.txt 文件，语法如下。

```
file1=open("food.txt","w")
```

 写入文件时会从"文件指针"处开始写入，"文件指针"用来记录当前文件写入或读取到文件的哪一个位置。

当使用 open() 函数打开文件时，文件路径必须以双斜杠字符"\\"来表示"\"，例如下面的代码。

```
file1=open("C:\\ex\\food.txt","r")
```

如果在绝对路径前面加上"r"来告知编译程序系统接着所使用路径的字符串是原始字符串，那么原先用"\\"来表示"\"的代码就可以简化为如下代码。

```
file1=open(r"C:\ex\test.txt","r")
```

以下范例尝试用 open() 函数以写入模式创建"phrase.txt"文本文件，并将设定好的字符串数据写入该文件。

■ 【程序范例：newfile.py】以写入模式新建文件

```
01   obj=''' 五福临门
02   十全十美
03   '''
04   # 建立新文档
05   fn = open('phrase.txt', 'w')
06   fn.write(obj)# 将字符串写入文件
07   fn.close()# 关闭文件
```

执行结果如图 9.1 所示。

```
📄 phrase - 记事本
文件(F)  编辑(E)  格式(O)  查看(V)  帮助(H)
五福临门
十全十美
```

图9.1

· 9.1.4 读取文件

当文件建立之后，就可以使用 read() 函数来读取文件。以下程序范例示范了如何使用 read() 函数读取文件，再用 print() 函数输出，最后用 close() 函数关闭文件。

■ 【程序范例：read.py】read() 函数练习

```
01   file1=open("phrase.txt","r")
02   text=file1.read() # 以 read() 方法读取文件
03   print(text,end='')
04   file1.close()
```

执行结果如图 9.2 所示。

图9.2

除了可以用 read() 函数逐字符读取文件内容外，也可以使用 for 循环逐行读取和输出文件内容，参考以下程序范例。

■【程序范例：openfile.py】逐行读取文件和输出文件

```
01    file1=open("phrase.txt",'r')
02    for line in file1:
03        print(line,end='')
04    file1.close()
```

执行结果如图 9.3 所示。

图9.3

上面程序代码中的 line 及 file1 可以自行取名，其中 file1 就是前文提到的文件对象。

 建议先用os.path模块所提供的isfile()函数来检查指定文件是否存在。如果文件存在则返回True，否则返回False。

· 9.1.5 使用 with…as 语句

使用 open() 函数打开文件后，最后必须用 close() 函数关闭文件。但如果使用 with…as 语句搭配 open() 函数打开文件，当 with 语句结束后，系统会自动关闭所有已打开的文件。因此上面的程序范例可以简化如下。

■【程序范例：with.py】使用 with…as 语句打开文件

```
01    with open("phrase.txt",'r') as file1:
02        for line in file1:
03            print(line,end='')
```

执行结果如图 9.4 所示。

图9.4

· 9.1.6 设置字符编码

处理文件时，如果文件设定的字符编码和文件读取指定的字符编码不同，那么会造成文件读取上的错误。open() 函数默认的编码模式和操作系统有关，以简体中文 Windows 操作系统为例，其默认的编码是 cp936，即 GBK 编码。

前面提到打开文件的方式是以 Windows 操作系统默认的编码方式（cp936 的 GBK 编码方式）来读取文件的，如果想在使用 open() 函数打开文件时明确指定编码方式，做法如下。

```
file1=open("introduct.txt", "r", encoding='cp936')
```

例如，以下的 test_encode.txt 文件是以 UTF-8 的编码格式存储的，如果我们在使用 open() 函数打开文件时，指定了 cp936 的编码格式就会造成错误。图 9.5 是保存文件的初始界面，图 9.6 中修改文件 test_encode.txt 的编码格式为 UTF-8。

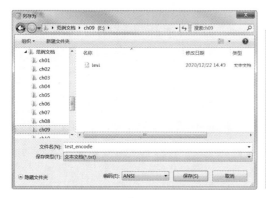
图9.5

图9.6

如果在打开文件时，以指定 cp936 编码的方式去打开 test_encode.txt（编码格式为 UTF-8）文件，就会出现错误信息，例如以下程序代码。

```
obj=open('test_encode.txt','r', encoding='cp936')  # 打开文件
for line in obj:
print(line)
obj.close()
```

执行结果如图 9.7 所示。

```
Traceback (most recent call last):
  File "E:/Jupyter/1.py", line 2, in <module>
    for line in obj:
UnicodeDecodeError: 'gbk' codec can't decode byte 0xa6 in position 4: illegal mu
ltibyte sequence
```

图9.7

将"encoding='cp936'"修改为"encoding='UTF-8'"，就可以正常显示文件内容。修改后的程序代码如下。

```
obj=open('test_encode.txt','r', encoding='UTF-8')  # 打开文件
for line in obj:
print(line)
obj.close()
```

执行结果如图 9.8 所示。

图9.8

前面已经介绍了如何写入文件及读取文件，事实上处理文件的函数不只这些，表 9.2 所示为一些常见的文件处理函数。

表 9.2 常见文件处理函数及说明

函数	说明
read()	读取文件
read(n)	从文件指针处读取指定个数的字符
readline()	整行读取文件
readlines()	读取所有行再以列表形式返回所有行
seek(offset)	将文件指针移动到第 offset+1 个字节，例如 seek（0）表示将文件指针移动到文件开头
flush()	强制将缓冲区数据写入文件，并清空缓冲区
close()	关闭文件
next()	移动到下一行
tell()	返回目前文件指针的位置
write(str)	将指定参数的字符串写入文件

当文件建立之后，就可以使用 read()、readline() 或 readlines() 函数来读取文件。前文已介绍过使用 read() 函数来读取文件，其实 read() 函数还可以指定参数，接着我们就来看看 read(n)、readline() 及 readlines()3 种函数的使用方法。

● read(n) 函数。我们可以在 read() 函数中传入一个参数来告知程序要读取几个字符。

■ 【程序范例：readn.py】read(n) 函数练习

```
01  file1=open("phrase.txt","r",encoding='utf-8')
02  text=file1.read(1) # 读取第一个字符 "五"
03  print(text)
04  text=file1.read(3) # 接着读取后面 3 个字符，"福临门"
05  print(text)
06  text=file1.read(2) # 接着读取后面 2 个字符，换行和 "十"
07  print(text)
08  text=file1.read(2) # 接着读取后面 2 个字符，"全十"
09  print(text)
10  file1.close()
```

执行结果如图 9.9 所示。

图9.9

● readline() 函数。read() 函数是一次读取一个字符，但是 readline() 函数可以整行读取，并将整行的数据内容以字符串的方式返回。如果所返回的是空字符串，就表示已读取到文件的结尾。以下程序代码则是用 realline() 函数一行一行读取的方式，将文件内容逐行输出。

■ 【程序范例：readline.py】readline() 函数练习

```
01  file1=open("phrase.txt ","r")
02  line= file1.readline()
03  while line != '':
04      print(line,end='')
05      line= file1.readline()
06  file1.close()
```

执行结果如图 9.10 所示。

图9.10

● readlines() 函数。readlines() 函数会一次读取文件的所有行，再以列表的形式返回所有行。

■ 【程序范例：readlines.py】readlines() 函数练习

```
01  with open("phrase.txt","r") as file1:
02      txt = file1.readlines()# 一次读取所有行
03      for line in txt: # 以 for 循环读取
04          print(line, end = '')
```

执行结果如图 9.11 所示。

图9.11

9.2 异常处理

在编写程序的过程中人们可能因为不熟悉语法、误用语句或设计逻辑有误而造成程序出错（异常），程序运行中碰到这些情况就会造成程序终止。Python 允许我们捕捉异常的错误类型，并允许自行编写异常处理程序，当异常被捕捉时就会去执行异常处理程序，接着程序仍可继续执行。本节将讨论 Python 程序设计时的错误种类与异常处理。

9.2.1 认识异常

异常是指程序执行时产生了"不可预期"的错误，这时 Python 解释器会接手处理异常，发出错误信息，并将程序终止。也就是说，好的程序必须考虑到可能发生的异常，并拦截下来加以适当的处理。

例如，两数进行相除时，除数不可以为0，如果没有编写异常处理的程序代码，当除数不小心被输入0时，就会发生除0的错误信息，并造成程序的中断，这当然不是一种好的处理方式。下面就先从发生除0错误的例子进行讲解。

■ 【程序范例：zero.py】除0错误

```
01    a=int(input('请输入被除数 :'))
02    b=int(input(' 请输入除数 :'))
03    print(a/b)
```

正确的执行结果如图 9.12 所示。

```
请输入被除数:8
请输入除数:2
4.0
```

图9.12

发生异常的执行结果如图 9.13 所示。

```
Traceback (most recent call last):
  File "C:/Programs/Python/Python36-32/1.py", line 3, in <module>
    print(a/b)
ZeroDivisionError: division by zero
```

图9.13

从上面的例子可以看出，当程序发生异常时会出现错误信息，程序强迫终止执行。

· 9.2.2 try…except…finally 语句

在 Python 中要捕捉异常及设计异常处理程序，就必须使用 try…except…finally 语句，其语法格式如下。

```
try:
    可能发生异常的语句
except 异常类型:
    # 针对错误类型 1，对应的代码处理
except 异常类型: # 只处理所示的异常
    处理状况一
except ( 异常类型 1, 异常类型 2, …):
    处理状况二
except 异常类型 as 名称 :
    处理状况三
except :  # 处理所有异常情形
    处理状况四
else :
    # 未发生异常的处理
finally :
    # 无论是否有异常，都会执行的 finally 语句代码
```

- try 语句后要有冒号 ":" 来形成程序块，并在此加入引发异常的语句。
- except 语句配合异常类型来截取或捕捉 try 语句区段内引发异常的处理。同样地，except 语句之后要用冒号 ":" 形成程序块。
- else 语句则是未发生异常时所对应的程序块。else 语句为选择性语句，可以加入也可以省略。
- 无论有无异常引发，finally 语句所形成的程序块一定会被执行。finally 语句为选择性语句，可以加入也可以省略。

9.2.3 try…except…finally 实例演练

以前文介绍的除 0 错误为例，一旦不小心除数输入为 0，系统就会捕捉到这个错误。当捕捉到除 0 错误时，产生的异常类型为 "ZeroDivisionError"，然后输出错误信息。下面的程序范例在发生除 0 错误时加入了异常处理机制。

■ 【程序范例：zerorev.py】加入异常处理机制的除 0 错误程序

```
01  def check(a,b):
02      try:
03          return a/b
04      except ZeroDivisionError: # 除数为 0 的处理程序
05          print(' 除数不可为 0')
06
07  a=int(input(' 请输入被除数 :'))
08  b=int(input(' 请输入除数 :'))
09  print(check(a,b))
```

正确的执行结果如图 9.14 所示。

捕捉到异常的执行结果如图 9.15 所示。

图9.14 　　　　　　图9.15

从上述执行结果来看，当发生异常时，出现的错误信息会根据用户自己所要求的内容输出，而且不会发生程序中断的情况。

9.2.4 try…except 指定异常类型

如果希望捕捉到的异常类型能更精确，除了前面列举的除 0 错误外，下面还列举了几种常见的异常类型，如表 9.3 所示。

表 9.3 常见异常类型及说明

异常类型	说明
FileNotFoundError	找不到文件的错误
NameError	名称未定义的错误
ZeroDivisionError	除 0 错误
ValueError	使用内置函数时，参数中的类型正确，但值不正确的错误
TypeError	类型不符的错误
MemoryError	内存不足的错误

下面的程序范例要求用户输入总业绩和业务员人数，然后计算全体业务人员的平均销售业绩。为了避免错误输入行为，可以根据不同的异常情况加入异常处理程序。

■ 【程序范例：except.py】在计算平均值的程序中加入异常处理

```
01  try:
02      money=int(input(" 请输入总业绩 : "))
03      no=int(input(" 请输入有多少位业务人员 : "))
04      average_sales=money/no
05  except ZeroDivisionError:
06      print(" 人数不可以为 0")
07  except Exception as e1:
08      print(" 错误信息 ",e1.args)
09  else:
10      print(" 全体业务人员平均业绩 = ", average_sales)
11  finally:
12      print(" 最后一定要执行的程序块 ")
```

没有发生异常的执行结果如图 9.16 所示。

捕捉到除 0 错误的异常的执行结果如图 9.17 所示。

```
请输入总业绩: 200000
请输入有多少位业务人员: 5
全体业务人员平均业绩= 40000.0
最后一定要执行的程序块
```
图9.16

```
请输入总业绩: 200000
请输入有多少位业务人员: 0
人数不可以为0
最后一定要执行的程序块
```
图9.17

捕捉到异常的错误信息如图 9.18 所示。

```
请输入总业绩: 200000
请输入有多少位业务人员: p
错误信息 ("invalid literal for int() with base 10: 'p'",)
最后一定要执行的程序块
```
图9.18

程序解说

◆ 第 5~6 行：程序中使用了 except 语句来捕捉除 0 错误的异常。

◆ 第 7~8 行：如果程序捕捉到其他异常，则输出此异常的相关信息。

◆ 第 9~10 行：没有发生异常时，则会直接执行 else 语句内的程序代码。

◆ 第 11~12 行：无论有无发生异常，当要离开 try…except 时，都会执行 finally 语句内的程序代码。

9.3 本章综合范例——文件的复制

本范例将演示如何进行文件的复制，程序中将会应用到两种方法：其中 os.path.isfile() 函数用来判断文件是否存在，如果存在则返回 True，如果不存在则返回 False；另外一种是 sys.exit() 函数，其主要功能是终止程序运行。使用这两种方法之前必须将 os.path 及 sys 模块导入。完整的程序代码如下。

【程序范例：copyfile.py】文件的复制

```
01  import os.path # 导入 os.path 模块
02  import sys # 导入 sys 模块
03
04  if os.path.isfile('phrase_new.txt'): # 如果文件存在则取消复制
05      print(' 此文件已存在 , 不要复制 ')
06      sys.exit()
07  else:
08      file1=open('phrase.txt','r')# 读取模式
09      file2=open('phrase_new.txt','w')# 写入模式
10      text=file1.read() # 以逐个字符的方式读取文件
11      text=file2.write(text) # 写入文件
12      print(' 文件复制成功 ')
13      file1.close()
14      file2.close()
```

执行结果如图 9.19 所示。

源文件内容如图 9.20 所示。

新的复制文件内容如图 9.21 所示。

图9.19　　　　　　图9.20　　　　　　图9.21

本章重点整理

- 文件是计算机中数据的集合，数据可以是文字、图片或可执行程序等。
- Python 在处理文件的读取与写入时，都会通过文件对象进行操作。所谓文件对象，就是一个提供文件存取方式的接口。
- 在 Python 中要打开文件必须借助 open() 函数。
- 文件处理结束后要记得用 close() 函数关闭。
- 以写入模式第一次打开文件，且该文件不存在时，系统就会自动建立新文件。

- 如果使用 with…as 语句搭配 open() 函数打开文件，当 with 语句结束后，系统会自动关闭所有已打开的文件。
- open() 函数默认的编码模式和操作系统有关，以简体中文 Windows 操作系统为例，其默认的编码是 cp936，即 GBK 编码。
- 我们可以在 read() 函数中传入一个参数来告知程序要读取几个字符。
- readlines() 函数会一次读取文件的所有行，再以列表的形式返回所有行。
- 异常是指程序执行时产生了"不可预期"的错误，这时 Python 解释器会接手处理异常，发出错误信息，并将程序终止。
- os.path.isfile() 函数用来判断文件是否存在，如果存在则返回 True，如果不存在则返回 False。
- sys.exit() 函数的主要功能是终止程序运行。

本章课后习题

一、选择题

1.（C）请问 open() 函数默认的编码模式是什么？

（A）UTF-16

（B）UTF-8

（C）cp936

（D）unicode

2.（B）下列哪一个 open() 函数打开文件的模式会建立新文件？

（A）"r"

（B）"w"

（C）"a"

（D）"t"

3.（A）文件处理结束后要记得用哪个函数关闭？

（A）close()

（B）end()

（C）finish()

（D）closed()

4.（C）当使用 open() 函数打开文件时必须使用哪一个字符来表示"\"？

（A）/

（B）\

（C）\\

（D）//

5.（B）下列哪一种方法的主要功能是终止程序运行？

（A）sys.quit()

（B）sys.exit()

（C）os.exit()

（D）os.quit()

二、问答题

1. 请写出下表的异常类型名称。

异常类型	说明
	找不到文件的错误
	除 0 错误
	类型不符的错误

答：

异常类型	说明
FileNotFoundError	找不到文件的错误
ZeroDivisionError	除 0 错误
TypeError	类型不符的错误

2. Python 在处理文件的读取与写入时，都会通过文件对象进行，请问它的功能是什么？

答：

所谓文件对象，就是一个提供文件存取方式的接口，它并非实际的文件，当打开文件之后，就必须通过文件对象做读或写的动作。

3. 请简要说明 open() 函数的语法及参数的含义。

答：

open() 函数的语法为 "open（file, mode, encode）"。

file 表示以字符串来指定打开文件的路径和文件名；

mode 表示以字符串指定打开文件的存取模式，默认为读取模式；

encode 表示文件的编码模式，通常可以设定成 cp936 或 UTF-8 两种，其中 cp936 就是 GBK 的中文编码模式。

4. 请在下表中填入 open() 函数的文件打开模式。

模式	说明
	读取模式（默认值）
	写入模式，建立新文件或覆盖旧文件（覆盖旧数据），如果文件不存在则建立新文件
	附加（写入）模式，建立新文件或附加于旧文件末尾
	二进制模式

答：

模式	说明
"r"	读取模式（默认值）
"w"	写入模式，建立新文件或覆盖旧文件（覆盖旧数据），如果文件不存在则建立新文件
"a"	附加（写入）模式，建立新文件或附加于旧文件末尾
"b"	二进制模式

5. 写入文件时会从文件指针处开始，请问它的主要功能是什么？

答：

文件指针用来记录当前文件写入或读取到文件的哪一个位置。

6. 试举例说明如何用绝对路径来告知 open() 函数文件的打开路径。

答：

如果在绝对路径前面加上"r"来告知编译程序系统接着所使用路径的字符串是原始字符串，那么原先用"\\"来表示"\"就可以简化为"file1=open（r"C:\ex\test.txt"."r"）"。

7. 使用 open() 函数打开文件后，最后必须用 close() 函数关闭文件，如果打开很多文件就要逐一用 close() 函数关闭文件，请问有没有较佳的改进方式，让系统自动关闭文件？

答：

使用 open() 函数打开文件后，最后必须用 close() 函数关闭文件，但如果使用 with…as 语句搭配 open() 函数打开文件，当 with 语句结束后，系统会自动关闭所有已打开的文件。

8. 在使用 open() 函数打开文件时，其中有一个参数用于设定文件编码，请问如果文件设定的编码与 open() 函数文件读取指定的编码不同时，会发生什么问题？

答：

处理文件时，如果文件设定的字符编码和文件读取指定的字符编码不同，那么会造成文件读取上的错误；例如，假设 test_encode.txt 文件是以 UTF-8 的编码格式存储的，如果我们在使用 open() 函数打开文件时，指定了 cp936 的编码格式就会造成错误。

9. 请简述下列文件处理方法的功能说明。

方法	说明
read(n)	
readlines()	
flush()	
tell()	
write(str)	

答：

方法	说明
read(n)	从文件指针处读取指定个数的字符
readlines()	读取所有行再以列表形式返回所有行
flush()	强制将缓冲区数据写入文件，并清空缓冲区
tell()	返回目前文件指针的位置
write(str)	将指定参数的字符串写入文件

10. 何谓异常？试简述之。

答：

异常是指程序执行时产生了"不可预期"的错误，这时 Python 解释器会接手处理异常，发出错误信息，并将程序终止。

第 **10** 章

热门算法与 Python

　　在程序设计里，算法是不可或缺的一环。算法一般定义为"在有限步骤内解决数学问题的程序"。如果运用在计算机领域中，我们也可以把算法定义成"为了解决某一个问题或完成某一项工作，所需要的有限步骤的机械性或重复性语句与计算"。

　　懂得并善用算法是培养程序设计逻辑的重要前提，许多实际的问题都有多个可行的算法来解决，但是要从中找出最佳的解决算法是一个挑战。本章将介绍的几种相当热门的算法能帮助读者更加了解不同算法的思想与技巧，以便日后更有能力分析各种算法的优劣。

10.1 分治算法——递归法

　　分治算法（Divide and Conquer）是一种很重要的算法，其核心思想是将一个难以直接解决的大问题依照不同的概念分割成两个或更多的子问题，以便各个击破，分而治之。其实任何一个可以用程序求解的问题所需的计算时间都与其规模有关，问题的规模越小，越容易直接求解。分割问题可以使子问题的规模不断缩小，直到这些子问题足够简单到足以解决，最后将各子问题的解合并得到原问题的解答。这个算法应用相当广泛，如快速排序法、递归算法、大整数乘法。

　　递归算法是一种很特殊的算法，分治算法和递归算法很像一对孪生兄弟，都是将一个复杂的算法问题分解，让问题的规模越来越小，最终使子问题容易求解。递归出现在早期人工智能所用的语言中，如 Lisp、Prolog，递归几乎是整个语言运作的核心。现在许多程序语言，如 C 语言、C++、Java、Python 等都具备递归功能。简单来说，函数（或称子程序）不单纯只是能够被其他函数调用（或引用）的程序单元，在某些语言中还提供了自身调用的功能，这种方法就是所谓的递归。

　　从程序语言的角度来说，我们可以这样定义递归，假如一个函数或子程序是由自身所定义或调用的，就称为递归，它至少要具备两个条件，即一个可以反复执行的递归过程和一个跳出执行过程的出口。

　　数学上的阶乘函数也可以看成很典型的递归，我们一般用符号"!"来代表阶乘。例如，4 阶乘可写为 4!，$n!$ 可以写成如下形式。

$$n!=n \times (n-1) \times (n-2) \cdots \times 1$$

读者可以一步步地分解它的运算过程，观察出一定的规律性。

```
5! = (5 × 4!)
   = 5 × (4 × 3!)
   = 5 × 4 × (3 × 2!)
   = 5 × 4 × 3 × (2 × 1)
   = 5 × 4 × (3 × 2)
   = 5 × (4 × 6)
   = (5 × 24)
   = 120
```

Python 中求 $n!$ 的递归函数算法可以写成如下形式。

```python
def factorial(i):
    if i==0:
        return 1
    else:
        ans=i * factorial(i-1)  # 反复执行的递归过程
    return ans
```

　　上面阶乘函数的范例可以说明递归的过程。在递归过程中，还会应用"堆栈"（Stack）的概念。堆栈是一组相同数据类型的数据的集合，所有的动作均在堆栈的顶端进行，具有"后进先出"（Last In, First Out, LIFO）的特性。

我们再来看一个很有名气的斐波那契数列（Fibonacci Sequence）求解过程，斐波那契数列的基本定义如下。

$$F_n = \begin{cases} 0 & n=0 \\ 1 & n=1 \\ F_{n-1}+F_{n-2} & n=2,3,4,5,6,\cdots（n \text{ 为正整数}） \end{cases}$$

简单来说，斐波那契数列就是数列的第 0 项是 0、第 1 项是 1，其他每一项的值由其前面两项的值相加得到。根据斐波那契数列的定义，可以设计以下递归形式的程序代码。

```python
def fib(n):    # 定义函数 fib()
   if n==0 :
      return 0 # 如果 n=0, 则返回 0
   elif n==1 or n==2:
      return 1
   else:  # 否则返回 fib(n-1)+fib(n-2)
      return (fib(n-1)+fib(n-2))
```

以下程序范例将示范如何以递归方式来输出斐波那契数列。

【程序范例：fib.py】计算第 *n* 项斐波那契数

```python
01  def fib(n):          # 定义函数 fib()
02     if n==0 :
03        return 0 # 如果 n=0, 则返回 0
04     elif n==1 or n==2:
05        return 1
06     else:  # 否则返回 fib(n-1)+fib(n-2)
07        return (fib(n-1)+fib(n-2))
08
09  n=int(input(' 请输入要计算第几项斐波那契数 :'))
10  for i in range(n+1):# 计算前 n 项斐波那契数
11     print('fib(%d)=%d' %(i,fib(i)))
```

执行结果如图 10.1 所示。

```
请输入要计算第几项斐波那契数：10
fib(0)=0
fib(1)=1
fib(2)=1
fib(3)=2
fib(4)=3
fib(5)=5
fib(6)=8
fib(7)=13
fib(8)=21
fib(9)=34
fib(10)=55
```

图10.1

程序解说

◆ 第 1~7 行：根据斐波那契数列的定义设计递归形式的程序代码。

◆ 第 10~11 行：计算前 n 项斐波那契数。

10.2 动态规划算法

动态规划算法（Dynamic Programming Algorithm，DPA）十分类似分治算法，由 20 世纪 50 年代初的美国数学家理查德·贝尔曼（Richard Bellman）发明，用来研究多阶段决策过程的优化过程与求得一个问题的最佳解。该算法的主要思路是如果一个问题的答案与子问题相关的话，就能将大问题拆解成各个小问题。它与分治算法最大的不同之处就在于它可以将每一个子问题的答案存储起来，以供下次求解时直接取用。也就是说，动态规划算法与分治算法不同的地方在于：动态规划算法多了记忆的机制，能够将处理过的子问题的答案记录下来，避免重复计算。

例如，前面的斐波那契数列依据动态规划算法的思想，可以绘制成图 10.2 所示的示意图。

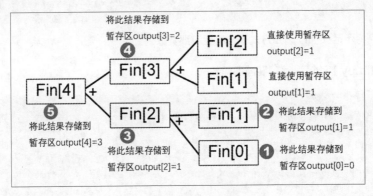

图10.2

前面提到过动态规划算法的思想是已计算过的数据不必重复计算。为了达到这个目的，我们可以先设置一个用来记录该斐波那契数是否已计算过的数组 output。该数组中的每一个元素都用来记录已被计算过的斐波那契数，当该斐波那契数已被计算过后，就必须将其计算而得的值存储到 output 数组中。举例来说，我们可以将 F（0）记录到 output[0]、F（1）记录到 output[2]……以此类推。不过每当要计算一个斐波那契数时都会先在 output 数组中判断，如果没有，就进行斐波那契数的计算，再将计算得到的斐波那契数存储到对应索引的 output 数组中，因此可以确保每一个斐波那契数只被计算过一次。我们依据动态规划算法的思想，可以修改为如下代码。

```
output=[None]*1000  #fibonacci 的暂存区
def Fibonacci(n):
    result=output[n]

    if result==None:
        if n==0:
            result=0
        elif n==1:
            result=1
```

```
        else:
            result = Fibonacci(n - 1) + Fibonacci(n - 2)
        output[n]=result
    return result
```

10.3 排序算法——冒泡排序法

排序算法几乎可以说是最常使用到的一种算法。所谓排序，就是将一组数据按照某一个特定规则重新排列，使其具有递增或递减的次序关系。用以排序的依据称为键，它所含的值就称为键值。

冒泡排序法是很常见的排序法，又称为交换排序法，是人们通过观察水中的气泡变化构思而成的。气泡随着不同水深处的压力而改变。气泡在水底时，水压最大，气泡最小；当慢慢浮上水面时，气泡由小渐渐变大。

冒泡排序法的比较方式是由第1个元素开始，比较两个相邻元素的大小，若大小顺序有误，则交换两个元素，然后再进行下一个元素的比较。如此比较过一遍之后就可确保最后一个元素位于正确的位置，接着再逐步进行第2遍比较，直到完成所有元素的排序为止。

以下排序示范了6、4、9、8、3数列的排序过程，读者可以清楚地知道冒泡排序法的执行流程，原始顺序如图10.3所示。

图10.3

Step 01 第1遍比较会先拿第一个元素6和第2个元素4作比较，如果第2个元素小于第1个元素，则两个元素交换。接着拿6和9作比较，就这样一直比较并交换，到第4次比较完成后即可确定最大值在数组的最后面，如图10.4所示。

图10.4

Step 02 第2遍比较亦从头开始，但因为最后一个元素在第1遍比较后就已确定是数组的最大值，所以只需要比较3次即可把剩余数组元素的最大值排到剩余数组的最后面，如图10.5所示。

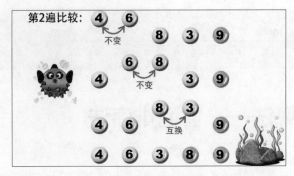

图10.5

Step 03 第 3 遍比较完成后，完成第 3 个值的排序，如图 10.6 所示。

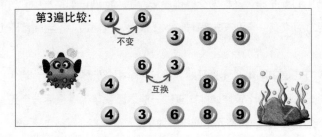

图10.6

Step 04 第 4 遍比较完成后，完成所有排序，如图 10.7 所示。

图10.7

由此可知，5 个元素的冒泡排序法必须执行（5-1）遍比较，第一遍比较需比较（5-1）次，共比较
4+3+2+1=10 次。

接着设计一个 Python 程序，并使用冒泡排序法来将以下的数列排序。

99，95，90，88，78，67，33，26，12

■【程序范例：bubble.py】冒泡排序法的应用

```
01  data=[99,95,90,88,78,67,33,26,12]# 原始顺序
02  print(' 冒泡排序法：原始顺序为：')
03  for i in range(len(data)):
04      print('%3d' %data[i],end='')
05  print()
06
07  for i in range(len(data)-1,0,-1): # 比较遍数
08      for j in range(i):
09          if data[j]>data[j+1]:# 比较、交换的次数
10              data[j],data[j+1]=data[j+1],data[j]# 比较相邻两数，如果前面的数较大则交换
```

```
11    print(' 第 %d 遍比较后的结果是：' %(len(data)-i),end='') # 把各遍比较后的结
果输出
12    for j in range(len(data)):
13      print('%3d' %data[j],end='')
14    print()
15
16  print(' 排序后的结果为：')
17  for j in range(len(data)):
18    print('%3d' %data[j],end='')
19  print()
```

执行结果如图 10.8 所示。

```
冒泡排序法：原始顺序为：
 99 95 90 88 78 67 33 26 12
第 1 遍比较后的结果是： 95 90 88 78 67 33 26 12 99
第 2 遍比较后的结果是： 90 88 78 67 33 26 12 95 99
第 3 遍比较后的结果是： 88 78 67 33 26 12 90 95 99
第 4 遍比较后的结果是： 78 67 33 26 12 88 90 95 99
第 5 遍比较后的结果是： 67 33 26 12 78 88 90 95 99
第 6 遍比较后的结果是： 33 26 12 67 78 88 90 95 99
第 7 遍比较后的结果是： 26 12 33 67 78 88 90 95 99
第 8 遍比较后的结果是： 12 26 33 67 78 88 90 95 99
排序后的结果为：
 12 20 33 07 78 88 90 95 99
```

图10.8

程序解说

◆ 第 1~5 行：原始数据的输入及输出。

◆ 第 7~14 行：冒泡排序法的排序过程。

◆ 第 17~19 行：输出排序后的结果。

传统的冒泡排序法存在缺陷：不管数据是否已排序完成，都固定会执行 $n(n-1) \div 2$ 次。数列在什么情况下才是已经排好序呢？——在一轮比较当中，如果没有出现数据交换的情况，则表示当前数列中每相邻的两个数据都是后面的比前面大（或者小），也就是数列已经处于有序状态。下面设计一个 Python 程序，引入一个变量，通过该变量的值来判断数据是否已排好序，这样可以提前中断程序来提高程序的执行效率。

■ 【程序范例：sentry.py】改良的冒泡排序法

```
01  #加入变量的改良冒泡排序法
02  def showdata(data):   # 利用循环输出数据
03    for i in range(len(data)):
04      print('%3d' %data[i],end='')
05    print()
06
07  def bubble (data):
08    for i in range(len(data)-1,0,-1):
09      flag=0 #flag 用来判断是否有执行交换的动作
10      for j in range(i):
11        if data[j+1]<data[j]:
12          data[j],data[j+1]=data[j+1],data[j]
```

```
13              flag+=1  # 如果执行过交换，则 flag 不为 0
14       if flag==0:
15          break
16    # 当执行完一遍比较就判断是否做过交换动作，如果没有交换过数据，
17        # 表示此时数组已完成排序，故可直接跳出循环
18       print(' 第 %d 轮排序： ' %(len(data)-i),end='')
19       for j in range(len(data)):
20          print('%3d' %data[j],end='')
21       print()
22    print(' 排序后结果为： ',end='')
23    showdata (data)
24
25  def main():
26    data=[1,2,3,4,5,6,8,9,7]  # 原始顺序
27    print(' 原始顺序： ')
28    showdata(data)
29    print(' 改良冒泡排序法的原始顺序为： ')
30    bubble (data)
31
32  main()
```

执行结果如图 10.9 所示。

```
原始顺序：
   1  2  3  4  5  6  8  9  7
改良冒泡排序法的原始顺序为：
第 1 轮排序：  1  2  3  4  5  6  8  7  9
第 2 轮排序：  1  2  3  4  5  6  7  8  9
排序后的结果为：  1  2  3  4  5  6  7  8  9
```

图10.9

程序解说

◆ 第 2~5 行：利用循环输出数据的函数。

◆ 第 7~23 行：改良冒泡排序法的函数定义。

◆ 第 25~30 行：定义一个类似主程序功能的函数，程序内容包括原始数据的输入与输出，并调用改良冒泡排序法的函数。

◆ 第 32 行：调用有主程序功能的 main() 函数。

10.4 查找算法

在数据处理过程中，是否能在最短时间内查找到所需要的数据是一个相当值得程序员关心的问题。查找（Search）指的是从数据文件中找出满足某些条件的数据，用以查找的条件称为键值。例如，我们平常在电话簿中找某人的电话号码，那么这个人的姓名就成为在电话簿中查找电话号码的键值。

顺序查找法又称线性查找法，是一种最简单的查找法。它的方法是将数据一笔一笔地从头到尾按顺序查找，例如，想在衣柜中找衣服时，通常会从柜子最上方的抽屉逐层寻找。此方法的优点是查找前不需要对数据做任何的处理与排序，缺点为查找速度较慢。如果数据没有重复，找到数据就可中止查找的话，最差情况是未找到数据，需进行 n 次比较；最好情况则是一次就找到，只需一次比较。

我们以一个例子来说明，假设已存在数列 4、2、3、7、5、6、1。如果要查找 1，需要比较 7 次；查找 4 仅需比较 1 次；查找 3 则需查找 3 次。这表示当查找的数列长度 n 很大时，利用顺序查找法是不太适合的，它是一种适用于小数据集的查找方法。以下的范例演示了顺序查找法的过程。

■ 【程序范例：sequential.py】顺序查找法

```
01    import random
02
03    val=0
04    data=[3,5,7,8,1,12,16,17,15,10,
05        23,25,27,29,20,32,34,45,56,37]
06
07    while val!=-1:
08        find=0
09        val=int(input(' 请输入查找键值 (1~100)，输入 -1 离开：'))
10        for i in range(20):
11            if data[i]==val:
12                print(' 在第 %3d 个位置找到键值 [%3d]' %(i+1,data[i]))
13                find+=1
14        if find==0 and val !=-1 :
15            print('###### 没有找到 [%3d]######' %val)
16    print(' 数据内容：')
17    for i in range(4):
18        for j in range(5):
19            print('%2d[%3d] ' %(i*5+j+1,data[i*5+j]),end='')
20        print('')
```

执行结果如图 10.10 所示。

```
请输入查找键值(1~100)，输入-1离开: 3
在第    1个位置找到键值 [  3]
请输入查找键值(1~100)，输入-1离开: 37
在第   20个位置找到键值 [ 37]
请输入查找键值(1~100)，输入-1离开: 27
在第   13个位置找到键值 [ 27]
请输入查找键值(1~100)，输入-1离开: -1
数据内容:
 1[  3]  2[  5]  3[  7]  4[  8]  5[  1]  6[ 12]  7[ 16]  8[ 17]  9[ 15] 10[ 10] 11[ 23] 12[ 25] 13[ 27] 14[ 29] 15[ 20] 16[ 32] 17[ 34] 18[
45] 19[ 56] 20[ 37]
```

图10.10

程序解说

◆ 第 4~5 行：原始数据以列表类型表示。

◆ 第 7~15 行：顺序查找法的程序段。

◆ 第 17~20 行：以一行 5 个数字输出数据内容。

· 10.4.2 二分查找法

计算机查找数据的优点是快速，但是当数据量很庞大时，如何在最短时间内有效地找到所需的数据是一个相当重要的课题。如果要查找的数据已经事先排序好，则可使用二分查找法来进行查找。二分查找法是将数据分割成两等份，再比较键值与中间值的大小，如果键值小于中间值，可确定要找的数据在左半边的元素中，否则在右半边，如此分割数次直到找到数据或确定数据不存在为止。

例如，以下为已排好序的数列 2、3、5、8、9、11、12、16、18，而所要查找的值为 11，首先跟第五个数值 9 进行比较，如图 10.11 所示。

图10.11

因为 11 > 9，所以和右半边的中间值 12 比较，如图 10.12 所示。

图10.12

因为 11 < 12，所以和左半边的中间值 11 比较，如图 10.13 所示。

图10.13

因为 11=11，所以查找完成，如果不相等则表示找不到。

以下程序范例将设计一个 Python 程序，随机生成由小到大排列的 50 个整数，并演示二分查找法的应用过程与步骤。

■【程序范例：search.py】二分查找法

```
01    import random
02
03    def bin_search(data,val):
04        low=0
05        high=49
06        while low <= high and val !=-1:
07            mid=int((low+high)/2)
08            if val<data[mid]:
09                print('%d 介于位置 %d[%3d] 及中间值 %d[%3d]，找左半边 ' \
```

```
10              %(val,low+1,data[low],mid+1,data[mid]))
11          high=mid-1
12        elif val>data[mid]:
13          print('%d 介于中间值位置 %d[%3d] 及 %d[%3d]，找右半边 ' \
14                %(val,mid+1,data[mid],high+1,data[high]))
15          low=mid+1
16        else:
17          return mid
18      return -1
19
20  val=1
21  data=[0]*50
22  for i in range(50):
23      data[i]=val
24      val=val+random.randint(1,5)
25
26  while True:
27      num=0
28      val=int(input(' 请输入查找键值，输入 -1 结束：'))
29      if val ==-1:
30          break
31      num=bin_search(data,val)
32      if num==-1:
33          print('##### 没有找到 [%3d] #####' %val)
34      else:
35          print(' 在第 %2d 个位置找到 [%3d]' %(num+1,data[num]))
36
37  print(' 数据内容：')
38  for i in range(5):
39      for j in range(10):
40          print('%3d-%-3d' %(i*10+j+1,data[i*10+j]), end='')
41      print()
```

执行结果如图 10.14 所示。

```
请输入查找键值，输入-1结束：1
1 介于位置 1[  1]及中间值 25[ 78]，找左半边
1 介于位置 1[  1]及中间值 12[ 39]，找左半边
1 介于位置 1[  1]及中间值 6[ 22]，找左半边
1 介于位置 1[  1]及中间值 3[  7]，找左半边
在第  1个位置找到 [  1]
请输入查找键值，输入-1结束：-1
数据内容：
 1-1    2-5    3-7    4-12   5-17   6-22   7-23   8-27   9-30  10-33  11-35  12-39  13-42  14-44  15-47  16-50  17-53  18-54  19-58  20-63
21-65  22-67  23-71  24-73  25-78  26-83  27-87  28-90  29-92  30-96  31-101 32-105 33-109 34-110 35-114 36-119 37-124 38-127 39-132 40-1
33 41-135 42-137 43-138 44-139 45-142 46-143 47-144 48-145 49-148 50-151
```

图10.14

程序解说

- 第 3~18 行：二分查找法的函数。

- 第 26~35 行：采用二分查找法的主程序段，输入查找键值，再调用二分查找法的函数。

- 第 38~41 行：输出原始数据。

10.5 回溯法

回溯法也算是枚举法中的一种，对某些问题而言，回溯法是一种可以找出所有（或一部分）解的一般性算法，可以随时避免枚举不正确的数值。一旦发现不正确的数值，回溯法就不继续递归至下一层，而是回溯至上一层，以节省时间。回溯法主要用于在查找过程中寻找问题的解，当发现已不满足求解条件时，就回溯返回，尝试别的路径，避免无效搜索。

"老鼠走迷宫"就是一种回溯法的应用。"老鼠走迷宫"问题是假设把一只大老鼠放在一个没有盖子的大迷宫盒的入口处，盒中有许多墙使得大部分的路径都被挡住而无法前进。老鼠可以通过试错的方法找到出口。不过这只老鼠必须具备走错路时就会重来一次并把走过的路记起来的能力，避免重复走同样的路，就这样直到找到出口为止。简单说来，老鼠前进时，必须遵守以下 3 个原则。

- 一次只能走一格。
- 遇到墙无法往前走时，则退回一步找找看是否有其他的路可以走。
- 走过的路不会再走第二次。

在编写走迷宫程序前，我们先来了解如何在计算机中设置一个仿真迷宫。这时可以利用二维数组 MAZE[row][col] 来完成，并要求符合以下规则。

```
MAZE[i][j]=1    表示 [i][j] 处有墙，无法通过
MAZE[i][j]=0    表示 [i][j] 处无墙，可通行
MAZE[1][1] 是入口，MAZE[m][n] 是出口
```

图 10.15 所示的是一个 10×12 的二维数组，用来表示迷宫地图。

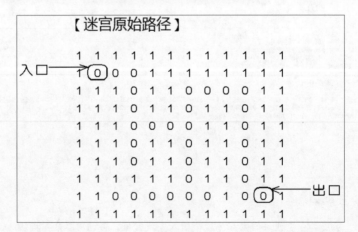

图10.15

假设老鼠从左上角的 MAZE[1][1] 进入，从右下角的 MAZE[8][10] 出来，老鼠目前的位置以 MAZE[x][y] 表示，那么老鼠可能移动的方向如图 10.16 所示。

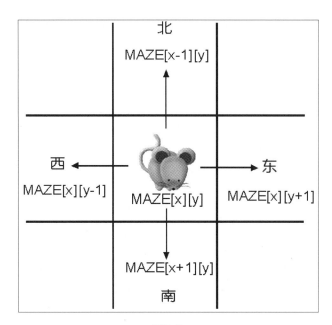

图10.16

老鼠可以选择的方向共有 4 个，分别为东、西、南、北。但并非每个位置都有 4 个方向可以选择，必须视情况来决定，例如 T 字形的路口就只有东、西、南 3 个方向可以选择。

我们可以记录老鼠走过的位置，并且将走过的位置的数组元素内容标示为 2，然后将这个位置放入堆栈再进行下一次的选择。如果老鼠走到死巷子并且还没有抵达终点，那么就必退出上一个位置，并退回去，直到回到上一个岔路口后再选择其他的路。由于每次新加入的位置必定会在堆栈的最末端，因此堆栈末端指针所指的方格编号便是目前查找迷宫出口的老鼠所在的位置。老鼠一直重复这些动作直到走到出口为止。根据上面这样的一个迷宫查找的概念，利用 Python 算法来加以描述，代码如下。

```
if 上一格可走：
    加入方格编号到堆栈
    往上走
    判断是否为出口
elif 下一格可走：
    加入方格编号到堆栈
    往下走
    判断是否为出口
elif 左一格可走：
    加入方格编号到堆栈
    往左走
    判断是否为出口
elif 右一格可走：
    加入方格编号到堆栈
    往右走
    判断是否为出口
else：
    从堆栈删除一方格编号
    从堆栈中取出一方格编号
    往回走
```

上面的算法是每次进行移动时所执行的内容，其主要作用是判断目前所在位置的上、下、左、右是否有可以前进的方格，若找到可移动的方格，便将该方格的编号加入记录动作路径的堆栈中，并往该方格移动。而当四周没有可走的方格时，也就是目前所在的方格无法走出迷宫时，必须退回前一格重新再来检查是否有其他可走的路径。以下程序范例就是以 Python 语言设计迷宫的实例。

■ 【程序范例：mouse.py】老鼠走迷宫

```
01    # 老鼠走迷宫
02    class Node:
03      def __init__(self,x,y):
04        self.x=x
05        self.y=y
06        self.next=None
07
08    class Mouse:
09      def __init__(self):
10        self.first=None
11        self.last=None
12
13      def empty(self):
14          return self.first==None
15
16      def add(self,x,y):
17        newNode=Node(x,y)
18        if self.first==None:
19          self.first=newNode
20          self.last=newNode
21        else:
22          self.last.next=newNode
23          self.last=newNode
24
25      def remove(self):
26        if self.first==None:
27          print('[ 队列已经空了 ]')
28          return
29        newNode=self.first
30        while newNode.next!=self.last:
31          newNode=newNode.next
32        newNode.next=self.last.next
33        self.last=newNode
34
35    ExitX= 8          # 出口的 X 坐标
36    ExitY= 10         # 出口的 Y 坐标
37    # 声明迷宫数组
38    arr= [[1,1,1,1,1,1,1,1,1,1,1,1], \
39        [1,0,0,0,1,1,1,1,1,1,1,1], \
40        [1,1,1,0,1,1,0,0,0,0,1,1], \
41        [1,1,1,0,1,1,0,1,1,0,1,1], \
42        [1,1,1,0,0,0,0,1,1,0,1,1], \
43        [1,1,1,0,1,1,0,1,1,0,1,1], \
44        [1,1,1,0,1,1,0,1,1,0,1,1], \
45        [1,1,1,1,1,1,0,1,1,0,1,1], \
46        [1,1,0,0,0,0,0,0,0,1,0,0,1], \
```

```
47        [1,1,1,1,1,1,1,1,1,1,1,1]]
48
49    def find(x,y,ex,ey):
50       if x==ex and y==ey:
51          if(arr[x-1][y]==1 or arr[x+1][y]==1 or arr[x][y-1] ==1 or arr[x][y+1]==2):
52             return 1
53          if(arr[x-1][y]==1 or arr[x+1][y]==1 or arr[x][y-1] ==2 or arr[x][y+1]==1):
54             return 1
55          if(arr[x-1][y]==1 or arr[x+1][y]==2 or arr[x][y-1] ==1 or arr[x][y+1]==1):
56             return 1
57          if(arr[x-1][y]==2 or arr[x+1][y]==1 or arr[x][y-1] ==1 or arr[x][y+1]==1):
58             return 1
59       return 0
60
61    # 主程序
62
63
64    path=Mouse()
65    x=1
66    y=1
67
68    print('[ 迷宫的路径 (0 的部分 )]')
69    for i in range(10):
70       for j in range(12):
71          print(arr[i][j],end='')
72       print()
73    while x<=ExitX and y<=ExitY:
74       arr[x][y]=2
75       if arr[x-1][y]==0:
76          x -= 1
77          path.add(x,y)
78       elif arr[x+1][y]==0:
79          x+=1
80          path.add(x,y)
81       elif arr[x][y-1]==0:
82          y-=1
83          path.add(x,y)
84       elif arr[x][y+1]==0:
85          y+=1
86          path.add(x,y)
87       elif find(x,y,ExitX,ExitY)==1:
88          break
89       else:
90          arr[x][y]=2
91          path.remove()
92          x=path.last.x
93          y=path.last.y
94    print('[ 老鼠走过的路径 (2 的部分 )]')
95    for i in range(10):
96       for j in range(12):
97          print(arr[i][j],end='')
98       print()
```

执行结果如图 10.17 所示。

```
[迷宫的路径(0的部分)]
111111111111
100011111111
111011000011
111011011011
111000011011
111011011011
111011011011
111111011011
110000001001
111111111111
[老鼠走过的路径(2的部分)]
111111111111
122211111111
111211222211
111211211211
111222211211
111211011211
111211011211
111111011211
110000001221
111111111111
```

图10.17

10.6 本章综合范例——快速排序法

快速排序法又称划分交换排序法，是目前公认较佳的排序法，也是使用分治算法的方式，先从数据中随机取出一个数作为基准数，并依此基准数将所有打算排序的数据分为两部分。其中小于基准数的数据放在左边，而大于基准数的数据放在右边，再以同样的方式分别处理左右两边的数据，直到各区间只剩一个数为止。操作与分割步骤如下。

假设有 n 笔 R_1，R_2，R_3，$\cdots$，R_n 记录，其键值为 K_1，K_2，K_3，$\cdots$，K_n。

1. 先假设 K 的值为第一个键值。

2. 由左向右找出键值 K_i，使得 $K_i > K$。

3. 由右向左找出键值 K_j，使得 $K_j < K$。

4. 如果 $i < j$，那么 K_i 与 K_j 互换，并回到步骤 2。

5. 若 $i \geq j$，则将 K 与 K_j 交换，并以 j 为基准点分割数据成左右两部分。然后再针对左右区间进行步骤 1~5，直到各区间只有一个数为止。

接着我们就来设计一个 Python 程序，并使用快速排序法将数字排序。

■ 【程序范例：quick.py】使用快速排序法将数字排序

```
01    import random
02
03    def inputarr(data,size):
04        for i in range(size):
05            data[i]=random.randint(1,100)
06
07    def showdata(data,size):
08        for i in range(size):
```

```
        print('%3d' %data[i],end='')
    print()

def quick(d,size,lf,rg):
    # 第一个键值为 d[lf]
    if lf<rg:  # 排序数据的左边与右边
        lf_idx=lf+1
        while d[lf_idx]<d[lf]:
            if lf_idx+1 >size:
                break
            lf_idx +=1
        rg_idx=rg
        while d[rg_idx] >d[lf]:
            rg_idx -=1
        while lf_idx<rg_idx:
            d[lf_idx],d[rg_idx]=d[rg_idx],d[lf_idx]
            lf_idx +=1
            while d[lf_idx]<d[lf]:
                lf_idx +=1
            rg_idx -=1
            while d[rg_idx] >d[lf]:
                rg_idx -=1
        d[lf],d[rg_idx]=d[rg_idx],d[lf]

        for i in range(size):
            print('%3d' %d[i],end='')
        print()

        quick(d,size,lf,rg_idx-1)  # 以 rg_idx 为基准点将数据分成左右两部分
        quick(d,size,rg_idx+1,rg)  # 分别对左右两部分数据进行排序，直至完成排序

def main():
    data=[0]*100
    size=int(input(' 请输入数组大小 (100 以下 )： '))
    inputarr (data,size)
    print(' 您输入的原始数据是： ')
    showdata (data,size)
    print(' 排序过程如下： ')
    quick(data,size,0,size-1)
    print(' 最终排序结果： ')
    showdata(data,size)

main()
```

执行结果如图 10.18 所示。

```
请输入数组大小(100以下)：10
您输入的原始数据是：
 84 69 96 99 43  2  9 73 91 91
排序过程如下：
  2 69 73  9 43 84 99 96 91 91
  2 69 73  9 43 84 99 96 91 91
  2  9 43 69 73 84 99 96 91 91
  2  9 43 69 73 84 99 96 91 91
  2  9 43 69 73 84 91 96 91 99
  2  9 43 69 73 84 91 91 96 99
最终排序结果：
  2  9 43 69 73 84 91 91 96 99
```

图10.18

程序解说

◆ 第 3~5 行：利用随机数函数取得排序前的原始数据。

◆ 第 7~10 行：利用循环输出数据的函数。

◆ 第 12~38 行：快速排序法的函数。

◆ 第 40~49 行：定义一个类似主程序功能的函数，程序内容包括原始数据的输入与输出，并调用快速排序法的函数。

◆ 第 51 行：调用有主程序功能的 main() 函数。

本章重点整理

● 算法一般定义为"在有限步骤内解决数学问题的程序"。

● 在计算机领域中，算法定义为"为了解决某一个问题或完成某一项工作，所需要的有限步骤的机械性或重复性语句与计算"。

● 分治算法是一种很重要的算法，其核心思想是将一个难以直接解决的大问题依照不同的概念分割成两个或更多的子问题，以便各个击破，分而治之。

● 假如一个函数或子程序是由自身所定义或调用的，就称为递归。

● 递归至少要具备两个条件，即一个可以反复执行的递归过程和一个跳出执行过程的出口。

● 堆栈是一组相同数据类型的数据的集合，所有的动作均在堆栈的顶端进行，具有"后进先出"的特性。

● 斐波那契数列就是数列的第 0 项是 0、第 1 项是 1，其他每一项的值由其前面两项的值相加所得。

● 排序就是将一组数据按照某一个特定规则重新排列，使其具有递增或递减的次序关系。用以排序的依据称为键，它所含的值就称为键值。

● 冒泡排序法的比较方式是由第一个元素开始，比较相邻元素的大小，若大小顺序有误，则交换两个元素，然后再进行下一个元素的比较。如此比较过一遍之后就可确保最后一个元素位于正确的位置，接着再逐步进行第二遍比较，直到完成所有元素的排序为止。

● 查找指的是从数据文件中找出满足某些条件的数据，用以查找的条件称为键值。

● 二分查找法是将数据分割成两等份，再比较键值与中间值的大小，如果键值小于中间值，可确定要找的数据在左半边的元素中，否则在右半边。如此分割数次直到找到数据或确定数据不存在为止。

本章课后习题

一、选择题

1.（A）下列哪一个排序法又称为交换排序法？

（A）冒泡排序法

（B）基数排序法

（C）合并排序法

（D）快速排序法

2.（D）下列哪一个查找法又称为线性查找法？

（A）快速查找法

（B）二分查找法

（C）费氏查找法

（D）顺序搜索法

3.（D）下列哪一个排序法又称为划分交换排序法？

（A）冒泡排序法

（B）基数排序法

（C）合并排序法

（D）快速排序法

4.（C）下列关于排序及查找的描述中，哪个选项有误？

（A）用以排序的依据，我们称为键

（B）查找指的是从数据文件中找出满足某些条件的数据

（C）快速排序法又称划分排序法

（D）在冒泡排序法中加入标注变量，可以提前中断程序来提高程序的执行效率。

5.（D）下列哪一种程序语言具备递归功能？

（A）Java

（B）C语言、C++

（C）Python

（D）以上皆具备递归功能

二、问答题

1.试简述二分查找法的核心演算逻辑。

答：

二分查找法是将数据分割成两等份，再比较键值与中间值的大小，如果键值小于中间值，可确定要找的数据在左半边的元素中，否则在右半边；如此分割数次直到找到数据或确定数据不存在为止。

2.试简述快速排序法的核心思想。

答：

使用分治算法的方式，先从中随机取出一个数作为基准数，并依此基准数将所有打算排序的数据分为两部分；其中小于基准数的数据放在左边，而大于基准数的数据放在右边，再以同样的方式分别处理左右两边的数据，直到各区间只剩一个数为止。

3.请从计算机领域的角度定义算法。

答：

在计算机领域中可以把算法定义成"为了解决某一个问题或完成某一项工作，所需要的有限步骤的机械性或重复性语句与计算"。

4. 请说明分治算法的核心思想。

答：

分治算法是一种很重要的算法，其核心思想是将一个难以直接解决的大问题依照不同的概念分割成两个或更多的子问题，以便各个击破，分而治之。

5. 递归至少要具备哪两个条件？

答：

包括一个可以反复执行的递归过程和一个跳出执行过程的出口。

6. 什么是斐波那契数列？请举例说明。

答：

斐波那契数列就是数列的第0项是0、第1项是1，其他每一项的值由其前面两项的值相加所得；例如，0，1，1，2，3，5，8，13，21，34，55，…。

7. 以下程序的执行结果是什么？

```python
def fib(n):
    if n==0 :
        return 0
    elif n==1 or n==2:
        return 1
    else:
        return (fib(n-1)+fib(n-2))

n=12
print(fib(n))
```

答：

144。

8. 以下程序的执行结果是什么？

```python
def myfac(i):
    if i==0:
        return 1
    else:
        ans=i * myfac(i-1)
    return ans

for i in range(1,5):
    print(myfac(i))
```

答：

1

2

6

24。

## 第 11 章

面向对象程序设计

在现实世界中，各种各样的物品都可以看成对象，例如，正在阅读的书是一个对象，手上的笔也是一个对象。当然对象除了是一种随处可触及的物体外，就程序设计的观点来说，抽象的概念或事情也可以当成对象。这些对象都各自拥有状态、行为或方法，状态代表了对象所属特征的当前情况，行为或方法则代表对象所具有的功能。用户可依据对象的行为或方法来操作对象，进而取得或改变对象的状态数据。

当我们将问题域中的各个数据处理单元以对象的形式来呈现，并通过对象的操作与对象间的互动来实现整个系统的功能时，这个系统就已经具备了面向对象设计的基本思想，例如，电玩游戏中各种角色的互动过程。

11.1 面向对象

任何面向对象程序设计（Object Oriented Programming，OOP）中最主要的单元就是对象（Object）。通常对象并不会凭空产生，它必须有一个可以依据的原型，而这个原型就是一般在面向对象程序设计中所称的"类"（Class）。以汽车为例，汽车有很多品牌，如 BMW、Mercedes-Benz、LEXUS、TOYOTA、MITSUBISHI 等，这些汽车又可以分为房车、跑车、休旅车、金龟车等，而房车还可以区分各种不同的车型等。当我们将这种对生活实例的概念运用在程序设计上时，就是所谓的"面向对象设计"，它有下列几个特性。

- 对象。对象可以是抽象的概念或是一个具体的东西，包括数据（Data）以及其相应的"方法"（Method），它具有状态（State）、行为（Behavior）与标识（Identity）。每一个对象均有其相应的属性（Attributes）及属性值（Attribute Values）。例如，有一个对象称为员工，而员工有公司标识符、姓名、出生年月日、住址、电话等属性，目前的属性值便是其状态，员工对象的方法则有加班、离职、休假等，公司标识符则是员工对象的唯一识别编号，称为对象标识符（Object Identity，OID）。

- 类。类是具有相同结构及行为的对象集合，是许多对象共同特征的描述或对象的抽象化。例如，"张宏"与"王田"都属于员工这个类型，他们都有公司标识符、姓名、出生年月日、住址、电话等属性，类中的一个对象有时就称为该类的一个实例（Instance）。

- 属性。属性用来描述对象的基本特征与性质，如一位员工的属性可能包括公司标识符、姓名、出生年月日、住址、电话等。

- 方法。方法是对象的动作与行为，或称为成员函数（Member Function）。以交通工具为例，不同的交通工具其移动方式会有所不同，例如，飞机能在天上飞，火车则必须在轨道上行驶。

11.2 定义类与对象

在以往的结构化程序设计中，数据变量与处理数据变量的函数是互相独立的，而函数与函数之间又往往隐含了许多不易看见的链接，所以当程序发展到很大时，程序的开发及维护就相对变得困难。而类将函数与数据结合在一起，形成独立的模块，除了可以加速程序的开发，也使得程序的维护变得容易。对象是 OOP 的最基本元素，而每一个对象在程序语言中的操作都必须通过类的声明。类在 Python 的 OOP 中是一种相当重要的基本观念，是一种可由用户定义的抽象数据类型（Abstract Data Type，ADT），例如，我们说 Python 的整数属于 int 类型，而浮点数属于 float 类型。

Python 中用来声明类的关键字是"class"，类名称可由用户自行设定，但也必须符合 Python 的标识符命名规则。程序员可以在类中定义多个数据项，这些数据项称为数据成员（Data Member），也称为属性；处理数据变量的函数称为成员函数，也称为方法，虽然和之前定义函数的方法一样，但是在类中必须称为方法，因为函数在程序中可以随时调用，而方法只有属于该类的对象才可以调用。

Python 的类在使用之前要进行声明，语法如下。

```
class 类名称 ():
    # 定义相关属性
    # 定义方法
```

上述语法中的 class 是建立类的关键字，但必须配合冒号 ":" 使用，类内的代码必须以 class 为基础向右缩进，表示这些代码属于同一区块。在定义类的过程中可以加入属性和方法，而类名称同样必须遵守标识符的命名规范。定义方法时必须和自定义函数一样，要使用 def 开头，不过在类中定义方法的第一个参数必须以 self 开头，self 代指建立类后实体化的对象，如果未以 self 开头，当调用此方法时会发生 TypeError。这是 Python 的 OOP 中一个相当重要的特性，这点和其他程序语言是有所不同的。方法的第一个参数必须加入 self，此参数的意义表示代指对象自己，例如下面的代码。

```
def setInfo(self, title, price):
    self.title = title
    self.price = price
```

接下来的例子就是最基本的类观念，下面示范了如何定义包含两个方法的 Book 类。

```
class Book:
    # 定义方法一：取得书籍名称和价格
    def setInfo(self, title, price):
        self.title = title
        self.price = price
    # 定义方法二：输出书籍名称和价格
    def showInfo(self):
        print(' 书籍名称 :{0:6s}, 价格 :{1:4s} 元 '.format(
            self.title, self.price))
```

· 11.2.1 类的实例——创建对象

类就像提供实际对象的模型，如同盖房屋之前的规划蓝图，也可以被形容成一种数据类型，但没有实体。产生类之后，还要具体化对象，该过程称为实例化（Instantiation）。进行实例化后的对象才拥有该类应有的功能，才能进一步使用类里所定义的属性和方法。语法如下。

```
对象 = 类名称 ( 变量 )
对象 . 属性
对象 . 方法 ()
```

下面我们就利用前面所产生的类实例化两个不同的对象，并在范例中使用对象所属类中所定义的属性和方法，相关程序代码如下。

■ 【程序范例：book.py】通过实例化对象来使用类的属性和方法

```
01    class Book:
02        # 定义方法一：取得书籍名称和价格
03        def setInfo(self, title, price):
```

```
04        self.title = title
05        self.price = price
06    # 定义方法二：输出书籍名称和价格
07    def showInfo(self):
08       print(' 书籍名称 :{0:6s}, 价格 :{1:4s} 元 '.format(
09           self.title, self.price))
10  # 创建对象
11  book1=Book()# 对象 1
12  book1.setInfo('Python 一周速成 ', '360')
13  book1.showInfo() # 调用方法
14  book2=Book()# 对象 2
15  book2.setInfo(' 网络营销与社群营销 ', '520')
16  book2.showInfo()
```

执行结果如图 11.1 所示。

```
书籍名称:Python一周速成，价格:360 元
书籍名称:网络营销与社群营销，价格:520 元
```

图11.1

程序解说

◆ 第 1~9 行：建立 Book 类，定义了两个方法。

◆ 第 3~5 行：定义第一个方法，用来取得对象的属性，此处用来取得书籍名称和价格，跟定义函数相同，以 def 开头。

◆ 第 4~5 行：将传入的参数通过 self 来作为对象的属性。

◆ 第 7~9 行：定义第二个方法，用它来输出书籍名称和价格。

◆ 第 11~13 行：产生 book1 对象并调用其方法。

◆ 第 14~16 行：产生 book2 对象并调用其方法。

以下的程序范例可以根据需求给类的数据成员传入不同的数据类型。

■ 【程序范例：datatype.py】传入不同的数据类型给类的数据成员

```
01  class Date:
02    def setDate(self,birthday): # 第一种方法
03       self.birthday =birthday
04    def showDate(self): # 第二种方法
05       print(" 出生年月日 :",self.birthday)
06  d1 = Date()# 第一个对象
07  d1.setDate("2020 年 1 月 3 日 ")# 调用方法时传入字符串
08  d1.showDate()
09  d2 = Date()# 第二个对象
10  d2.setDate([67,7,3])# 调用方法时传入列表
11  d2.showDate()
```

执行结果如图 11.2 所示。

```
出生年月日: 2020年1月3日
出生年月日: [67, 7, 3]
```

图11.2

程序解说

◆ 第 2~3 行：定义 setDate() 方法，由 self 将传入的参数 birthday 设为对象的属性。

◆ 第 4~5 行：定义 showDate() 方法，输出此对象的属性。

◆ 第 6~10 行：第一个对象 d1 以字符串为参数值，第二个对象 d2 以列表为参数值；这两个对象传入不同类型的数据，这是因为 Python 采用了动态类型。

11.2.2 对象初始化 __init__() 方法

__init__() 方法类似其他语言中的构造方法，可以完成对象初始化的工作。也就是如果在声明对象后，希望能指定对象中数据成员的初始值，可以使用 __init__() 方法来声明。

这个方法的第一个参数是 self，用来指向刚建立的对象本身。每个类至少都有一个 __init__() 方法，当声明类时，如果读者没有定义 __init__() 方法，则 Python 会自动提供一个没有任何程序代码及参数的默认 __init__() 方法。但比较好的做法是，在建立对象时就通过 __init__() 方法为该对象设定相关属性的初始值。

至于如何通过 __init__() 方法为对象设定初始值，可以参考下面的语法范例。

```
class Wage:
    def __init__(self, fee=200, hour=80):
        self.fee=fee
        self.hour=hour
```

以下程序范例将为读者说明如何通过 __init__() 方法为对象设定初始值。

■ 【程序范例：init.py】通过 __init__() 方法为对象设定初始值

```
01   class Wage:
02           def __init__(self, fee=200, hour=80):
03                   self.fee=fee
04                   self.hour=hour
05
06           def getArea(self):
07                   return self.fee* self.hour
08
09   tom=Wage()
10   print(" 通过 __init__() 方法计算默认值的总薪资 : ",tom.getArea()," 元 ")
11
12   jane= Wage(250,100)
13   print(" 通过 __init__() 方法传入参数的总薪资 : ",jane.getArea()," 元 ")
```

执行结果如图 11.3 所示。

```
通过__init__()方法计算默认值的总薪资：16000元
通过__init__()方法传入参数的总薪资：25000元
```

图11.3

程序解说

◆ 第2~4行：定义一个 __init__() 方法，并设定默认值。但是如果有传入参数，通过 __init__() 方法用所传入的参数给 fee 和 hour 设定初始值，就可以达到为对象设定初始值的目的。

◆ 第9行：实例化 Wage 类型产生的对象名称为 tom，创建此对象时没有传入任何参数，因此在设定初始值时，会直接采用 __init__() 方法的默认值，即 fee=200，hour=80。

◆ 第10行：返回总薪资，此处的每小时薪资及工作时长分别为 fee=200，hour=80，经计算后总薪资为 16000 元。

◆ 第11行：实例化 Wage 类型产生的对象名称为 jane，创建此对象时会传入两个参数，因此在设定初始值时会将 fee 与 hour 以所传入的参数设定初始值，即 fee=250，hour=100。

◆ 第12行：返回总薪资，此处的每小时薪资及工作时长分别为 fee=200，hour=80，经计算后总薪资为 25000 元。

11.2.3 私有属性与方法

前面介绍的例子中类外部的语句可以直接存取类内部的信息，这表示在此类中的属性及方法都是公用（Public）的，外部程序可以调用或使用此类的方法或数据成员，但是这样带来的风险是容易造成内部数据被不当修改。

比较适当的做法是让对象内的数据只能由对象本身的方法来存取，其他对象内的方法不可以直接存取该数据，这样的功能称为"信息隐藏"，即表示在此类中的属性与方法是私有（Private）的。当类外部的语句想要存取这些私有的属性数据时，不能直接由类外部进行存取，必须通过该类所提供的公用方法进行存取。

想要指定属性或方法为私有的，只需要在该属性名称前面加上两个下划线"__"，就代表该属性为私有属性。

请特别注意，在名称后方不能有下划线，例如__age是私有属性，但是__age__就不是私有属性。至于类的方法成员，如果要设定为私有，只需要在方法名称前加上两个下划线__。一旦被声明为私有方法后，该方法只能被类内部的代码调用，在类的外部不能直接调用该私有方法。

以下为私有属性的应用范例，其中 __hour 是私有属性，当类外部语句想要存取 __hour 私有属性的数据时，不能直接由类外部语句进行存取，必须通过该类所提供的 getHour() 公用方法进行存取。

■【程序范例：private.py】私有属性的应用范例一

```
01    class Wage:
02        def __init__(self, h=80):
03            self.__hour=h
04
05        def getHour(self):
06            return self.__hour
07
08        def pay(self):
09            return hour_fee*self.__hour
```

```
10    hour_fee=200
11    obj1=Wage(100)
12    print(" 每小时基本工资为 :",hour_fee," 元 ")
13    print(" 总共工作的小时数 :", obj1.getHour())
14    print(" 要付给这位员工的薪水总额 :", obj1.pay()," 元 ")
```

执行结果如图 11.4 所示。

```
每小时基本工资为：200 元
总共工作的小时数：100
要付给这位员工的薪水总额：20000 元
```

图11.4

程序解说

◆ 第 2~3 行：定义一个 __init__() 方法，并设定默认值，此处设定的变量名称加上两个下划线 "__" 表示这个属性是一个私有属性。

从上面的执行结果可以看出，由于 __hour 是一个私有属性，因此类外部的代码无法直接存取该私有属性，必须通过类中的 getHour() 方法才能取得工作的小时数。如果读者试图将上述程序代码中的第 13 行改写成直接使用私有属性 __hour，例如以下的程序代码，执行时就会出现找不到该属性成员的错误。

【程序范例：private_error.py】私有属性的应用范例二

```
01    class Wage:
02          def __init__(self, h=80):
03                self.__hour=h
04
05          def getHour(self):
06                return self.__hour
07
08          def pay(self):
09                return hour_fee*self.__hour
10    hour_fee=200
11    obj1=Wage(100)
12    print(" 每小时基本工资为 :",hour_fee," 元 ")
13    print(" 总共工作的小时数 :", obj1.__hour)
14    print(" 要付给这位员工的薪水总额 :", obj1.pay()," 元 ")
```

执行结果如图 11.5 所示。

```
每小时基本工资为：200 元
Traceback (most recent call last):
  File "C:/Python36/1.py", line 13, in <module>
    print("总共工作的小时数：", obj1.__hour)
AttributeError: 'Wage' object has no attribute '__hour'
```

图11.5

191

11.3 继承

继承是面向对象程序设计的重要概念之一。通过继承，我们可以从既有的类上衍生出新的类。如果程序的需求为仅修改或删除某项功能，此时不需要将该类的成员数据及成员函数重新写一遍，只需要"继承"原先已定义好的类就可以产生新的类了。继承是指将现有类的属性和行为，经过修改或重写（Override）之后，就可产生出拥有新功能的类，这样可以大幅提升程序代码的可重用性（Reusability）。

事实上，继承除了可重复利用之前开发过的类之外，最大的优势在于能够维持对象封装的特性。因为继承时不易改变已经设计完整的类，这样可以减少继承时类设计上的错误发生。

· 11.3.1 单继承与定义子类

在 Python 中，在继承之前，原先已建立好的类称为基类（Base Class），而经由继承所产生的新类就称为派生类（Derived Class）。类之间如果要有继承的关系，必须先建立好基类，也就是父类（Super-class），然后派生类，也就是子类（Sub-class），其相互间的关系如图 11.6 所示。

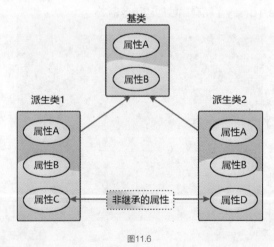

图11.6

所谓单继承（Single Inheritance），即派生类直接继承单独一个基类的成员数据与成员函数。在 Python 中使用继承机制定义子类的语法格式如下。

```
class ChildClass(ParentClass):
    代码块
```

首先我们来看单继承的实例，下面这个程序范例会先定义 MobilePhone 基类，接着会以继承的语法去定义 HTC 派生类。

■ 【程序范例：single.py】单继承的实例

```
01    class MobilePhone: # 基类
```

```
02      def touch(self):
03          print(' 我能提供屏幕触控操作的功能 ')
04
05  class HTC(MobilePhone): # 派生类
06      pass
07
08  # 产生子类对象
09  u11 = HTC()
10  u11.touch()
```

执行结果如图 11.7 所示。

我能提供屏幕触控操作的功能

图11.7

程序解说

◆ 第 1~3 行：定义 MobilePhone 基类。

◆ 第 5~8 行：定义 HTC 派生类。

◆ 第 9 行：产生 u11 子类的对象。

◆ 第 10 行：调用继承自 MobilePhone 基类的 touch() 方法。

其实子类还可以扩展父类的方法，而不仅仅是照单全收该方法的功能，我们可以将上例修改为以下程序范例。这个范例中除了调用原来父类的方法，还根据自己的需求扩展了子类的方法。

■ 【程序范例：single1.py】在子类中扩展父类的方法

```
01  class MobilePhone: # 基类
02      def touch(self):
03          print(' 我能提供屏幕触控操作的功能 ')
04
05  class HTC(MobilePhone): # 派生类
06      def touch(self):
07          MobilePhone.touch(self)
08          print(' 我也能提供多点触控的操作方式 ')
09
10  # 产生子类对象
11  u11 = HTC()
12  u11.touch()
```

执行结果如图 11.8 所示。

我能提供屏幕触控操作的功能
我也能提供多点触控的操作方式

图11.8

程序解说

◆ 第 1~3 行：定义 MobilePhone 基类。

- 第 5~8 行：定义 HTC 派生类，但在这个派生类中扩展父类的 touch() 方法。

- 第 11 行：产生 u11 子类的对象。

- 第 12 行：u11 子类对象调用继承自 MobilePhone 基类的 touch() 方法。

· 11.3.2 用 super() 函数调用父类的方法

如果子类要调用父类所定义的方法，则必须使用内部函数 super()，接下来我们通过一个实例来帮助读者理解相应的概念。

■ 【程序范例：super1.py】在子类中调用父类的方法

```
01  # 在子类中调用父类的方法——使用 super() 函数
02
03  class Weekday(): # 父类
04    def display(self, pay):
05      self.price=pay
06      print(' 欢迎来购物 ')
07      print(' 购买总金额 {:,} 元 '.format(self.price))
08
09  class Holiday(Weekday): # 子类
10    def display(self, pay): # 重写 display 方法
11      super().display(pay)
12      if self.price >= 15000:
13        self.price *= 0.8
14      else:
15        self.price
16      print('8 折 {:,} 元 '.format(self.price))
17
18  monday = Weekday()# 父类对象
19  monday.display(25000)
20
21  Christmas = Holiday()# 子类对象
22  Christmas.display(18000)
```

执行结果如图 11.9 所示。

```
欢迎来购物
购买总金额25,000元
欢迎来购物
购买总金额18,000元
8折 14,400.0元
```

图11.9

程序解说

- 第 3~7 行：定义 Weekday 父类。

- 第 9~16 行：定义 Holiday 的子类，其中第 11 行的 super() 方法表示在子类中调用父类的方法。

- 第 18~19 行：实例化父类的对象，接着以此对象调用类中的 display() 方法。

- 第 21~22 行：实例化子类的对象，接着以此对象调用类中的 display() 方法。

使用 super() 函数调用父类的方法，对子类来说，即使在 __init__() 方法内也同样适用，下面以一个简单的例子来说明。

■【程序范例：super2.py】调用父类的 __init__() 方法

```
01  # 调用 __init__() 方法
02
03  class Animal():# 父类
04    def __init__(self):
05      print(' 我属于动物类 ')
06
07  class Human(Animal): # 子类
08    def __init__(self, name):
09      super().__init__()
10      print(' 我也属于人类 ')
11
12  man = Human(' 黄种人 ')# 子类对象
```

执行结果如图 11.10 所示。

```
我属于动物类
我也属于人类
```

图11.10

程序解说

◆ 第 3~5 行：定义 Animal 父类。

◆ 第 7~10 行：定义 Human 子类，在第 9 行用 super() 方法调用父类的 __init__() 方法来进行初始化的部分工作。

◆ 第 12 行：实例化子类的对象。

· 11.3.3 获取兄弟类的属性

假设有一个父类 Tom，它有两个子类 Andy 和 Michael，Andy 和 Michael 这两个类称为兄弟类。如果 Andy 类想取得 Michael 兄弟类的 height 属性，可以使用下列语法。

Michael().height #Andy 取得 Michael 兄弟类的 height 属性

以下的例子将设计 3 个类，并示范如何取得兄弟类的属性。

■【程序范例：brother.py】取得兄弟类的属性

```
01  class Tom():# 父类
02    def __init__(self):
03      self.height1=178
04
05  class Andy(Tom):# 父类是 Tom
06    def __init__(self):
07      self.height2=180
```

```
08        super().__init__()
09
10    class Michael(Tom):# 父类是 Tom
11      def __init__(self):
12        self.height3=185
13        super().__init__()
14      def display(self):
15        print(' 父亲 Tom 的身高 :', self.height1,' 厘米 ')
16        print(' 兄弟 Andy 的身高 :', Andy().height2,' 厘米 ')
17        print(' 自己 Michael 的身高 :', self.height3,' 厘米 ')
18
19    m1=Michael()
20    m1.display()
```

执行结果如图 11.11 所示。

父亲Tom的身高：178 厘米
兄弟Andy的身高：180 厘米
自己Michael的身高：185 厘米

图11.11

程序解说

◆ 第 1~3 行：定义 Tom 父类。

◆ 第 5~8 行：定义 Andy 子类。

◆ 第 10~17 行：定义 Michael 子类，其中第 16 行的 "Andy().height2" 就是在 Michael 类中调用其兄弟类 Andy 的属性。

◆ 第 19 行：实例化 Michael 类的对象 m1。

◆ 第 20 行：调用 Michael 类的 display() 方法。

· 11.3.4 多继承与定义子类

派生类只有一个基类时称为 "单继承"；当基类有两个及以上时就称作 "多继承" （Multiple Inheritance ），我们以逗号 "," 分隔这些基类。多继承是指派生类继承自多个基类，而这些被继承的基类相互之间可能都没有关系，简单地说，就是直接继承了两个或两个以上的基类。

多继承声明语句的语法如下。

```
class ChildClass(ParentClass1, ParentClass2,…):
    程序代码块
```

我们将举两个简单的实例来示范 Python 的多继承，第一个例子祖父类的两个派生类中的方法名称相同。读者可以留意一下，在这个例子中笔者设定了一个 Mermaid 类的对象 Alice，再由这个对象分别调用 feature1()、feature2()、feature3()3 个方法，但因为其父类一 Human 及父类二 Fish 这两个类同时拥有 feature2() 方法，读者可以试着观察到底会执行哪一个 feature2() 方法。

【程序范例：multiple1.py】多继承范例一

```
01  # 多继承范例 1
02
03  class Animal: # 祖父类
04      def feature1(self):
05          print(' 大多数动物能自发且独立地移动 ')
06
07  class Human(Animal): # 父类一
08      def feature2(self):
09          print(' 人类是一种有思考能力与情感的高级动物 ')
10
11  class Fish(Animal): # 父类二
12      def feature2(self):
13          print(' 水生脊椎动物的总称 ')
14
15  class Mermaid(Human, Fish): # 子类同时继承两个种类
16      def feature3(self):
17          print(' 又称人鱼，传说中的生物，同时具备人及鱼的部分特性 ')
18
19  # 产生子类实例
20  alice = Mermaid()
21  alice.feature1()
22  alice.feature2()
23  alice.feature3()
```

执行结果如图 11.12 所示。

```
大多数动物能自发且独立地移动
人类是一种有思考能力与情感的高级动物
又称人鱼，传说中的生物，同时具备人及鱼的部分特性
```

图11.12

程序解说

- 第 3~5 行：定义 Animal 祖父类。

- 第 7~9 行：定义 Human 的父类一。

- 第 11~13 行：定义 Fish 的父类二。

- 第 15~17 行：子类 Mermaid 同时继承 Human 父类一及 Fish 父类二。

- 第 20 行：产生 Alice 子类实例。

- 第 21 行：调用继承自 Animal 祖父类的 feature1() 方法。

- 第 22 行：调用继承自 Human 父类一的 feature2() 方法。

- 第 23 行：调用继承自 Mermaid 类的 feature3() 方法。

上述例子中的 Human 和 Fish 类同时拥有 feature2() 方法，读者应该注意到最后只会执行第一个继承的父类的 feature2() 方法。

但是如果我们将 Human 和 Fish 类的方法取不一样的名字，当上述程序在建立 Mermaid 类的 Alice 对象

时，就会分别调用多继承的父类中的不同方法。

以下程序范例只将上例中原本名称相同的 feature2() 方法改成了不同的名称，读者可以清楚分辨出这两个程序不同的输出结果。

■ 【程序范例：multiple2.py】多继承范例二

```
01  # 多继承范例 2
02
03  class Animal: # 祖父类
04      def feature1(self):
05          print(' 大多数动物能自发且独立地移动 ')
06
07  class Human(Animal): # 父类一
08      def feature2(self):
09          print(' 人类是一种有思考能力与情感的高级动物 ')
10
11  class Fish(Animal): # 父类二
12      def feature3(self):
13          print(' 水生脊椎动物的总称 ')
14
15  class Mermaid(Human, Fish): # 子类同时继承两种类
16      def feature4(self):
17          print(' 又称人鱼，传说中的生物，同时具备人及鱼的部分特性 ')
18
19  # 产生子类实体
20  alice = Mermaid()
21  alice.feature1()
22  alice.feature2()
23  alice.feature3()
24  alice.feature4()
```

执行结果如图 11.13 所示。

```
大多数动物能自发且独立地移动
人类是一种有思考能力与情感的高级动物
水生脊椎动物的总称
又称人鱼，传说中的生物，同时具备人及鱼的部分特性
```

图 11.13

程序解说

◆ 第 3~5 行：定义 Animal 祖父类。

◆ 第 7~9 行：定义 Human 的父类一。

◆ 第 11~13 行：定义 Fish 的父类二，此处方法名称和父类一要改成不同的名称，笔者取名为 feature3()。

◆ 第 15~17 行：子类 Mermaid 同时继承 Human 父类一及 Fish 父类二，此处方法名称取为 feature4()。

◆ 第 20 行：产生 Alice 子类实体。

◆ 第 21 行：调用继承自 Animal 祖父类的 feature1() 方法。

◆ 第 22 行：调用继承自 Human 父类一的 feature2() 方法。

◆ 第 23 行：调用继承自 Fish 父类二的 feature3() 方法。

◆ 第 24 行：调用继承自 Mermaid 类的 feature4() 方法。

11.3.5 重写基类方法

当我们从基类继承所有的成员后，在原先的基类内可能有某些成员函数不符合程序的需要。事实上，不一定所有继承的成员都必须照单全收，用户可以在派生类中以相同名称、相同参数以及相同的返回值的方法来取代基类的方法。利用这种方式来建立派生类成员函数的动作称为重写。

简单来说，重写就是重新改写所继承的父类的方法，但不会影响到父类中原来的方法。以下的程序范例示范了如何在子类中重写父类的方法。

【程序范例：override.py】重写的实例

```
01  # 在子类中重写父类的方法
02  class Normal(): # 父类
03      def subsidy(self, income):
04          self.money = income
05          if self.money >= 500000:
06              print(' 小康家庭补助金额：', end = ' ')
07              return 5000
08
09  class Poor(Normal): # 子类
10      def subsidy(self, income): # 重写 subsidy 方法
11          self.money = income
12          if self.money < 300000:
13              print(' 中低收入家庭补助金额：', end = ' ')
14              return 10000
15
16  student1 = Normal()# 建立父类对象
17  print(student1.subsidy(780000),' 元 ')
18
19  student2 = Poor()# 建立子类对象
20  print(student2.subsidy(250000),' 元 ')
```

执行结果如图 11.14 所示。

```
小康家庭补助金额：   5000 元
中低收入家庭补助金额：   10000 元
```

图11.14

程序解说

◆ 第 2~7 行：定义 Normal 父类。

◆ 第 9~14 行：定义 Poor 子类，这个子类会重写 subsidy() 方法。

◆ 第 16~17 行：建立 student1 父类对象，并调用父类中的 subsidy() 方法，再将其结果输出。

◆ 第 19~20 行：建立 student2 子类对象，并调用子类中重写的 subsidy() 方法，再将其结果输出。

11.3.6 继承相关函数

在 Python 中与继承相关的函数有 isinstance() 及 issubclass()。

● 函数 isinstance()。isinstance() 函数是 Python 中的一个内置函数，包含两个参数，第一个参数是对象，第二个参数是类。其语法如下。

isinstance(对象 , 类)

这个函数的功能是判断第一个参数的对象是否属于第二个参数类的一种。如果第一个参数的对象属于第二个参数类或其子类，会返回 True，否则返回 False。下例中我们沿用多继承的例子，测试并输出一系列的 isinstance() 函数的返回值。

■ 【程序范例：isinstance.py 】isinstance() 函数的实例

```
01  class Animal: # 祖父类
02    def feature1(self):
03      print(' 大多数动物能自发且独立地移动 ')
04
05  class Human(Animal): # 父类一
06    def feature2(self):
07      print(' 人类是一种有思考能力与情感的高级动物 ')
08
09  class Fish(Animal): # 父类二
10    def feature3(self):
11      print(' 水生脊椎动物的总称 ')
12
13  class Mermaid(Human, Fish): # 子类同时继承两种类
14    def feature4(self):
15      print(' 又称人鱼，传说中的生物，同时具备人及鱼的部分特性 ')
16
17  # 产生子类实体
18  tiger = Animal()
19  daniel= Human()
20  goldfish=Fish()
21  alice = Mermaid()
22  print("tiger 是属于 Animal 类 :",isinstance(tiger,Animal))
23  print("daniel 是属于 Animal 类 :",isinstance(daniel,Animal))
24  print("goldfish 是属于 Animal 类 :",isinstance(goldfish,Animal))
25  print("alice 是属于 Animal 类 :",isinstance(alice,Animal))
26  print("==========================================")
27  print("tiger 是属于 Human 类 :",isinstance(tiger,Human))
28  print("daniel 是属于 Human 类 :",isinstance(daniel,Human))
29  print("goldfish 是属于 Human 类 :",isinstance(goldfish,Human))
30  print("alice 是属于 Human 类 :",isinstance(alice,Human))
31  print("==========================================")
32  print("tiger 是属于 Fish 类 :",isinstance(tiger,Fish))
33  print("daniel 是属于 Fish 类 :",isinstance(daniel,Fish))
34  print("goldfish 是属于 Fish 类 :",isinstance(goldfish,Fish))
35  print("alice 是属于 Fish 类 :",isinstance(alice,Fish))
```

```
36    print("==============================================")
37    print("tiger 是属于 Mermaid 类 :",isinstance(tiger,Mermaid))
38    print("daniel 是属于 Mermaid 类 :",isinstance(daniel,Mermaid))
39    print("goldfish 是属于 Mermaid 类 :",isinstance(goldfish,Mermaid))
40    print("alice 是属于 Mermaid 类 :",isinstance(alice,Mermaid))
```

执行结果如图 11.15 所示。

```
tiger是属于Animal类: True
daniel是属于Animal类: True
goldfish是属于Animal类: True
alice是属于Animal类: True
==========================================
tiger是属于Human类: False
daniel是属于Human类: True
goldfish是属于Human类: False
alice是属于Human类: True
==========================================
tiger是属于Fish类: False
daniel是属于Fish类: False
goldfish是属于Fish类: True
alice是属于Fish类: True
==========================================
tiger是属于Mermaid类: False
daniel是属于Mermaid类: False
goldfish是属于Mermaid类: False
alice是属于Mermaid类: True
```

图11.15

程序解说

◆ 第 1~3 行：定义 Animal 祖父类。

◆ 第 5~7 行：定义 Human 父类一。

◆ 第 9~11 行：定义 Fish 父类二。

◆ 第 13~15 行：子类同时继承两个类，即父类一及父类二。

◆ 第 18~21 行：产生子类对象。

◆ 第 22~40 行：测试并输出一系列的 isinstance() 函数的返回值。

● 函数 issubclass()。issubclass() 函数是 Python 中的一个内置函数，包含两个参数，其语法如下。

issubclass(类 1, 类 2)

这个内置函数的功能是如果类 1 是类 2 所指定的子类，则返回 True，否则返回 False。请看下面的程序范例。

■ 【程序范例：issubclass.py】内置函数 issubclass() 的实例

```
01    class Animal: # 祖父类
02        def feature1(self):
03            print(' 大多数动物能自发且独立地移动 ')
04
05    class Human(Animal): # 父类一
06        def feature2(self):
07            print(' 人类是一种有思考能力与情感的高级动物 ')
```

```
08
09   class Fish(Animal): # 父类二
10     def feature3(self):
11       print(' 水生脊椎动物的总称 ')
12
13   class Mermaid(Human, Fish): # 子类同时继承两种类
14     def feature4(self):
15       print(' 又称人鱼，传说中的生物，同时具备人及鱼的部分特性 ')
16
17   print("Mermaid 属于 Fish 子类 :",issubclass(Mermaid,Fish))
18   print("Mermaid 属于 Human 子类 :",issubclass(Mermaid,Human))
19   print("Mermaid 属于 Animal 子类 :",issubclass(Mermaid,Animal))
```

执行结果如图 11.16 所示。

```
Mermaid属于Fish子类: True
Mermaid属于Human子类: True
Mermaid属于Animal子类: True
```

图11.16

程序解说

◆ 第 1~3 行：定义 Animal 祖父类。

◆ 第 5~7 行：定义 Human 父类一。

◆ 第 9~11 行：定义 Fish 父类二。

◆ 第 13~15 行：子类同时继承两个类，即父类一及父类二。

◆ 第 17 行：判断 Mermaid 是否为 Fish 的子类，并将其结果值输出。

◆ 第 18 行：判断 Mermaid 是否为 Human 的子类，并将其结果值输出。

◆ 第 19 行：判断 Mermaid 是否为 Animal 的子类，并将其结果值输出。

11.4 多态

多态（Polymorphism）的功能是让继承同一个父类的不同子类，对相同的动作有着不同的反应。一般在程序里，常常会在基类或是派生类中声明名称相同但功能不同的方法，这时可以把这些方法称作多态。多态使得我们能够调用相同名称的方法却做不同的运算，因为这个方法所属类的对象可以动态地链接，而这些类实体具有相同的基类。例如，下面的程序范例已建立某个基类的成员方法 bonus()，以及多个由基类所派生出来的成员方法 bonus()。

■ **【程序范例：polymorphism.py】多态实例**

```
01   # 多态
02   class Colleague(): # 父类
03     def __init__(self, name, income):
```

```
04        self.name = name
05        self.income = income
06
07    def bonus(self):
08        return self.income
09
10    def title(self):
11        return self.name
12
13 class Manager(Colleague):# 子类
14    def bonus(self):
15        return self.income * 1.5
16
17 class Director(Colleague): # 子类
18    def bonus(self):
19        return self.income * 1.2
20 print('==============================')
21 obj1 = Colleague(' 一般性员工 ', 50000) # 父类对象
22 print('{:8s} 红利 {:,} 元 '.format(obj1.title(), obj1.bonus()))
23
24 print('==============================')
25 obj2 = Manager(' 经理级年终 ', 80000) # 子类对象
26 print('{:8s} 红利 {:,} 元 '.format(obj2.title(), obj2.bonus()))
27
28 print('==============================')
29 obj3 = Director(' 董事级年终 ', 65000) # 子类对象
30 print('{:8s} 红利 {:,} 元 '.format(obj3.title(), obj3.bonus()))
31 print('==============================')
```

执行结果如图 11.17 所示。

```
==============================
一般性员工   红利 50,000元
==============================
经理级年终   红利 120,000.0元
==============================
董事级年终   红利 78,000.0元
==============================
```

图11.17

程序解说

- 第 2~11 行：定义 Colleague（同事）父类，其中定义的 bonus() 方法会返回 income 的值。
- 第 13~15 行：定义 Manager（经理）子类，其中定义的 bonus() 方法会返回 income * 1.5 的值。
- 第 17~19 行：定义 Director（主任）子类，其中定义的 bonus() 方法会返回 income *1.2 的值。

本章重点整理

- 对象必须有一个可以依据的原型，而这个原型就是一般在面向对象程序设计中所称的类。
- 对象包括数据以及其相应的方法，它具有状态、行为与标识。
- 类是具有相同结构及行为的对象集合，是许多对象共同特征的描述或对象的抽象化。

- 方法是对象的动作与行为，或称为成员函数。
- Python 中用来声明类的关键字是"class"。
- 在定义类的过程中可以加入属性和方法。
- 产生类之后，还要具体化对象，该过程称为实例化。进行实例化后的对象才拥有该类应有的功能。
- 如果在声明对象后，希望能指定对象中数据成员的初始值，可以使用 __init__() 方法来声明。
- 当类外部的语句可以直接存取类内部的信息时，表示在此类中的属性及方法都是公用的。
- 想要指定属性或方法为私有的，只需要在该属性名称前面加上两个下划线"__"。
- 继承是指将现有类的属性和行为经过修改或重写之后，就可产生出拥有新功能的类。
- 在继承之前，原先已建立好的类称为基类，而经由继承所产生的新类就称为派生类。
- 单继承是指派生类只继承一个基类。
- 如果子类继承超过一个以上的父类，则是一种多继承。
- 如果子类要调用父类所定义的方法，则必须使用内部函数 super()。
- 当基类有两个及以上时就称作多继承，我们以逗号","分隔这些基类。
- 重写就是重新改写所继承的父类的方法，但不会影响到父类中原来被重写的方法。
- isinstance() 函数的功能是判断第一个参数的对象是否属于第二个参数类的一种。
- issubclass() 函数的功能是判断类 1 是否为类 2 所指定的子类。
- 多态的功能是让继承同一父类的不同子类，对相同的动作有着不同的反应。

本章课后习题

一、选择题

1.（A）Python 定义类使用的是哪一个关键字？

（A）class

（B）def

（C）obj

（D）cls

2.（C）下列哪个选项是对象的动作与行为？

（A）类

（B）资料

（C）方法

（D）属性

3.（D）下列关于 Python 类的声明中哪个选项有误？

（A）数据成员也称为属性

（B）成员函数也称为方法

（C）类名称必须符合 Python 的标识符命名规则

（D）定义方法必须使用 class 叙述

4.（D）下列关于 __init__() 方法的描述中哪个选项有误？

（A）可为对象设定相关属性的初始值

（B）如果读者没有定义，则 Python 会自动提供默认 __init__() 方法

（C）类似其他语言中的构造方法

（D）方法的第一个参数不一定是 self

5.（A）想要指定属性或方法为私有的，只需要在该属性名称前面加上什么？

（A）两个下划线 "__"

（B）一个下划线 "_"

（C）两个减号 "--"

（D）一个减号 "-"

二、问答题

1. 简述多态的定义。

答：

简单地说，多态最直接的定义就是让继承同一父类的不同子类可以调用相同名称的成员函数，并产生不同的反应。

2. 请简单陈述 __init__() 方法在 Python 语言面向对象程序设计中所扮演的角色。

答：

__init__() 方法类似其他语言中的构造方法，可以完成对象初始化的工作；也就是如果在声明对象后，希望能指定对象中数据成员的初始值，可以使用 __init__() 方法来声明。

3. 解释下列几个名词。

类

方法

实例化

答：

对象必须有一个可以依据的原型，而这个原型就是一般在面向对象程序设计中所称的类；方法是对象的动作与行为，或称为成员函数；产生类之后，还要具体化对象，该过程称为实例化。进行实例化后的对象才拥有该类应有的功能。

4. 请说明以下函数的功能。

super()

isinstance()

issubclass()

答：

如果子类要调用父类所定义的方法，则必须使用内部函数 super()；isinstance() 函数的功能是判断第一个参数的对象是否属于第二个参数类的一种；issubclass() 函数的功能是判断类 1 是否为类 2 所指定的子类。

5. 请问下列程序代码中有什么语法上的错误？

```
class Book:
    # 定义方法：取得书籍名称和价格
    def setInfo(title, price):
        self.title = title
        self.price = price
```

答：

在类中定义方法的第一个参数必须用 self 叙述，如果未加 self 叙述，当以对象调用此方法时会发生 TypeError，应该将程序代码修改成如下形式。

```
class Book:
    # 定义方法：取得书籍名称和价格
    def setInfo(self, title, price):
        self.title = title
        self.price = price
```

6. 下列程序中的第 6 行要填入的是创建对象的代码，请试着补全代码，让程序正确执行。

```
01    class Date:
02       def setDate(self,birthday): # 第一种方法
03           self.birthday =birthday
04       def showDate(self): # 第二种方法
05           print(" 出生年月日 :",self.birthday)
06       _____
07    d1.setDate("2020 年 1 月 3 日 ")# 调用方法时传入字符串
08    d1.showDate()
```

答：

```
01    class Date:
02       def setDate(self,birthday): # 第一种方法
03           self.birthday =birthday
04       def showDate(self): # 第二种方法
05           print(" 出生年月日 :",self.birthday)
06    d1 = Date()
07    d1.setDate("2020 年 1 月 3 日 ")# 调用方法时传入字符串
08    d1.showDate()
```

7. 试简单说明信息隐藏。

答：

让对象内的数据只能由对象本身的方法来存取，其他对象内的方法不可以直接存取该数据，这样的功能称为信息隐藏，即表示在此类中的属性与方法是私有的；当类外部的语句想要使用这些私有的属性数据时，不能直接由类外部进行存取，必须通过该类所提供的公用方法进行存取。

## 第 12 章

窗口程序与 GUI 设计

现在大部分的程序设计都脱离不了窗口程序设计，窗口模式与文本模式最大的不同点在于用户与程序之间的操作模式。在窗口模式下，用户的操作是经由事件的触发与窗口程序沟通的，并使用图形方式显示用户操作接口。这种模式的优点是亲和性较高，不论在视觉、学习还是在使用上，都能有方便舒适的操作环境。和命令行接口比较起来，不管是在操作上或是在视觉上，窗口模式都更容易被使用者接受。

12.1 建立窗口——tkinter 模块简介

Python 提供了多种模块来帮助程序员开发图形化的窗口应用程序，如 tkinter、wxPython、PyQt、Kivy、PyGtk 等。本章内容将会以 Python 所提供的 GUI tkinter 模块为主，图形用户界面（Graphical User Interface，GUI）是指使用图形方式显示用户操作界面。

图 12.1 所示为窗口程序设计模式（简称窗口模式）的窗口。

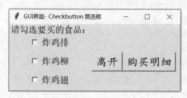

图12.1

 所谓事件（Event），是指"用户执行窗口程序时，对窗口控件所采取的动作"。在窗口模式下，程序必须在控件上加入事件处理代码，当用户利用鼠标或键盘输入信息时，特定的事件将会被触发来处理用户的需求。

tkinter 是 Tool Kit Interface 的缩写，该模块是 Python 自带的，有可以编辑的 GUI，也是快速入门窗口程序开发的好助手。tkinter 模块支持跨平台，同样的程序可以在 Linux、Windows、macOS 等操作系统上执行。

使用 tkinter 模块之前，必须先导入模块，为了简化后续程序的编写工作，也可以为模块取一个别名，语法如下。

```
import tkinter as tk  # 为模块取一个别名
```

GUI 的最外层是一个窗口对象，称为主窗口。我们首先要建立一个主窗口，就像作画一样，先要架好架子和画板，然后才能在上面画各种图案。建立好主窗口后，才能在上面放置各种控件，如加入标签、按钮、文本框、菜单等窗口内部的控件。建立主窗口的语法如下。

```
主窗口名称 = tk.Tk()
```

例如窗口名称为 win，建立主窗口的代码如下。

```
win = tk.Tk()
```

主窗口常用的方法如表 12.1 所示。

表 12.1　主窗口常用的方法

方法	说明	实例
geometry（"宽 x 高"）	设置主窗口尺寸（"×"是小写字母 x），如果没有提供主窗口尺寸的信息，默认会以窗口内部的控件来决定窗口的宽与高	win.geometry（"150×200"）设置窗口的宽度为 150 像素，高度为 200 像素
title(text)	设置主窗口标题栏文字，例如，右边的实例会在窗口的标题栏中显示"我的第一个窗口程序"的文字。如果没有设置窗口标题，默认为"tk"	win.title（"我的第一个窗口程序"）

当主窗口设置完成之后，在程序最后必须使用 mainloop() 方法让程序进入循环侦听模式，也就是让窗口进入一个等待事件的循环，来侦测用户触发的事件，这个循环会一直执行，直到出现 GUI 事件，然后进行处理。如果没有 mainloop，就是一个静态的窗口，传入进去的值就不会有循环。所有的窗口控件都必须有类似的 mainloop。当我们在窗口上面的按钮对象上，例如用鼠标单击了一下，这个循环就会侦测到一个 mouse click 的事件，然后再按照我们替这个事件事先设计好的相关语句来执行。mainloop 的语法如下。

```
win.mainloop()
```

下面的程序范例为建立第一个空的窗口程序。

■ 【程序范例：tk_main.py】建立第一个空的窗口程序

```
01   # -*- coding: utf-8 -*-
02
03   import tkinter as tk
04   win = tk.Tk()
05   win.geometry("400x400")
06   win.title(" 这是我的第一个用 Python 写的窗口程序 ")
07   win.mainloop()
```

执行程序之后，就会出现图 12.2 所示的窗口，窗口右上角有标准窗口的缩小、放大以及关闭按钮，还能够拖曳边框调整窗口大小。

图12.2

程序解说

◆ 第 3 行：导入 tkinter 模块，并为模块取一个别名。

◆ 第 4 行：建立主窗口，初始化 tk()。

◆ 第 5 行：设置窗口的宽度为 400 像素，高度为 400 像素。

◆ 第 6 行：设置主窗口标题栏文字。

◆ 第 7 行：使用 mainloop() 方法让程序进入循环侦听模式，来侦测用户触发的事件。

12.2 窗口布局

前面建立的窗口是空的主窗口，接着要在窗口中加入控件，这些控件的摆放方式必须有一定的规则，总共有 3 种布局方法：pack()、grid() 以及 place()。pack() 方法是按添加顺序排列控件，grid() 方法是按行列形式排列控件，place() 方法则允许程序员指定控件的大小和位置。

· 12.2.1 pack() 方法

pack() 方法是最基本的布局方法，就是由上到下依序放置控件，常用参数如表 12.2 所示。

表 12.2 pack() 方法的常用参数

参数	说明
padx	设置水平间距
pady	设置垂直间距
fill	是否填满宽度（x）或高度（y），参数值有 x、y、both、none
expand	左右两端对齐，可以设置 0 跟 1 两种值，0 表示不要分散，1 表示平均分配
side	设置位置，设置值有 left、right、top、bottom

位置及宽高的单位都是像素（Pixel）。例如，下面的程序范例利用 pack() 方法将 4 个按钮加入窗口，其中按钮控件中的 width 属性是指按钮控件的宽度，而 text 属性为按钮上的文字。

■ 【程序范例：pack.py】利用 pack() 方法将按钮加入窗口

```
01   # -*- coding: utf-8 -*-
02
03   import tkinter as tk
04   win = tk.Tk()
05   win.geometry("600x100")
06   win.title("pack 布局的示范 ")
07
08   plus=tk.Button(win, width=20, text=" 加法示例 ")
09   plus.pack(side="left")
10   minus=tk.Button(win, width=20, text=" 减法示例 ")
11   minus.pack(side="left")
12   multiply=tk.Button(win, width=20, text=" 乘法示例 ")
13   multiply.pack(side="left")
14   divide=tk.Button(win, width=20, text=" 除法示例 ")
15   divide.pack(side="left")
16
17   win.mainloop()
```

执行结果如图 12.3 所示。

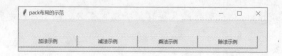

图12.3

程序解说

◆ 第 3 行：导入 tkinter 模块，并为模块取一个别名。

◆ 第 4 行：建立主窗口，初始化 tk()。

◆ 第 5 行：设置窗口的宽度为 600 像素，高度为 100 像素。

◆ 第 6 行：设置主窗口标题栏文字。

◆ 第 8~15 行：第 8 行在窗口中加入按钮控件（此处暂时只要知道此语句可以建立按钮控件即可，细节后面会详细说明），按钮上的文字为 "加法示例"；第 9 行以 pack() 方法布局界面，位置左对齐；第 11~15 行加入其他 3 个按钮控件。

◆ 第 17 行：使用 mainloop() 方法让程序进入循环侦听模式，来侦测用户触发的事件。

· 12.2.2 place() 方法

place() 方法是以控件在窗口中的绝对位置与相对位置两种方法来告知系统控件的摆放方式，简单来说，就是通过精确的坐标来定位。相对位置的方法是将整个窗口的宽度和高度视为 "1"，常用参数如表 12.3 所示。

表 12.3 place() 方法的常用参数

参数	说明
x	以左上角为基准点，x 表示向右偏移多少像素
y	以左上角为基准点，y 表示向下偏移多少像素
relx	相对水平位置，值为 0~1，窗口中间位置 relx=0.5
rely	相对垂直位置，值为 0~1，窗口中间位置 rely=0.5
anchor	定位基准点，参数值有下列 9 种。 center: 正中心。 N、S、E、W：上方中间、下方中间、右方中间、左方中间。 NE、NW、SE、SW：右上角、左上角、右下角、左下角，例如自变量 anchor='NW'，表示将控件的左上角安放在指定位置

以下程序范例利用 place() 方法将 4 个按钮加入窗口。

【程序范例：place.py】利用 place() 方法将按钮加入窗口

```
01   # -*- coding: utf-8 -*-
02
03   import tkinter as tk
04   win = tk.Tk()
05   win.geometry("400x100")
06   win.title("place 布局的示范 ")
07
08   plus=tk.Button(win, width=30, text=" 加法示例 ")
09   plus.place(x=10, y=10)
10   minus=tk.Button(win, width=30, text=" 减法示例 ")
11   minus.place(relx=0.5, rely=0.5, anchor="center")
12   multiply=tk.Button(win, width=30, text=" 乘法示例 ")
13   multiply.place(relx=0.5, rely=0)
14   divide=tk.Button(win, width=30, text=" 除法示例 ")
15   divide.place(relx=0.5, rely=0.7)
```

```
16
17    win.mainloop()
```

执行结果如图 12.4 所示。

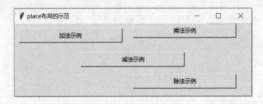

图12.4

其中减法按钮、乘法按钮与除法按钮利用相对位置定位，因此当窗口缩放时，控件仍会在相对比例的位置上。

程序解说

◆ 第 3 行：导入 tkinter 模块，并为模块取一个别名。

◆ 第 4 行：建立主窗口，初始化 tk()。

◆ 第 5 行：设置窗口的宽度为 400 像素，高度为 100 像素。

◆ 第 6 行：设置主窗口标题栏文字。

◆ 第 8~15 行：第 8 行在窗口中加入按钮控件（此处暂时只要知道此语句可以建立按钮控件即可，细节后面会详细说明），按钮上的文字为"加法示例"；第 9 行以 place() 方法布局界面，位置为向右偏移 10 像素，向下偏移 10 像素；第 11~15 行加入其他 3 个按钮控件，也以 place() 方法布局界面，但是将设置位置的方式改为采用相对位置的方式。

◆ 第 17 行：使用 mainloop() 方法让程序进入循环侦听模式，来侦测用户触发的事件。

· 12.2.3 grid() 方法

grid() 方法是利用表格配置的方式来设置控件的位置，所有的内容会被放在这些表格中，也就是用表格的形式定位，常用参数如表 12.4 所示。

表 12.4 grid() 方法的常用参数

参数	说明
column	设置放在哪一列
columnspan	左右列合并的数量
padx	设置水平间距，即单元格左右间距
pady	设置垂直间距，即单元格上下间距
row	设置放在哪一行
rowspan	上下行合并的数量
sticky	设置控件排列方式，有 4 种参数值可以设置，即 n、s、e、w（靠上、靠下、靠右、靠左）

以下程序范例利用 grid() 方法将 4 个按钮加入窗口。

【程序范例：grid.py】利用 grid() 方法将按钮加入窗口

```
01   # -*- coding: utf-8 -*-
02
03   import tkinter as tk
04   win = tk.Tk()
05   win.geometry("400x150")
06   win.title("grid 布局的示范 ")
07
08   plus=tk.Button(win, width=20, text=" 加法示例 ")
09   plus.grid(column=0,row=0)
10   minus=tk.Button(win, width=20, text=" 减法示例 ")
11   minus.grid(column=0,row=1)
12   multiply=tk.Button(win, width=20, text=" 乘法示例 ")
13   multiply.grid(column=0,row=2)
14   divide=tk.Button(win, width=20, text=" 除法示例 ")
15   divide.grid(column=0,row=3)
16
17   win.mainloop()
```

执行结果如图 12.5 所示。

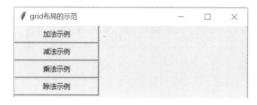

图12.5

程序解说

◆ 第 3 行：导入 tkinter 模块，并为模块取一个别名。

◆ 第 4 行：建立主窗口，初始化 tk()。

◆ 第 5 行：设置窗口的宽度为 400 像素，高度为 150 像素。

◆ 第 6 行：设置主窗口标题栏文字。

◆ 第 8~15 行：第 8 行在窗口中加入按钮控件（此处暂时只要知道此语句可以建立按钮控件即可，细节后面会详细说明），按钮上的文字为"加法示例"；第 9 行以 grid() 方法布局界面，行列位置的索引为 row=0、column=0；第 11~15 行加入其他 3 个按钮控件，也以 grid() 方法布局界面，行列位置的索引分别为 row=1、column=0，row=2、column=0，row=3、column=0。

◆ 第 17 行：使用 mainloop() 方法让程序进入循环侦听模式，来侦测用户触发的事件。

使用 grid() 方法布局的位置如表 12.5 所示。

表 12.5 grid() 方法布局的位置

	第 0 列	第 1 列	第 2 列
第 0 行	column=0,row=0	column=1,row=0	column=2,row=0
第 1 行	column=0,row=1	column=1,row=1	column=2,row=1
第 2 行	column=0,row=2	column=1,row=2	column=2,row=2

12.3 标签控件

前面已讲解了如何建立一个主窗口及布局方式，接下来我们要将 tkinter 对象加入空白窗口。tkinter 模块提供了非常多的窗口对象，如 Label、Button、Canvas、Menu、Entry 等，接下来从最常用的标签（Label）控件开始谈起。

标签控件的主要功能是显示只读的文字，通常作为标题或是控制对象的说明，我们无法对标签控件做输入或修改数据的动作，单击它也不会触发任何事件。建立标签控件的语法如下。

控件名称 = tk.Label(容器名称，参数)

容器名称是指上一层（父类别）的容器名称，在建立了一个标签控件后，就可以指定其文字内容、字型、色彩及大小、背景颜色、标签宽与高、容器的水平或垂直间距、文字位置、图片等参数，参数之间用逗号","分隔。标签控件的常用参数如表 12.6 所示。

表 12.6 标签控件的常用参数

参数	说明
height	设置高度
width	设置宽度
text	设置标签的文字
font	设置字型及字体大小，一般来说要设置字型，会以元组来表示 font 元素，例如"楷体"、大小为 14、粗斜体字型的设置方式。 font = (' 楷体 ', 14, 'bold', 'italic') 字型也可以直接以字符串表示，如"楷体 14 bold italic"
fg	设置标签内的文字颜色，可以使用颜色名称（如 red、yellow、green、blue、white、 black）或使用十六进制值颜色代码（如红色 #ff0000、黄色 #ffff00）指定颜色
bg	设置标签的背景颜色
padx	设置文字与容器的水平间距
pady	设置文字与容器的垂直间距
borderwidth	设标签框线宽度，可以用"bd"替代
image	标签指定的图片
justify	标签若有多行文字的对齐方式

建立的控件首先必须指定布局方式，例如将标签控件指定以 pack() 方法排列的程序范例如下。

■ 【程序范例：label.py】将标签控件指定以 pack() 方法排列

```
01    # -*- coding: utf-8 -*-
02
03    import tkinter as tk
04    win = tk.Tk()
05    win.geometry("200x100")
06    win.title(" 标签控件的参数设置 ")
07
08    label = tk.Label(win, bg="#ff00ff", fg="#ffff00", \
09            font =(" 楷体 ", 14, "bold", "italic"), \
10            padx=5, pady=39, text = " 生日快乐 ")
```

```
11    label.pack()
12
13    win.mainloop()
```

执行结果如图 12.6 所示。

图12.6

程序解说

◆ 第 3 行：导入 tkinter 模块，并为模块取一个别名。

◆ 第 4 行：建立主窗口，初始化 tk()。

◆ 第 5 行：设置窗口的宽度为 200 像素，高度为 100 像素。

◆ 第 6 行：设置主窗口标题栏文字。

◆ 第 8~10 行：建立标签控件。

◆ 第 11 行：标签控件以 pack() 方法来进行布局。

◆ 第 13 行：使用 mainloop() 方法让程序进入循环侦听模式，来侦测用户触发的事件。

12.4 按钮控件

按钮（Button）控件被用来和用户交互，例如，按钮被单击后，某种操作被启动，即用来让用户说"马上给我执行这个任务"。熟悉窗口操作的用户看到后，会直觉反应它是个可以"按下"的控制对象，按钮上的文字或图标让用户清楚按下去是干什么用的。按钮控件可用于实现各种按钮操作，按钮能够包含文字或图像。当用户单击按钮时会触发 click 事件，并接着调用对应的事件处理方法进行后续的处理工作。按钮控件常常被用于工具栏、应用程序窗口和表示接受或拒绝的对话框。建立按钮控件的语法如下。

控件名称 = tk.Button(容器名称 , [参数 1= 值 1, 参数 2= 值 2,…, 参数 n= 值 n])

按钮控件仅能使用单一的字体，但是按钮控件上的文字可以多行显示，除了保有许多标签控件的参数外，较为特别的是按钮控件多了一个 command 参数。command 参数必须设置一个函数名称，当用户单击按钮时，就必须调用这个函数来进行后续的处理工作。如果一个按钮没有相关联的函数，那么它就形同虚设。按钮控件除了和标签控件相同的参数外，其他较常用的参数如表 12.7 所示。

表 12.7 按钮控件常用的参数

参数	说明
textvariable	可以将按钮上所设置的文字指定给字符串的变量，例如设定 textvariable= btnvar 之后，就可以使用 btnvar.get() 方法取得按钮上的文字，或使用 btnvar.set() 方法来设置按钮上的文字
command	事件处理函数
underline	给按钮上的字符加上底线，如果不加底线请设置为 -1，0 表示第一个字符加底线，1 表示第二个字符加底线，以此类推

以下程序范例放置了两个按钮，当单击第一个按钮时会更换按钮上的文字，单击第二个按钮时会变更按钮上文字的背景颜色。请注意，每一个按钮控件同样都必须要指定它的布局方式。

■ 【程序范例：button.py】添加按钮控件

```
01   # -*- coding: utf-8 -*-
02
03   def bless():
04       btnvar.set(" 心想事成，天天开心 ")
05
06   def changecolor():
07       btn2.config(bg = "blue")
08
09   import tkinter as tk
10   win = tk.Tk()
11   win.title(" 按钮控件 (Button) 功能示范 ")
12
13   btnvar = tk.StringVar()
14   btn1 = tk.Button(win, textvariable=btnvar, command=bless)
15   btnvar.set(" 单击我会有祝贺语 ")
16   btn1.pack(padx=20, pady=10)
17
18   btn2 = tk.Button(win, text=" 单击我会改变按钮背景色 ", command=changecolor)
19   btn2.pack(padx=20, pady=10)
20
21   win.mainloop()
```

执行结果如图 12.7 所示。

图12.7

分别单击两个按钮后，会产生图 12.8 所示的执行效果。

图12.8

按钮1的command参数指定的函数是"bless"，按钮2的command参数指定的函数是"changecolor"，当单击按钮时就会去调用指定的函数。

程序解说

- 第3~7行：定义两个事件处理函数。
- 第9行：导入tkinter模块，并为模块取一个别名。
- 第10行：建立主窗口，初始化tk()。
- 第11行：设置主窗口标题栏文字。
- 第13行：设置btnvar为字符串类型的变量。
- 第14~15行：可以将按钮上所设置的文字指定给字符串的变量，例如设定textvariable= btnvar之后，就可以使用btnvar.get()方法取得按钮上的文字，或使用btnvar.set()方法来设置按钮上的文字。
- 第16行：第1个按钮的布局方式。
- 第19行：第2个按钮的布局方式。
- 第21行：使用mainloop()方法让程序进入循环侦听模式，来侦测用户触发的事件。

12.5 消息框控件

这是一种有提示信息的对话框，其主要目的就是以简洁的信息作为用户与程序间交互的接口，通常用于显示必须让用户注意的文字。除非用户对其进行操作，否则程序就会停在消息框里面，即我们平时看到的弹出窗口，其基本结构如图12.9所示。

图12.9

- 消息框控件的标题栏，以参数"title"表示。
- 代表消息框控件的小图标，以参数"icon"表示。
- 显示消息框控件的相关信息，以参数"message"表示。
- 显示消息框控件的对应按钮，以参数"type"表示。

消息框控件分为两大类：询问类和显示类。其中询问类的消息框控件方法以"ask"为开头，伴随2~3个按钮来产生交互行为。而显示类的消息框控件方法则以"show"开头，只会显示一个"确定"按钮。消息框控件分类如表12.8所示。

表 12.8 消息框控件分类

种类	消息框控件方法
询问	askokcancel(标题 , 信息 , 选择性参数)
	askquestion(标题 , 信息 , 选择性参数)
	askretrycancel(标题 , 信息 , 选择性参数)
	askyesno(标题 , 信息 , 选择性参数)
	askyesnocancel(标题 , 信息 , 选择性参数)
显示	showerror(标题 , 信息 , 选择性参数)
	showinfo(标题 , 信息 , 选择性参数)
	showwarning(标题 , 信息 , 选择性参数)

ⓘ 提示消息框   ⚠ 消息警告框   ❌ 错误消息框   ❓ 对话框

下面的程序范例实现产生询问类消息框控件及显示类消息框控件。

■ 【程序范例：messagebox.py】添加消息框控件

```
01    from tkinter import *
02    from tkinter import messagebox
03    win = Tk()
04    win.title(' 消息框控件 (messagebox)')
05    win.geometry('300x120+20+50')
06
07    def answer():
08        messagebox.showerror(' 显示类消息框控件 ',
09            ' 这是 messagebox.showerror 的消息框控件 ')
10
11    def callback():
12        messagebox.askyesno(' 询问类消息框控件 ',
13            ' 这是 messagebox.askyesno 的消息框控件 ')
14
15    Button(win, text=' 显示询问消息框控件的外观 ', command =
16        callback).pack(side = 'left', padx = 10)
17    Button(win, text=' 显示错误消息框控件的外观 ', command =
18        answer).pack(side = 'left')
19    win.mainloop()
```

执行结果如图 12.10 所示。

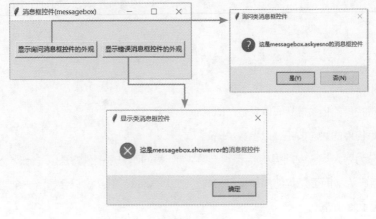

图12.10

程序解说

◆ 第 8~9 行：生成显示类消息框控件。

◆ 第 12~13 行：生成询问类消息框控件。

12.6 输入控件

输入（Entry）控件允许用户在单行的文本框中输入简单的数据，如数字或字符串等简易信息。和标签控件不同的地方在于，标签控件只能显示无法修改，但输入控件兼具输入、显示及修改等特性。例如，在浏览网页过程中需要输入用户信息时，用户只能在单行中输入，如果想要输入多行就要使用文本框控件。建立输入控件的语法如下。

```
控件名称 = tk.Entry( 容器名称 , 参数 )
```

比较常用的参数如表 12.9 所示。

表 12.9 输入控件常用的参数

参数	说明
padx	与容器（Frame）的水平间距
pady	与容器（Frame）的垂直间距
borderwidth	设置边框宽度
relief	设置边框的浮雕效果，有 FLAT（平的）、RAISED（凸起的）、SUNKEN（凹陷的）、GROOVE（沟槽状边缘）和 RIDGE（脊状边缘）5 种设置值可以选用，默认是 FLAT，即平的
bg	设置背景颜色，如 bg='red'
fg	设置前景颜色
bd	设置按钮控件的边框大小，bd（bordwidth）默认为 1 或 2 像素
justify	文字对齐方式，设置值有 left、right、center，默认为 left
state	输入控件的状态，normal（一般）表示文本框为输入状态、readonly（只读）表示文本框为只读状态、disabled（不可用）表示文本框为不启用状态
textvariable	用来代表文本框对象的变量，通过这个变量可以存取文本框的数据

使用输入控件的 insert() 方法，可以设置输入控件的默认文字。

```
entry.insert( 索引值 , 默认文字 )
```

上述索引值是指字符串的索引位置，可以是数字或是字符串"end"，索引从 0 开始。例如，输入控件里面有文字"hello"，字母 h 的索引值就是 0，字母 e 的索引值为 1，……以此类推。当索引值小于或等于 0 时，则插入点在开始处；如果索引值大于或等于当前的字数，则插入点在字符串末端。如果要取得字符串最末端的位置，可以使用值"end"。如果要删除输入控件里的文字，可以使用 delete() 方法，格式如下。

```
entry.delete( 起始索引值 , 结束索引值 )
```

例如下面的代码。

```
entry.delete(0, 2)     # 删除前面两个字符
entry.delete(3, "end") # 删除第 3 个字符之后的字符
entry.delete(0, "end") # 删除全部字符
```

以下程序能更清楚地示范 insert() 方法索引值的用法，该程序范例将建立输入控件内容，并实现输入及删除输入控件里的文字。

■ 【程序范例：entry.py】添加输入控件

```
01  # -*- coding: utf-8 -*-
02
03  import tkinter as tk
04  win = tk.Tk()
05  win.title("GUI 界面——entry")
06
07  entry = tk.Entry(win, bg="#ffff00", font = " 宋体 16 bold" ,borderwidth = 3)
08  entry.insert(0," 天天 ")
09  entry.insert("2"," 青春永驻 ")
10  entry.insert("end"," 莫忘初心 ")
11  entry.delete(0, 2)  # 删除前面两个字符
12  entry.pack(padx=20, pady=10)
13
14  win.mainloop()
```

执行结果如图 12.11 所示。

图12.11

 程序解说

◆ 第 7 行：建立输入控件。

◆ 第 8 行：将字符串"天天"放在索引值为 0 的位置。

◆ 第 9 行：将字符串"青春永驻"放在索引值为 2 的位置，所以输入控件里的文字变成"天天青春永驻"。

◆ 第 10 行：将"莫忘初心"字符串位置指定在"end"，表示放在字符串最末端，所以输入控件的文字变成"天天青春永驻 莫忘初心"。

◆ 第 11 行：删除前面两个字符，所以输入控件的文字变成"青春永驻 莫忘初心"。

Tips 假如所建立的输入控件，其宽度为30个字符单位，则它只能在输入框中显示30个字符。因此，如果文字超过30个字符，则需要使用箭头来移动文字，以显示剩余的文字。如果想要输入多行文本，就需要使用文本框控件。

12.7 文本框控件

文本框(Text)控件用来显示或编辑多行文字，包括纯文本或具有格式的文件，也可以被用作文本编辑器，允许用户用不同的样式和属性来显示与编辑文字，支持随时编辑。建立文本框控件的语法如下。

控件名称 =tk.Text(容器名称 , 参数 1, 参数 2,…)

文本框控件和输入控件有很多相同的参数，较特别的参数如表 12.10 所示。

表 12.10 文本框控件的参数

参数	说明
borderwidth	设置边框宽度
state	设置控件内容是否允许编辑，默认值为"tk.NORMAL"，表示文本框控件内容可以编辑；如果参数值为"tk.DISABLED"，表示文本框控件内容不可以修改
highlightbackground	将背景色反白
highlightcolor	反白色彩
wrap	换行，默认值为"wrap=CHAR"，表示当文字长度大于文本框宽度时会在任何字符处分隔并换行，如果参数值为"wrap=WORD"则会按单词分隔并换行；另一个参数值为 NONE，表示不会换行

当建立文本框控件后，使用文本框控件的 insert() 方法可以设置文本框控件的默认文字，格式如下。

insert(索引值 , 默认文字)

索引值：可以根据索引值插入字符串，有 3 个常数值，即 INSERT、CURRENT（目前位置）和 END（将字符串加入文本框，并结束文本框内容）。

默认文字：欲插入文本框控件的文字字符串。

当建立文本框控件后，如果要改变控件的参数设置，可以使用 config() 方法，语法如下。

控件名称 .config(参数 1, 参数 2, …)

在默认情况下，文本框控件的内容可以编辑。但是如果将 state 参数值设为"tk.DISABLED"，则表示文本框控件的内容无法被修改或加入文字，语法如下。

text.config(state=tk.DISABLED)

下面的程序范例使用文本框控件加入各种不同的文字。

■ 【程序范例：text.py】添加文本框控件

```
01   import tkinter as tk
02   win = tk.Tk()
03   text=tk.Text(win)
04   text.insert(tk.INSERT, " 从入门到精通 \n")
05   text.insert(tk.CURRENT, "Illustrator CC\n")
06   text.insert(tk.END, " 玩转 AI 设计的 16 节课 ")
07   text.pack()
08   text.config(state=tk.DISABLED)
09   win.mainloop()
```

执行结果如图 12.12 所示。

图12.12

221

程序解说

◆ 第3行：建立文本框控件。

◆ 第4行：在已建立的文本框中加入文字"从入门到精通"。

◆ 第5行：在文本框目前的位置加入文字"Illustrator CC"。

◆ 第6行：插入"玩转AI设计的16节课"文字内容到文本框中，并结束文本框内容。

◆ 第7行：采用pack()方法的布局方式。

◆ 第8行：将state参数值设为"tk.DISABLED"，一旦设置禁止编辑后，文本框控件的内容就无法被修改或加入文字。

12.8 滚动条控件

滚动条（Scrollbar）控件常被使用在文本框（Text）、列表框（Listbox）或是画布（Canvas）等控件中，在这些控件中建立及显示滚动条，可帮助用户浏览数据，语法如下。

Scrollbar(父对象 , 参数 1= 设置值 1, 参数 2= 设置值 2,…)

Tips 列表框控件会出现下拉式菜单，让用户可以从中选择项目。画布控件可以用来绘图，包括线条、几何图形或文字等，由于画布控件具有画布功能，因此移动鼠标指针即可进行基本绘制。

这些参数都是选择性参数，滚动条控件常用的参数如表 12.11 所示。

表 12.11 滚动条控件常用的参数

参数	说明
background	设置背景色，可以用"bg"取代
borderwidth	设定框线粗细，可以用"bd"取代
width	控件宽度
command	移动滚动条时，会调用此参数所指定的函数作为事件处理程序
highlightbackground	反白背景色彩
highlightcolor	反白色彩
activebackground	设置当使用鼠标移动滚动条时滚动条与箭头的色彩
orient	默认值为"orient=VERTICAL"，代表垂直滚动条；如果参数值为"orient=HORIZONTAL"，代表水平滚动条

下面的程序范例将在窗口右侧建立滚动条，只要按住鼠标往下拖曳滚动条，就可以看到下方的文字内容。

■ 【程序范例：scrollbar.py】添加滚动条控件

```
01   from tkinter import *
02
03   win = Tk()
04   scrollbar = Scrollbar(win)
05   scrollbar.pack( side = RIGHT, fill = Y )
06
07   wordlist='ABCDEFGHIJKLMNOPQRSTUVWXYZ'
08   list1 = Listbox(win, yscrollcommand = scrollbar.set )
09
```

```
10    for line in range(26):
11       list1.insert(END, " 字母 : " + wordlist[line])
12
13    list1.pack( side = LEFT, fill = BOTH )
14    scrollbar.config( command = list1.yview )
15
16    win.mainloop()
```

执行结果如图 12.13 所示。

图12.13

程序解说

◆ 第 4 行：在 win 父对象下建立滚动条。

◆ 第 5 行：调用 pack() 方法设置滚动条的布局方式，"fill=Y"表示控件高度和父对象相同；但如果需要控件宽度和父对象相同，则必须设置"fill=X"。

◆ 第 8 行：将文本框控件的 yscrollcommand 参数设置为 scrollbar.set，表示将滚动条连接到文本框的内容。

◆ 第 10~11 行：利用循环将目前所在的行显示在文本框中。

◆ 第 13 行：设置文本框的布局方式。

12.9 单选按钮控件

单选按钮（Radiobutton）控件只能单选，无法多选，在有一个由很多内容选项组成的选项列表供用户选择时会用到。例如，询问一个人的国籍、性别、肤色等，这些选项中只能选其中一个，不能进行多重选择。建立单选按钮控件的语法如下。

控件名称 =tk.Radiobutton(容器名称 , 参数 1, 参数 2,…)

单选按钮控件常用的参数如表 12.12 所示。

表 12.12 单选按钮控件常用的参数

参数	说明
font	设置字型
height	设置控件高度
width	设置控件宽度
text	设置控件中的文字
variable	设置控件所链接的变量，可以取得或设置目前的选取按钮
value	设置用户单击后的单选按钮的值，利用这个值来区分不同的单选按钮

续表

参数	说明
command	当单选按钮被单击后，会调用这个参数所设置的函数
textvariable	用来存取按钮上的文字

■ 【程序范例：Radiobutton.py】添加单选按钮控件

```
01   from tkinter import *
02   win = Tk()
03   win.title('GUI 界面——Radiobutton')
04
05   def select():
06       print(' 你的选项是 :', var.get())
07
08   ft = (' 宋体 ', 14)
09   Label(win,
10       text = " 请选择喜爱的景点 : ", font = ft,
11       justify = LEFT, padx = 20).pack()
12   place = [(' 故宫 ', 1), (' 颐和园 ', 2),
13       (' 圆明园 ', 3)]
14   var = IntVar()
15   var.set(3)
16   for item, val in place:
17       Radiobutton(win, text = item, value = val,
18           font = ft, variable = var, padx = 20,
19           command = select).pack(anchor = W)
20   win.mainloop()
```

执行结果如图 12.14 所示。

图12.14

程序解说

◆ 第 5~6 行：定义 select() 函数。

◆ 第 14~15 行：将被选的单选按钮以 IntVar() 方法转换为数值，再以 set() 方法指定第 3 个单选按钮为默认值。

◆ 第 16~19 行：以 for 循环来产生单选按钮并读取 place 的元素，利用参数 variable 来取得变量值后，再通过 command 调用函数来显示目前是哪一个单选按钮被选取。

 12.10 PhotoImage 类别

上一节谈到的单选按钮控件旁边是用于说明该控件功能的文字，其实我们也可以在单选按钮控件旁边直接摆上图片。若想在窗口内加入图片，可以使用 PhotoImage 类别，其语法如下。

PhotoImage(file=" 图片文件路径及图片文件名称 ")

其中，图片格式有 GIF、PGM 或 PPM 等，例如下面的代码。

img=PhotoImage(file="animal.gif")

下面的程序范例实现了在窗口中加载图片，可以让用户选择一张图片，并以消息框的方式简介该图片的特性。

■ 【程序范例：PhotoImage.py】PhotoImage 类别的实例

```
01   from tkinter import *
02   from tkinter import messagebox
03
04   def more():
05     if choice.get()==0:
06       str1=" 牛是对少部分牛科动物的统称 \n\
07           包括和人类息息相关的黄牛、水牛和牦牛 "
08       messagebox.showinfo("cattle 的简介 ",str1)
09     else:
10       str2=" 鹿有别于牛、羊等动物。\n \
11           包括麝科和鹿科动物 "
12       messagebox.showinfo("deer 的简介 ",str2)
13
14   win = Tk()
15   lb=Label(win,text=" 请单击想了解的动物简介 :").pack()
16   choice=IntVar()
17   choice.set(0)
18   pic1=PhotoImage(file="cattle.gif")
19   pic2=PhotoImage(file="deer.gif")
20   Radiobutton(win,image=pic1,variable=choice,value=0).pack()
21   Radiobutton(win,image=pic2,variable=choice,value=1).pack()
22   Button(win,text=" 进一步了解 ", command=more).pack()
23
24   win.mainloop()
```

执行结果如图 12.15 所示。

图12.15

单击第一张图片后再单击"进一步了解"按钮，会出现图 12.16 所示的对话框。

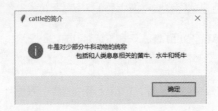

图12.16

单击第二张图片后再单击"进一步了解"按钮，会出现图 12.17 所示的对话框。

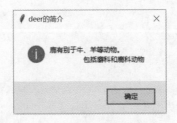

图12.17

程序解说

◆ 第 18~19 行：建立图片文件。

◆ 第 20~21 行：建立单选按钮控件，并以指定图片代替文字。

◆ 第 22 行：当单击按钮时，还应指定 more() 函数作为事件处理函数。

12.11 复选框按钮控件

复选框按钮（Checkbutton）控件的表现与单选按钮控件完全不同，可以让用户做多重选择或全部不选，在有一个由很多内容选项组成的选项列表供用户选择时会用到，用户一次可以选择多个。例如，我们可以利用复选框按钮控件来问用户喜欢哪些水果、运动、明星、书籍类型等可以复选的问题。只要单击复选框按钮控件，就会出现打勾的符号，再单击一次，打勾符号就会消失。建立复选框按钮控件的语法如下。

控件名称 =tk.Checkbutton (容器名称，参数 1，参数 2，…)

复选框按钮控件常用的参数如表 12.13 所示。

表 12.13 复选框按钮控件常用的参数

参数	说明
background（或 bg）	设置背景色
height	设置控件高度
width	设置控件宽度
text	设置控件中的文字
variable	设置控件所链接的变量，可取得或设置复选框按钮控件的状态

参数	说明
command	当复选框按钮被单击后，会调用这个参数所设置的函数
textvariable	存取复选框按钮控件的文字

复选框有勾选和未勾选两种状态。

- 勾选：以默认值"1"表示，使用参数 onvalue 来改变其值。

- 未勾选：以默认值"0"表示，使用参数 offvalue 来改变其值。

下面的程序范例实现的是一个食品选项菜单，让用户勾选想购买的食品。

【程序范例：Checkbutton.py】添加复选框控件按钮

```
01   from tkinter import *
02   win = Tk()
03   win.title(' GUI 界面——Checkbutton')
04
05   def check(): # 响应复选框变量状态
06       print(' 选取的炸物有 :', var1.get(), var2.get()
07           ,var3.get())
08
09   ft1 =(' 宋体 ', 14)
10   ft2 = (' 楷体 ', 18)
11   lb1=Label(win, text = ' 请勾选要买的食品: ', font = ft1)
12   lb1.grid(row = 0, column = 0)
13   item1 = ' 炸鸡排 '
14   var1 = StringVar()
15   chk = Checkbutton(win, text = item1, font = ft1,
16       variable = var1, onvalue = item1, offvalue = '')
17   chk.grid(row = 1, column = 0)
18   item2 = ' 炸鸡柳 '
19   var2 = StringVar()
20   chk2 = Checkbutton(win, text = item2, font = ft1,
21       variable = var2, onvalue = item2, offvalue = '')
22   chk2.grid(row = 2, column = 0)
23   item3 = ' 炸鸡翅 '
24   var3 = StringVar()
25   chk3 = Checkbutton(win, text = item3, font = ft1,
26       variable = var3, onvalue = item3, offvalue = '')
27   chk3.grid(row = 3, column = 0)
28
29   btnQuit = Button(win, text = ' 关闭 ', font = ft2,
30       command = win.destroy)
31   btnQuit.grid(row = 2, column = 1, pady = 4)
32   btnShow = Button(win, text = ' 购买明细 ', font = ft2,
33       command = check)
34   btnShow.grid(row = 2, column = 2, pady = 4)
35   win.mainloop()
```

執行結果如圖 12.18 所示。

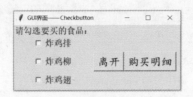

图12.18

程序解说

◆ 第 5~7 行：定义 check() 函数响应复选框变量状态。

◆ 第 13 行：设置变量 item1 作为复选框的参数 text、onvalue 的属性值。

◆ 第 14 行：将变量 var1 转换为字符串，并指定给参数 variable 使用，返回复选框"已复选"或"未复选"的返回值。

◆ 第 15~16 行：产生复选框，并设置 onvalue、offvalue 参数值。

◆ 第 32~33 行：调用 check() 函数做响应。

12.12 菜单控件

菜单（Menu）控件通常位于窗口的标题栏下方，用来实现下拉和弹出菜单，将操作的相关命令汇总后，只要用户选择某个命令就能执行相关程序。单击菜单后会弹出一个选项列表，用户可以从中选择，如图 12.19 所示。菜单控件在提供用户设计菜单功能时用到，不过菜单控件只能产生菜单的框架，还必须配合菜单控件的相关方法。

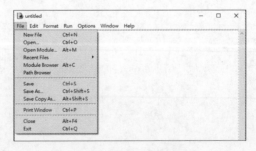

图12.19

主菜单项：图 12.19 所示的 File、Edit、Format 皆是，可通过菜单控件的 add_cascade() 方法产生主菜单项。

下拉菜单项（或第二层菜单）：有了主菜单项之后，才能增加下拉菜单项，必须调用 add_command() 方法来处理。

分隔线：可调用 add_separator() 方法加入分隔线。

快捷键：以 Accelerator key 表示，依据其设置的值，就能快速执行某个命令。

菜单控件的方法如表 12.14 所示。

表 12.14　菜单控件的方法

方法	说明
activate(index)	动态方法
add(type, **options)	增加菜单项
add_cascade(**options)	新增主菜单项
add_checkbutton(**options)	加入复选框控件按钮
add_command(**options)	以按钮形式新增子菜单项
add_radiobutton(**options)	以单选按钮形式新增子菜单项
add_separator(**options)	加入分隔线，用于分隔子菜单项

至于如何使用菜单控件来产生菜单，请参考步骤说明。

Step 01 先建立主窗口，再把菜单控件放入主窗口中，并以 menubar 来保存。

```
root = Tk()# 建立主窗口对象
menubar = Menu(root)# 将菜单控件加入主窗口，产生菜单框架
```

Step 02 将菜单对象 menuBar 布置到主窗口的顶部，显示于画面。

```
root.config(menu = menuBar)# 显示菜单
```

Step 03 加入主菜单项。

```
menu_file = Menu(menuBar, tearoff = 0) # 加入主菜单项
```

Step 04 调用 add_cascade() 方法产生主菜单项，其中 label 参数是菜单名称，例如此处设置为 "文件" 菜单，再将 menu_file 指派给 menu 参数。

```
menuBar.add_cascade(label = ' 文件 ', menu = menu_file)
```

Step 05 加入下拉菜单项，调用 add_command() 方法以按钮形式产生下拉菜单项，其中参数 command 要有响应方法，Open 为自定义函数的名称。

```
filemenu.add_command(label = ' 开始 ', command = Open)
```

 步骤3中的参数tearoff设置为 "1" 时，会在下拉菜单的第一个菜单项上方加一条横虚线，将参数tearoff设置为 "0" 就不会有此横虚线。

下例实现的是用菜单控件建立菜单，这个窗口应用程序包括 3 个主菜单，即文件、字体大小、版权声明，如图 12.20 所示。

图12.20

各主菜单的选项列表如图 12.21 所示。请注意，在 "文件" 菜单列表中，每一个菜单项都要加入快捷键

的操作提示。

"文件"菜单　　　　　"字体大小"菜单　　　　"版权声明"菜单

图12.21

当执行"文件 / 新文件"命令时，会出现图 12.22 所示的对话框。

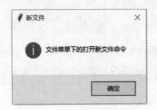

图12.22

当执行"文件 / 打开"命令时，会出现图 12.23 所示的对话框。

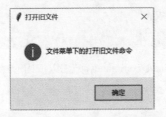

图12.23

当执行"文件 / 保存"命令时，会出现图 12.24 所示的对话框。

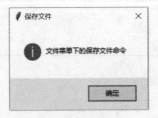

图12.24

当执行"文件 / 关闭"命令时，会结束窗口程序的执行。

当选择"字体大小"的其中一个选项时，会出现勾选状态，图 12.25 所示为勾选"中"级字体的外观。

图12.25

当执行"版权声明 / 原创者声明"命令时，会出现图 12.26 所示的对话框。

图12.26

【程序范例：Menu.py】添加菜单控件

```
01  # 用菜单控件建立菜单
02  from tkinter import *
03  from tkinter import messagebox
04
05  # 定义响应函数
06  def New():
07      messagebox.showinfo(' 新文件 ',
08        ' 文件菜单下的打开新文件命令 ')
09
10  def Open():
11      messagebox.showinfo(' 打开旧文件 ',
12        ' 文件菜单下的打开旧文件命令 ')
13
14  def Save():
15      messagebox.showinfo(' 保存文件 ',
16        ' 文件菜单下的保存文件命令 ')
17
18  def Copyright():
19      messagebox.showinfo(' 版权声明 ',
20        ' 我的第一个含窗口菜单程序——使用 Python 语言编写 ')
21
22
23  win = Tk()# 主窗口对象
24  win.title('GUI 界面——Menu')
25
26  # 1. 产生菜单对象 menuBar
27  menuBar = Menu(win)
28
29  # 2. 将菜单对象 menuBar 布置到主窗口的顶部
30  win.config(menu = menuBar)
31
32  # 3. 加入主菜单项
33  menu_file = Menu(menuBar, tearoff = 0)
34  menu_font = Menu(menuBar, tearoff = 0)
35  menu_help = Menu(menuBar, tearoff = 0)
36
37  # 4. 产生主菜单项
38  menuBar.add_cascade(label = ' 文件 ', menu = menu_file)
39  menuBar.add_cascade(label = ' 字体大小 ', menu = menu_font)
40  menuBar.add_cascade(label = ' 版权声明 ', menu = menu_help)
41
```

```
42   # 5-1. 加入"文件"菜单下拉菜单
43   menu_file.add_command(label = ' 新文件 ',
44       underline = 1, accelerator = 'Ctrl+N',
45       command = New)
46   menu_file.add_command(label = ' 打开 ',
47       underline = 1, accelerator = 'Ctrl+O',
48       command = Open)
49   menu_file.add_separator()# 加入分隔线
50   menu_file.add_command(label = ' 保存 ',
51       underline = 1, accelerator = 'Ctrl+S',
52       command = Save)
53   menu_file.add_separator()# 加入分隔线
54   menu_file.add_command(label = ' 关闭 ',
55       underline = 1, accelerator = 'Ctrl+Q',
56       command = lambda : win.destroy())
57
58   # 5-2. 加入"字体大小"菜单下拉菜单
59   labels = (' 大 ', ' 中 ', ' 小 ')
60   for item in labels:
61       menu_font.add_radiobutton(label = item)
62
63   # 5-3. 加入"版权声明"菜单下拉菜单
64   menu_help.add_command(label = ' 原创者声明 ', command = Copyright)
65
66   win.mainloop()
```

执行结果如图 12.27 所示。

图12.27

程序解说

◆ 第 6~20 行：定义响应函数，响应菜单中下拉菜单为 command 时所调用的函数，这些函数包括 New()、Open()、Save() 及 Copyright()。

◆ 第 27 行：将菜单控件加入窗口对象中，并以变量 menuBar 保存这个菜单对象。

◆ 第 30 行：由主窗口对象 win 调用 config() 方法将菜单对象指派给 menu 参数之后，将菜单对象布置到主窗口的顶部。

◆ 第 33~35 行：先产生主菜单项 menu_file，再以菜单控件的构造函数将它加入菜单对象 menuBar 中，并设 tearoff 的值为 0，这样将不会在下拉菜单的第一个菜单项上方多出一条横虚线，其他两个主菜单对象 menu_font 和 menu_help 亦同。

◆ 第 38~40 行：有了主菜单对象后，再用 add_cascade() 方法通过参数 lable 设置菜单的显示名称，参数 command 则调用名称为该设置值的自定义函数。

◆ 第 43~56 行：为 "文件" 菜单加入下拉菜单项，由 menu_file 对象调用 add_command() 方法以按钮形式加入，并以 accelerator 设置快捷键的打开方式。

◆ 第 49 和第 53 行：menu_file 对象调用 add_separator() 方法，将下拉菜单项做分隔。

◆ 第 59 行~61 行：为 "字体大小" 菜单加入下拉菜单项，但以 add_radiobutton() 方法产生，由于是单选按钮形式，因此各选项间只能择一勾选。

◆ 第 64 行：加入 "版权声明" 下拉菜单。

本章重点整理

- 在窗口模式下，用户的操作是经由事件的触发与窗口程序沟通的，并使用图形方式显示用户操作界面。
- 事件是指 "用户执行窗口程序时，对窗口控件所采取的动作"。
- 图形用户界面是指使用图形方式显示用户操作界面。
- 当主窗口设置完成之后，在程序最后必须使用 mainloop() 方法让程序进入循环侦听模式。
- 窗口控件的布局方法有 3 种：pack()、grid() 以及 place()。
- pack() 方法是最基本的布局方式，就是由上到下依序放置控件。
- place() 方法是以控件在窗口中的绝对位置与相对位置两种方式来告知系统控件的摆放方式。
- grid() 方法是利用表格配置的方式来安排控件的位置。
- 标签控件的主要功能是显示只读的文字。
- 当用户单击按钮时会触发 click 事件，并接着调用对应的事件处理方法进行后续的处理工作。
- 按钮控件主要被用于命令，按钮能够包含文字或图像。
- 按钮控件的 command 参数必须设置一个函数名称，当用户单击按钮时，就必须调用这个函数来进行后续的处理工作。
- 消息框控件是以简洁的信息作为用户与程序间交互的接口。
- 输入控件允许用户在单行的文本框中输入简单的数据，输入控件兼具输入、显示及修改等特性。
- 文本框控件用来显示或编辑多行文字，包括纯文本或具有格式的文件，也可以被用作文本编辑器。
- 画布控件可以用来绘图，包括线条、几何图形或文字等。
- 单选按钮控件只能单选，无法多选。
- 复选框按钮控件可以让用户做多重选择或全部不选。
- 菜单控件用来实现下拉和弹出式菜单，将操作的相关命令汇总，只要用户去选择某个命令就能执行相关程序，单击菜单后会弹出一个选项列表，用户可以从中选择。

本章课后习题

一、选择题

1.（D）当主窗口设置完成之后，必须使用哪一个函数让程序进入循环侦听模式？

（A）main()

（B）init()

（C）super()

（D）mainloop()

2.（B）下列哪个不是窗口控件的布局方法？

（A）pack()

（B）cell()

（C）grid()

（D）place()

3.（A）哪一种布局方法是由上到下依序放置控件？

（A）pack()

（B）cell()

（C）grid()

（D）place()

4.（D）哪一种布局方法是以控件在窗口中的绝对位置与相对位置两种方式来告知系统控件的摆放方式？

（A）pack()

（B）cell()

（C）grid()

（D）place()

5.（A）当用户单击按钮时会触发什么事件？

（A）click

（B）dbclick

（C）press

（D）on

二、问答题

1. 窗口操作模式与文本模式最大的不同点是什么？

答：

在窗口操作模式下，用户的操作是经由事件的触发与窗口程序沟通的，并使用图形方式显示用户操作接口。

2. 试简述事件处理的运行机制。

答：

事件是指"用户执行窗口程序时，对窗口控件所采取的动作"；在窗口模式下，程序必须在控件上加入事件处理的程序，当用户利用鼠标或键盘输入信息时，特定的事件将会被触发用来处理用户的需求。

3. 请说明 grid() 方法的控件摆放规则。

答：

grid() 方法是利用表格配置的方式来安排控件的位置，所有的内容会被放在这些表格中，也就是用表格的形式定位。

4. 请配对下列各控件及功能说明。

（A）标签控件 主要被用于和用户交互
（B）按钮控件 在单行的文本框中输入简单的数据
（C）输入控件 用来显示或编辑多行文字
（D）文本框控件 用来显示只读的文字

答：

（A）标签控件 用来显示只读的文字
（B）按钮控件 主要被用于和用户交互
（C）输入控件 在单行的文本框中输入简单的数据
（D）文本框控件 用来显示或编辑多行文字

5. 请写出下列程序第 4 行建立主窗口架构的语法。

```
01   # -*- coding: utf-8 -*-
02
03   import tkinter as tk
04   win = _____
05   win.geometry("400x400")
06   win.title(" 这是我的第一个用 Python 写的窗口程序 ")
07   win.mainloop()
```

答：

```
01   # -*- coding: utf-8 -*-
02
03   import tkinter as tk
04   win = tk.Tk()
05   win.geometry("400x400")
06   win.title(" 这是我的第一个用 Python 写的窗口程序 ")
07   win.mainloop()
```

6. 请参考本章中的 grid() 方法设计如下的执行外观。

加法示例	乘法示例
减法示例	除法示例

答：

```
# -*- coding: utf-8 -*-

from tkinter import *
```

```
win = Tk()
win.geometry("400x100")
win.title("grid 布局的示范 ")

plus=Button(win, width=20, text=" 加法示例 ")
plus.grid(column=0,row=0)
minus=Button(win, width=20, text=" 减法示例 ")
minus.grid(column=0,row=1)
multiply=Button(win, width=20, text=" 乘法示例 ")
multiply.grid(column=1,row=0)
divide=Button(win, width=20, text=" 除法示例 ")
divide.grid(column=1,row=1)

win.mainloop()
```

7. 请设计如下的窗口执行外观。

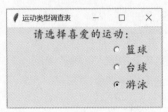

答：

```
from tkinter import *
win = Tk()
win.title(' 运动类型调查表 ')
def select():
    print(' 你的选项是 :', var.get())
ft = (' 楷体 ', 14)
Label(win,
    text = " 请选择喜爱的运动 : ", font = ft,
    justify = RIGHT, padx = 20).pack()
place = [(' 篮球 ', 1), (' 台球 ', 2),
        (' 游泳 ', 3)]
var = IntVar()
var.set(3)
for item, val in place:
    Radiobutton(win, text = item, value = val,
        font = ft, variable = var, padx = 20,
        command = select).pack(anchor = NE)
win.mainloop()
```

## 第 13 章

图像处理与图表绘制

Python 图像处理库（Python Imaging Library，PIL）是 Python 中一个强大的库，由许多不同的模块组成，并且提供了许多处理功能。不过 PIL 已停止开发与更新服务，目前由第三方库 pillow 接手图像处理的角色，允许我们在简单的 Python 程序中进行图像的处理，如图 13.1 所示。

图表（Chart）或称为统计图表，代表图像化的数据，即根据统计数据，通过点、线、面、体、色彩等制成整齐、有规律、简明的图形。Python 配合功能强大的 Matplotlib 2D 绘图链接库，支持各种平台，能够轻松生成各式图表，进而快速制作常用的专业图表，如柱形图、折线图、圆饼图等，如图 13.2 所示。本章主要介绍 pillow 库图像处理的重要功能及如何利用 Matplotlib 生成图表。

图13.1

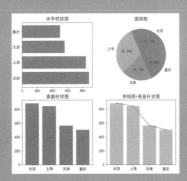

图13.2

使用 pillow 库进行图像处理

pillow 库提供了基本的图像处理功能，由许多不同的模块组成，并且提供了许多处理功能，如改变图像大小、旋转图像、图像格式转换、添加滤镜效果等。pillow 库常用的模块有 Image、ImageEnhance，这些模块可以实现读写图像文件、图像剪裁和旋转以及调整图像亮度、色调与对比度等功能，具备图像处理软件常见的功能。

13.1.1 安装 pillow 库

pillow 库并不是 Python 内置库，需要在 Windows 操作系统的"命令提示字符"下执行"pip install pillow"命令安装，如图 13.3 所示。

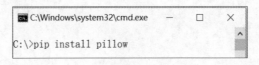

图13.3

Anaconda 中直接安装了 pillow 库，不需要额外安装，不过版本可能不同，本章使用的 pillow 库版本为6.0.0。如果不确定 pillow 库是否安装成功或想要查询版本号，可以在 Windows 操作系统的"命令提示字符"下输入下列命令查询。

```
pip show pillow
```

13.1.2 创建空白图像

可以利用 Image 模块的 new() 函数创建空白图像，然后在空白图像上绘制各种几何图形。利用 Image 模块的 new() 函数创建空白图像的语法如下。

```
Image.new( 色彩模式，图像大小，颜色 )
```

- 色彩模式：可以有黑白模式、灰阶模式、RGB 色彩模式、CMYK 色彩模式。
- 图像大小：以元组方式设定图像的宽度及高度，例如（400,300）表示创建一个宽度为 400 像素、高度为 300 像素的图像。
- 颜色：设定图像的底色，可以用 6 位红绿蓝十六进制的数值来设定，例如 "#00FF00" 表示绿色。
例如下面的代码。

```
Image.new("RGB", (400,300), '#00FF00')
```

以上语句表示使用 Image 模块的 new() 函数来创建一个 400 像素 ×300 像素的 RGB 色彩模式的空白图像。如果想要绘制几何图形，以椭圆为例，可以利用 ImageDraw 模块下的 ellipse() 函数，其语法如下。

ellipse([椭圆外框的左上角及右下角坐标], fill= 色彩)

例如下面的代码。

ellipse([(100,100),(320,200)], fill=(255,255,0,255))

【程序范例：new.py】在空白图像上画几何图形

```
01   from PIL import Image, ImageDraw
02   im = Image.new("RGB", (400,300) ,'#00FF00')
03   draw=ImageDraw.Draw(im)
04   draw.ellipse([(100,100),(320,200)], fill=(255,255,0,255))
05   im.show()
```

执行结果如图 13.4 所示。

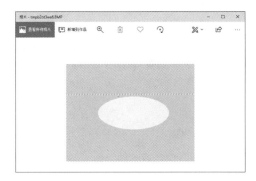

图13.4

程序解说

◆ 第 1 行：pillow 库使用之前必须先导入，此处要导入 Image 及 ImageDraw 两个模块。

◆ 第 2 行：使用 Image 模块的 new() 函数创建一个 400 像素 ×300 像素的 RGB 色彩模式的空白图像，色彩为绿色，并将此图像对象指定给变量 im。

◆ 第 3 行：以 ImageDraw 模块下的 Draw() 函数创建绘图对象。

◆ 第 4 行：绘制椭圆，第一个参数是椭圆外框的左上角及右下角坐标，第二个参数是将椭圆用指定色彩填满。

◆ 第 5 行：显示图像。

13.1.3 打开与另存图像

要打开图像必须使用 Image 模块的 open() 函数，但如果要另存图像则必须使用 save() 函数，例如以下程序代码是将 images 文件夹的 cute.jpg 文件另存为 kid.jpg。这个例子会先导入 Image 模块，之后使用该模块提供的 open() 函数打开图像，再使用 save() 函数来另存图像，程序代码如下。

```
from PIL import Image
im = Image.open("images/cute.jpg")
im.save( "images/kid.jpg" )
```

```
im.close()
```

简单的 4 行语句就完成了另存图像的操作。上述程序利用 Image.open() 函数打开 cute.jpg 这张图像，并将它指定给 Image 对象变量 im，操作结束后需要使用 close() 函数关闭文件。

可以利用 with…as 语句避免忘记关闭文件，程序代码如下。

```
from PIL import Image
with Image.open("images/cute.jpg ") as im:
    im.save( "images/ kid.jpg" )
```

当离开 with 程序块时 im 对象会自动关闭，不需要再加上 im.close() 函数。

 使用close()函数关闭文件的目的是释放操作系统资源，本例即使不关闭文件也可以正常执行，不过在开发大型应用程序时，有可能导致无法预期的后果，建议养成关闭文件的好习惯。

Image 模块的 save() 函数有不同的选项参数，格式如下。

```
Image.save( fp, format, params )
```

参数说明如下。

- fp：图像的文件名。
- format：图像格式，如果省略，则图像格式由扩展名确定。
- params：额外选项，不同的文件格式有各自的额外选项，例如 JPEG 格式有 quality 选项可以设定图像的质量，设定值从整数 1（最差）到 95（最佳），默认值是 75。

如果想要将前面程序中的 cute.jpg 文件存储为最佳质量的 kid_high.jpg，程序代码如下。

```
im.save("images/kid_high.jpg", quality=95 )
```

比较 kid.jpg 和 kid_high.jpg 文件，可以看出，图像质量越高，文件大小也越大，如图 13.5 所示。

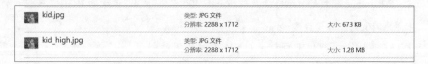

图13.5

有关各种图像格式的额外选项，可以参考 pillow 官方文件说明，查阅 Image Module 里的 Image.save() 函数就可以找到图像格式文件，如图 13.6 所示。

图13.6

13.1.4 显示图像信息

Image 模块提供了许多属性来查询图像文件的信息，常用属性及说明如表 13.1 所示。

表 13.1 Image 模块的常用属性及说明

属性	说明
format	图像格式
mode	图像色彩模式
size	图像大小，以元组方式返回宽度与高度，单位为像素
width	图像的宽度
height	图像的高度

【程序范例：info.py】显示图像信息

```
01  from PIL import Image
02  im = Image.open("images/cute.jpg")
03  print(' 图像格式 : ',im.format)
04  print(' 图像文件的色彩模式 : ',im.mode)
05  print(' 图像大小，宽度和高度值，格式是元组 : ',im.size)
06  print(' 图像的宽度，单位为像素 : ',im.width)
07  print(' 图像的高度，单位为像素 : ',im.height)
```

执行结果如图 13.7 所示。

```
图像格式：  JPEG
图像文件的色彩模式：  RGB
图像大小尺寸，宽度和高度值，格式是元组(tuple)：  (2288, 1712)
图像的宽度，单位像素(pixels)：  2288
图像的高度，单位像素(pixels)：  1712
```

图13.7

程序解说

◆ 第 1 行：导入 pillow 库的 Image 模块。

◆ 第 3~7 行：输出图像文件各种属性的数据。

从执行结果可以看出，读取的图像是 JPEG 文件，文件的大小是宽为 2288 像素、高为 1712 像素，色彩模式为 RGB 全彩模式。这些图像信息对接下来要学习的图像编辑很有帮助，下面一步一步学习使用 pillow 库编辑图片的方法。

13.1.5 将图像转换成黑白图像

要将图像转换成黑白的图像，做法是先用 open() 函数打开图像，再用图像对象的 convert() 函数指定适当的参数。convert() 函数的第一个参数为色彩模式，设定为"1"时，表示转换为黑白模式。

■ **【程序范例：convert.py】将图像转换成黑白图像**

```
01    from PIL import Image
02    im = Image.open("images/ 食物 1.jpg")
03    pic=im.convert("1")
04    pic.show()
05    im.close()
```

原始图像如图 13.8 所示。

图13.8

执行结果如图 13.9 所示。

图13.9

程序解说

◆ 第 3 行：将图像对象的 convert() 函数的参数设定为 "1"，将图像转换成黑白图像，并将此图像对象赋值给变量 pic。

◆ 第 4 行：图像对象的 show() 函数可以将图像显示出来。

13.2 图像的处理功能

Image 模块提供了许多相当实用的图像处理功能，如 resize()、crop()、rotate() 和 transpose() 等方法可以进行图像的缩放、裁剪及旋转处理。

· 13.2.1 更改图像尺寸

Image 模块的 resize() 方法可以进行图像的缩放，执行之后会返回新的 Image 对象，不会影响原来的图像对象，格式如下。

Image.resize(size, [resample],[box])

参数说明如下。

- size。图像的宽度与高度，格式是元组，例如（200, 150）表示宽度为 200 像素，高度为 150 像素。
- resample。新的图像文件重新取样的滤波器（Resampling Filters），可省略，有以下 6 个选项。

    Image.NEAREST：邻近取样，执行速度最快，质量最差（默认值）。

    Image.BOX：方块取样。

    Image.BILINEAR：双线性取样。

    Image.HAMMING：Hamming 运算模式取样。

    Image.BICUBIC：双立方取样。

    Image.LANCZOS：双三次取样，执行速度最慢，质量最佳。

上述 6 种滤波器越靠前的质量越差，但执行速度越快；最后一个质量最佳，但执行速度最慢。

- box。设定缩放的范围，可省略。相当于裁剪加上缩放功能，值为包含 4 个元素的元组（$x, y, x1, y1$），前两个元素定义左上角的坐标（x, y），后两个元素定义右下角的坐标（$x1, y1$），省略此参数则表示以整张图像来缩放。

下面以食品 1.jpg 图片举例说明，如图 13.10 所示。食品 1.jpg 图片的宽度为 1100 像素、高度为 734 像素，通过下面的例子看看如何将宽度缩小为 200 像素，高度等比例。

图13.10

■ 【程序范例：resize.py】更改图像尺寸

```
01    from PIL import Image
02    with Image.open("images/ 食物 1.jpg ") as im:
03        print(im.size)
04        w=200
05        r = w/im.size[0]
06        h = int(im.size[1]*r)    # 按照缩放比例计算高度
07        new_im = im.resize((w, h))
08        print(new_im.size)
09        new_im.save( "images/ 食物 1_resize.jpg" )
```

执行结果如图 13.11 所示。

```
(1100, 734)
(200, 133)
```

图13.11

程序解说

◆ 第 5 行：计算图像缩放比例，做法是指定新图像的宽度（w），再除以原图像的宽度，就能计算出缩放比例（r）；　前面曾介绍 Image 对象的 size 属性会返回包含两个元素的元组，第一个元素是宽度，第二个元素是高度，因此使用 im.size[0] 就能取得宽度了。

◆ 第 6 行：高度按照同比例进行缩放。

◆ 第 7 行：以 resize() 方法更改图像尺寸。

◆ 第 8~9 行：分别输出原图尺寸及缩小后的尺寸。

13.2.2 图像的旋转与翻转

pillow 库提供了两个方法来旋转与翻转图像，分别是 rotate() 与 transpose() 方法。transpose() 方法是将图像以 90° 为单位翻转或旋转，格式如下。

Image.transpose(method)

参数 method 表示选择什么样的翻转或者旋转方式，有下列几种设定值。

● Image.FLIP_LEFT_RIGHT：水平翻转（左右翻转）。

● Image.FLIP_TOP_BOTTOM：垂直翻转（上下翻转）。

● Image.ROTATE_90：逆时针旋转 90°。

● Image.ROTATE_180：逆时针旋转 180°。

● Image.ROTATE_270：逆时针旋转 270°。

● Image.TRANSPOSE：逆时针旋转 90° 并垂直翻转。

● Image.TRANSVERSE：逆时针旋转 90° 并水平翻转。

Image.TRANSPOSE 与 Image.TRANSVERSE 是新加入的参数，能同时实现图像旋转与翻转，图 13.12 所示为两者所呈现的效果。

 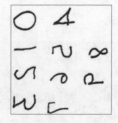

[原图]　　　　　　　[Image.TRANSPOSE 参数]　　　[Image.TRANSVERSE 参数]

digital.jpg　　　　　　digital_TRANSPOSE.jpg　　　　digital_TRANSVERSE.jpg

图13.12

rotate() 方法的格式如下。

Image.rotate(angle,[resample],[expand],[center], [translate],[fillcolor])

参数说明如下。

- angle：逆时针旋转角度。
- resample：重新取样滤波器，可省略。
- expand：旋转后超出图像时，是否要放大图像，0 是不放大，1 是放大，可省略，默认值为 0。
- center：设定旋转中心点，值为元组（x, y），可省略，默认值为图像的中心点。
- translate：设定偏移距离，值为元组（x, y），可省略。
- fillcolor：旋转后图像外围默认会以黑色填满，此参数可以更改填充颜色。

building.jpg 文件的原图如图 13.13 所示。

图13.13

下面的语句可以将 building.jpg 逆时针旋转 30°，放大图像，填充颜色为 #ffff66（淡黄色）。

im.rotate(30, Image.BILINEAR, 1, None, None, '#ffff66')

执行结果如图 13.14 所示。

图13.14

如果 expand 参数设为 0，则表示不放大图像，执行之后的结果如图 13.15 所示。

图13.15

building.jpg 图像文件中的图像是向左的，下面的程序范例实现将它转成向右的。

【程序范例：rotate.py】旋转图像

```
01    from PIL import Image
02    with Image.open("images/building.jpg") as im:
03        new_im = im.rotate(180)
04        new_im.save( "images/building _rotate.jpg")
05        new_im.show()
```

执行结果如图 13.16 所示。

图13.16

· 13.2.3 图像的裁剪

Image 模块的 crop() 方法可以对原图像进行裁剪，执行之后会返回新的 Image 对象，crop() 方法的格式如下。

Image.crop(box)

参数 box 是设定要裁剪的边界，值是包含 4 个元素的元组（x, y, $x1$, $y1$），前两个元素定义左上角的坐标（x, y），后两个元素定义右下角的坐标（$x1$, $y1$）。

下面的程序范例以 elephant.jpg 为例，如图 13.17 所示。如果想要裁剪出图像右边的两只大象，并用绘图软件（如 PhotoImpact）打开，参考图 13.17 中的标尺就能找出 box 参数的设定值，实际来操作试试看。

裁剪范围

图13.17

【程序范例：crop.py】裁剪图像

```
01    from PIL import Image
02    with Image.open("images/elephant.jpg") as im:
03        print(im.size)
04        x = 1000
05        y = 0
06        x1 = 1600
07        y1 = 2100
08        new_im = im.crop((x, y, x1, y1))
09        print(new_im.size)
10        new_im.save( "images/elephant_crop.jpg")
11        new_im.show()
```

执行结果如图 13.18 所示。

```
(2288,  1712)
(1100,  1600)
```

图13.18

程序执行之后就会得到裁剪后的 elephant_crop.jpg，如图 13.19 所示。

图13.19

13.2.4 亮度、色调及对比调整功能

ImageEnhance 模块可以调整图像的亮度、色调、对比度及锐化度等。ImageEnhance 模块常见函数的功能说明如表 13.2 所示。

表 13.2　ImageEnhance 模块常见函数的功能说明

函数	说明
enhance(factor)	控制调整的数值，参数 factor 是调整系数，值为浮点数，系数值为 1 表示原始图像，值小于 1 表示减弱，值大于 1 表示增强
Color(image)	调整色彩平衡，搭配 enhance () 函数调整设定值
Contrast(image)	调整对比度，搭配 enhance () 函数调整设定值
Brightness(image)	调整亮度，搭配 enhance () 函数调整设定值
Sharpness(image)	调整锐化度，搭配 enhance () 函数调整设定值

下面以 elephant.jpg 图像文件来做示范说明，如图 13.20 所示。

图13.20

■ 【程序范例：enhance.py】调整图像的对比度与亮度

```
01    from PIL import Image,ImageEnhance
02    with Image.open("images/elephant.jpg") as im:
03        new_im = ImageEnhance.Brightness(im).enhance(2.5)
04        new_im.save( "images/ elephant_Brightness.jpg")
05        new_im.show()
```

执行结果如图 13.21 所示。

图13.21

程序解说

◆ 第 3 行：enhance() 函数的参数值为 2.5，执行后图像变亮了，由此可看出 enhance() 函数的参数值决定亮度的明暗程度，值小于 1 表示变暗，值大于 1 表示变亮。

13.2.5 在图像上添加文字

pillow 库具有在图像上添加文字的功能，不过必须借助 pillow 库中的 3 个模块，即 Image、ImageDraw、ImageFont。其中 ImageDraw 模块可用来添加文字，ImageFont 模块可用来指定字体及其大小。下面的程序范例实现的是在图像上添加文字。

【程序范例：text.py】在图像上添加文字

```
01  from PIL import Image,ImageDraw,ImageFont
02  im=Image.open("images/elephant.jpg")
03  imfont = ImageFont.truetype("simsun.ttc", 200, encoding="unic")
04  draw=ImageDraw.Draw(im)
05  draw.text((1000,100)," 大象 ",font=imfont,fill=(0,255,255,255))
06  im.show()
07  im.close()
```

执行结果如图 13.22 所示。

在图像的指定位置添加文字

图13.22

程序解说

◆ 第 1 行：导入 pillow 库，并导入本例会用到的 3 个模块。

◆ 第 2 行：使用 Image 模块的 open() 函数打开指定的图像

◆ 第 3 行：利用 ImageFont 模块的 truetype() 函数设定加载的字体及字号。

◆ 第 4 行：创建一个 ImageDraw.Draw 对象。

◆ 第 5 行：使用 ImageDraw.Draw 对象的 text() 函数添加文字。

◆ 第 6 行：显示添加文字的图像。

◆ 第 7 行：关闭打开的图像文件。

13.2.6 为图像添加滤镜效果

很多人学习 Photoshop 就是因为它拥有各种丰富的滤镜功能，能让图像产生许多意想不到的创意变化。所以以往大家对滤镜特效的印象是大概只有专业级的图像绘图软件才能做到，其实不然，PIL 提供了数十种滤镜。如果要以 Python 程序来表现滤镜，只要通过图像对象的 filter() 函数就可以在图像上产生各种效果的滤镜。首先必须从 pillow 库导入 ImageFilter 模块，下面列举几个模块定义的滤镜名称并用中文描述其效果。

● BLUR（模糊）。

● CONTOUR（轮廓）。

● EDGE_ENHANCE（边缘增强）。

- SMOOTH（平滑）。

- SHARPEN（锐化）。

- EMBOSS（浮雕）。

elephant.jpg 文件的原图如图 13.23 所示。

图13.23

■ 【程序范例：filter.py】 对图像应用浮雕和轮廓滤镜效果

```
01    from PIL import Image,ImageFilter
02    im=Image.open("images/elephant.jpg")
03    new_EMBOSS =im.filter(ImageFilter.EMBOSS)
04    new_CONTOUR=im.filter(ImageFilter.CONTOUR)
05    new_EMBOSS.show()
06    new_CONTOUR.show()
07    im.close()
```

浮雕滤镜效果如图 13.24 所示。

图13.24

轮廓滤镜效果如图 13.25 所示。

图13.25

程序解说

- ◆ 第 1 行：导入 pillow 库，并加载 Image、ImageFilter 模块。

- ◆ 第 2 行：使用 Image 模块的 open() 函数打开指定的图像。

- ◆ 第 3 行：应用 ImageFilter 模块的 ImageFilter.EMBOSS 滤镜。

- ◆ 第 4 行：应用 ImageFilter 模块的 ImageFilter.CONTOUR 滤镜。

- ◆ 第 5 行：显示图像的浮雕滤镜效果。

- ◆ 第 6 行：显示图像的轮廓滤镜效果。

- ◆ 第 7 行：关闭打开的图像文件。

13.2.7 生成二维码

相信读者曾经在海报、文宣、公共广告牌或名片上看见过图 13.26 所示的黑白的小方块图案。这个图案就是二维码，是由日本 Denso-Wave 公司发明的。利用线条与方块所结合而成的黑白图纹二维条形码，比以前的一维条形码有更大的数据存储量，除了文字之外，还可以存储图像、记号等相关信息。

图13.26

随着目前手持终端的流行，越来越多的企业使用二维码来推广商品。因为其制作成本低且操作简单，只要利用手机内置的相机镜头"拍"一下，马上就能得到想要的信息，或是链接到该网址进行内容下载，让用户将数据输入手持终端的动作变得简单，如订阅电子报、加入粉丝团、点赞、分享给他人。现在我们走到哪里都会看到二维码，同时由二维码的输入取得商品信息，还可应用在网络营销上。

由于二维码并不是 Python 内置库，如果想生成二维码，需要执行下面的命令安装 qrcode 模板。

```
pip install qrcode
```

qrcode 模块使用 PIL 模块来生成二维码图像，只需要 3 行程序代码就能轻松地生成，一起来看下面的程序范例。

【程序范例：qr.py】生成二维码的快捷方式

```
01  import qrcode
02  im = qrcode.make("https://www.ptpress.com.cn/")
03  im.save("images/grand_qr.jpg")
04  im.show()
```

执行结果如图 13.27 所示。

图13.27

程序解说

◆ 第 1 行：先导入 qrcode 模块。

◆ 第 2 行：使用 qrcode 模块的 make() 函数生成二维码，make() 函数括号里的内容就是要生成二维码的数据。

◆ 第 3 行：使用 save() 函数保存二维码。

◆ 第 4 行：使用 show() 函数展示二维码。

13.3 认识 Matplotlib 库

Matplotlib 库是 Python 中相当受欢迎的 2D 绘图链接库，用于科学计算的数据可视化，包含大量的模块，可以快速创建各种统计图表，如柱形图、直方图、饼图、折线图等。Matplotlib 库能制作的图表有非常多种，通过官网进入 examples 页面，可查看所有图表示例，如图 13.28 所示。

图13.28

单击 examples 链接会进入 Gallery 页面，该页面会根据图形种类进行分类，而且每个分类都有图表缩略图，单击就会出现图表简介及程序代码，如图 13.29 所示。

单击能查看程序代码

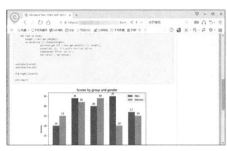

图13.29

13.3.1 安装 Matplotlib 库

Matplotlib 库常与 Numpy 库一起使用，通常安装好 Anaconda 之后常用的库会一并安装，也包含 Matplotlib 库和 Numpy 库，可以使用 pip list 或 conda list 命令查询安装的版本。

如果列表中没有 Matplotlib 库和 Numpy 库，需要执行下面的命令完成安装。

```
pip install matplotlib（在 anaconda 命令行下则执行 conda install matplotlib 命令）
pip install numpy（在 anaconda 命令行下则执行 conda install numpy 命令）
```

13.3.2 Matplotlib 基本绘图

使用 Matplotlib 可以绘制各式的图表，首先我们以最常用的折线图（Line Chart）来说明 Matplotlib 基本绘图的方法。折线图是用直线段将各数据点连接起来而组成的图形，以折线方式表示相关数据的变化趋势，是很适合用于表达趋势的分析图表。

折线图使用的是 Matplotlib 的 pyplot 模块，使用前必须先导入，并指定别名为 plt。

```
import matplotlib.pyplot as plt
```

使用 pyplot 模块绘制基本的图形非常快速而且简单，使用步骤与语法如下。

步骤 1：设定 x 轴与 y 轴要放置的数据列表，即 plt.plot（x, y）。

步骤 2：设定图表参数，如 x 轴标签名称 plt.xlabel() 函数、y 轴标签名称 plt.ylabel() 函数、图表标题 plt.title() 函数。

步骤 3：输出图表，即 plt.show() 函数。

下面的程序范例将绘制最基本的折线图，数据如表 13.3 所示。

表 13.3 某地 2020 年销售业绩

月份	1 月	2 月	3 月	4 月	5 月	6 月	7 月	8 月	9 月	10 月	11 月	12 月
销售业绩（元）	200000	180000	175000	215000	280000	320000	90000	365000	318000	198000	268000	348000

■ 【程序范例：lineChart.py】2020 年各月销售业绩统计图表

```
01    import matplotlib.pyplot as plt
02
03    x=[1,2,3,4,5,6,7,8,9,10,11,12]
04    y=[200000,180000,175000,215000,280000,320000,90000,365000,318000,198000,268000,
      348000]
05    plt.plot(x, y)
06    plt.xlabel('Month')
07    plt.ylabel('Sales amount')
08    plt.title('2020 sales chart for per month')
09    plt.show()
```

执行结果如图 13.30 所示。

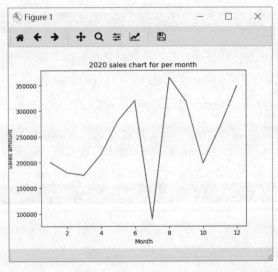

图13.30

程序解说

◆ 第 1 行：折线图使用的是 Matplotlib 的 pyplot 模块，使用前必须先导入。

◆ 第 3~4 行：设定 x 轴与 y 轴要放置的数据列表。

◆ 第 5 行：使用 plt 的 plot([x], y, [fmt]) 来绘图，参数 x 与 y 是坐标列表，x 与 y 的元素个数要相同才能够绘制图形。

◆ 第 6~8 行：利用 plt.xlabel() 函数设定 x 轴标签名称、plt.ylabel() 函数设定 y 轴标签名称、plt.title() 函

数设定图表标题。

◆ 第 9 行：利用 plt.show() 函数输出图表。

· 13.3.3 Matplotlib 的样式属性设定

了解 Matplotlib 基本的用法之后，接着看看如何改变图表的线条宽度、颜色以及为样本加上标记图标。使用 Matplotlib 绘制图表的过程中经常需要设定 color（颜色）、linestyle（线条）与 marker（标记图标）这3 种属性，Matplotlib 提供了几种快速设定的方式，下面介绍这些属性的设定方式。

● color 属性。Matplotlib 有多种指定色彩的方式，如色彩的英文全名、HEX（十六进制码）、RGB 或RGBA，Matplotlib 还针对几种常用颜色提供了单字符缩写，如表 13.4 所示。

表 13.4 color 属性

颜色	英文全名	HEX	RGB	RGBA	颜色缩写
蓝色	blue	#0000FF	(0,0,1)	(0,0,1,1)	b
绿色	green	#00FF00	(0,1,0)	(0,1,0,1)	g
红色	red	#FF0000	(1,0,0)	(1,0,0,1)	r
蓝绿色	cyan	#00FFFF	(0,1,1)	(0,1,1,1)	c
洋红色	magenta	#FF00FF	(1,0,1)	(1,0,1,1)	m
黄色	yellow	#FFFF00	(1,1,0)	(1,1,0,1)	y
黑色	black	#000000	(0,0,0)	(0,0,0,1)	k
白色	white	#FFFFFF	(1,1,1)	(1,1,1,1)	w

色光三原色为红（Red）、绿（Green）、蓝（Blue）。如果图像中的色彩皆是由红、绿、蓝三原色各8位进行加法混色所形成的，则称为RGB模式。将此三原色等量混合时，会产生白色光。

例如，前面的程序 lineChart.py 想把图形的线条颜色改为黄色，程序代码如下。

```
plt.plot(x, y, color='y') # 颜色缩写
plt.plot(x, y, color=(1,1,0)) #RGB
plt.plot(x, y, color='#FFFF00') #HEX
plt.plot(x, y, color='yellow') # 英文全名
```

color 属性也可以直接使用 0~1 范围内的浮点数指定灰度级别，例如下面的代码。

```
plt.plot(x, y, color='0.5')
```

● linewidth 与 linestyle 属性。linewidth 属性用来设定线条宽度，可缩写为 lw，值为浮点数，默认值为 1。例如，想要将线条宽度设为 8，程序代码如下。

```
plt.plot(x, y, lw=8)
```

linestyle 属性用来设定线条的样式，可以简写为 ls，默认为实线，可以指定符号或是书写样式全名，常用的样式如表 13.5 所示。

表 13.5 linestyle 属性

线条样式	符号	全名	图形
实线	–	solid	————————————————
虚线	––	dashed	- - - - - - - - - - - - - - - - - -

续表

线条样式	符号	全名	图形
点画线	-.	dashdot	—·—·—·—·—·—·—·—·—·—·—·—·—·—·—·—·—
点线	:	dotted	···

例如，想要将线条样式设为点画线，线条宽度设为 8，程序代码如下。

```
plt.plot(x, y, lw=8, ls='-.')
```

执行结果如图 13.31 所示。

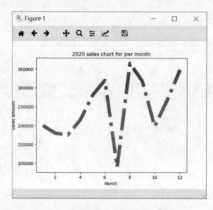

图13.31

- marker 标记图标。marker 属性用来设定标记样式，常用的标记图标如表 13.6 所示。

表 13.6 marker 属性标记图标

符号	标记图标	说明
.	● A0009	小圆
o	● A0010	圆形（小写英文字母 o）
v	▼ A0011	倒三角
^	▲ A0012	三角形
<	◀ A0013	左三角
>	▶ A0014	右三角
8	● A0015	八边形
s	■ A0016	正方形
*	★ A0017	星形
x	✕ A0018	X 字
X	✖ A0019	填色 X
D	◆ A0020	菱形

符号	标记图标	说明
d	◆ A0021	瘦菱形
|	❘ A0022	垂直线
1	⎯ A0023	三脚架下标记
2	⎯ A0024	三脚架上标记
3	❘ A0025	三脚架左标记
4	❘ A0026	三脚架右标记

例如，想要设定样本标记图样为星形，程序代码如下。

```
plt.plot(x, y, marker='*')
```

执行结果如图 13.32 所示。

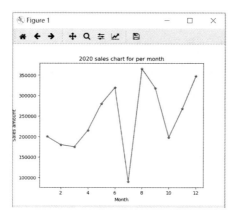

图13.32

标记的颜色及尺寸可以由表 13.7 所示的属性设定。

表 13.7 标记的属性

属性	缩写	说明
markerfacecolor	mfc	标记颜色
markersize	ms	标记尺寸，值为浮点数
markeredgecolor	mec	标记框线颜色
markeredgewidth	mew	标记框线宽度

例如，想要将标记设为菱形，尺寸设为 16 点，颜色设定为黄色，框线为红色，程序代码如下。

```
plt.plot(x, y, marker='D',ms=10, mfc='y', mec='r')
```

执行结果如图 13.33 所示。

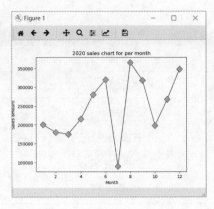

图13.33

13.4 柱状图

柱状图（Bar Chart）是一种以长方形的长度为变量的统计图表，通常用来表达不连续的数据。简单来说，就是以长条状的图表达数量的统计图形。柱状图的优势在于以长度来可视化数据，容易看出数据的大小。它的最大特点就是能一眼清楚地看出各类别的总量，所以经常被用于比较数据之间的差异，也可横向排列。所有统计图表中，最常使用的图表为折线图与柱状图，下列数据适合使用柱状图。

- 选票：以候选人为类别。
- 各科目的平均成绩：以科目为类别。
- 每季的销售额：以季为类别。

柱状图可以通过长度的变化来展示变化趋势，各类型的柱状图主要用于比较数量的大小关系。柱形图绘制方式与折线图大同小异，绘图方法很简单，只需要将折线图的 plot() 函数改为 bar() 函数，语法如下。

```
plt.bar(x, height[, width][, bottom][, align][,**kwargs])
```

参数说明如下。

- x：x 轴的数据。
- height：y 轴的数据。
- width：长条的宽度（默认值为 0.8）。
- bottom：y 轴坐标底部起始值（默认值为 0）。
- align：长条的对应位置，可选择 center 与 edge 两种。

  center：将长条的中心置于 x 轴位置的中心位置。

  edge：长条的左边缘与 x 轴位置对齐。

- **kwargs：设定属性，常用属性如表 13.8 所示。

表 13.8 kwargs 属性

属性	缩写	说明
color		长条颜色
edgecolor	ec	长条边框颜色
linewidth	lw	长条边框宽度

下面我们绘制"通过英语四级人数"的柱状图，原始数据如表 13.9 所示。

表 13.9 综合大学的通过英语四级人数情况

	理学院（人）	外语学院（人）	管理学院（人）	法学院（人）
2018 年	540	2800	1864	1285
2019 年	489	2968	1908	1300

■ 【程序范例：barChart.py】通过英语四级人数垂直柱状图

```
01  # -*- coding: utf-8 -*-
02
03  import matplotlib.pyplot as plt
04
05
06  plt.rcParams['font.sans-serif'] =' SimHei'
07
08  x = [' 理学院 ',' 外语学院 ',' 管理学院 ',' 法学院 ']
09  s1=[540,2800,1864,1285]
10  s2=[489,2968,1908,1300]
11  s=[s1[0]+s2[0],s1[1]+s2[1],s1[2]+s2[2],s1[3]+s2[3]]
12  print(s)
13  plt.bar(x, s)
14  plt.ylabel(' 总人数 ( 单位 : 人 )')
15  plt.title(' 通过英语四级人数 ')
16  plt.show()
```

执行结果如图 13.34 所示。

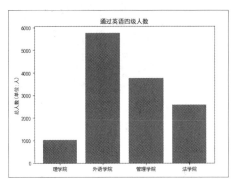

图13.34

程序解说

◆ 第 3 行：柱状图使用的是 Matplotlib 的 pyplot 模块，使用前必须先导入。

◆ 第 6 行：将 Matplotlib 的字体设置为 SimHei 显示中文标签。

◆ 第 8~11 行：设定 x 轴与 y 轴要放置的数据列表。

◆ 第 13 行：程序使用了 plt 的 plt.bar(x, height[, width][, bottom][, align][,**kwargs]) 来绘图，参数 x 与 y 是坐标列表。

◆ 第 14~15 行：设定 y 轴标签名称、图表标题。

◆ 第 16 行：利用 plt.show() 函数输出图表。

执行下面的语句之后会得到图 13.35 所示的柱状图。

```
plt.bar(x, s,width=0.8, align='center', color='r', ec='y',lw=2)
```

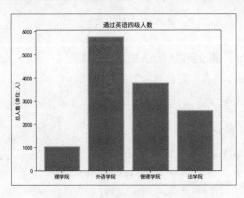

图13.35

程序 barChart.py 的第 6 行是将 Matplotlib 的字体改为 SimHei，这是因为 Matplotlib 定义的字体并不包含中文字体，所以如果直接使用中文会出现图 13.36 所示的乱码。

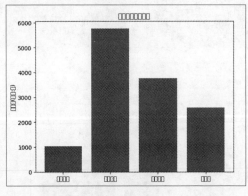

图13.36

解决方法很简单，只需要给 Matplotlib 指定中文字体就行了。Matplotlib 的所有属性定义在 matplotlibrc 文件中，包括线宽、颜色、样式等，使用 Matplotlib 的 rcParams() 函数就可以动态修改属性值，其中字体的属性是 font.sans-serif。

使用中文字体时如果数据有负值，负号会无法显示，只需要加上下面的语句就可以了。

```
plt.rcParams['axes.unicode_minus']=False
```

其他属性也可以用同样的方式设定，例如，修改字体大小可以用下面的语句。

```
plt.rcParams['font.size'] = 20  # 默认值 10.0
```

执行结果如图 13.37 所示。

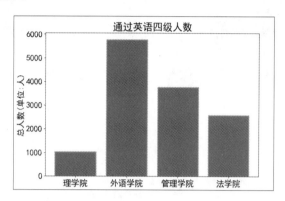

图13.37

13.5 直方图

在上一节我们学会了如何绘制柱状图，柱状图主要用于不同类别数据的比较，直方图（Histogram）与柱状图一样，都是以条状图形来表示，主要应用是比较连续变化数据的数量大小关系及统计数据变化。直方图基本上是一种次数分配表，沿着横轴以各组组界为分界，组距为底边，而各组的次数为高度，依序在固定的间距上绘制出矩形高度所形成的图形外观，例如下面的例子。

成绩分布：以成绩区间为类别（0~9、10~19、20~29……90~100）。

薪资分布：以薪资区间为类别 [0~1 万（含）、1 万 ~2 万（含）、2 万 ~3 万（含）]。

这一节我们来学习如何绘制直方图。

13.5.1 直方图与柱状图的区别

柱状图的 x 轴放置"类别变量"，用来比较不同类别数据的差异，因为数据彼此没有关系，所以长条之间通常会保留空隙不会相连在一起。而直方图的 x 轴放置"连续变量"，用来呈现连续数据的分布状况，因此数据有连续关系，通常长条之间会相连在一起。图 13.38 所示为柱状图，图 13.39 所示为直方图，折线图和直方图最好不要混着使用。

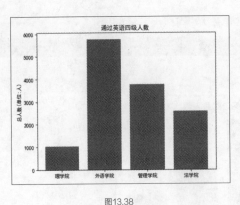

图13.38

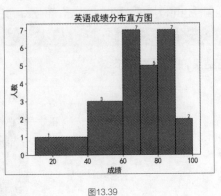

图13.39

接下来，我们绘制直方图。

· 13.5.2 绘制直方图

直方图通常是一种对连续数据分布情况进行统计的图形表示，也是最常出现在生活中的统计图表之一，学生常用的班级成绩分布、各年级年龄分布等几乎都是以直方图来表示的。绘制直方图的函数是 hist()，语法如下。

```
n, bins, patches = plt.hist(x, bins, range, density, weights, **kwargs)
```

参数说明如下。

- x：要计算直方图的变量。
- bins：组距，默认值为 10。
- range：设定分组的最大值与最小值范围，格式为元组，用来忽略较低和较高的异常值，默认为 (x.min(), x.max())。
- density：呈现概率密度，直方图的面积总和为 1，值为布尔值（True 或 False）。
- weights：设定每一个数据的权重。
- **kwargs：颜色及线条等样式属性。

plt.hist() 函数的返回值有 3 个。

- n：直方图的值。
- bins：组距。
- patches：每个 bin 里面包含的数据列表。

hist() 函数的参数很多，除了 x 之外，其他都可以省略，上面仅列出常用的参数来说明，详细参数请参考 matplotlib API 官网说明，如图 13.40 所示。

图13.40

下面是班上 25 位同学的英语成绩，我们可以通过直方图看出成绩分布状况。

grade = [80,75,45,68,82,63,71,45,65,72,61,67,81,87,90,65,85,73,84,67,79,58,87,96,19]

接着我们通过以下程序范例绘制直方图。

【程序范例：hist.py】英语成绩分布直方图

```
01  # -*- coding: utf-8 -*-
02
03  import matplotlib.pyplot as plt
04
05  plt.rcParams['font.sans-serif'] ='SimHei'
06  plt.rcParams['axes.unicode_minus']=False
07  plt.rcParams['font.size']=15
08
09  score = [80,75,45,68,82,63,71,45,65,72,61,67,81,\
10      87,90,65,85,73,84,67,79,58,87,96,19]
11
12  plt.hist(score, bins=[10, 40, 60, 70, 80, 90, 100], edgecolor='k')
13  plt.title(' 英语成绩分布直方图 ')
14  plt.xlabel(' 成绩 ')
15  plt.ylabel(' 人数 ')
16  plt.show()
```

执行结果如图 13.41 所示。

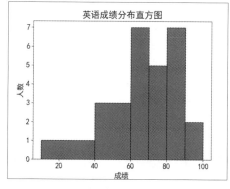

图13.41

263

程序解说

◆ 第 3 行：直方图使用的是 Matplotlib 的 pyplot 模块，使用前必须先导入。

◆ 第 5 行：将 Matplotlib 的字体改为 SimHei。

◆ 第 6 行：加上此语句，如果数据有负值可以显示。

◆ 第 7 行：设定字号。

◆ 第 9~10 行：考试成绩的原始数据。

◆ 第 12 行：设定组距。

◆ 第 13~15 行：设定图表标题、x 轴名称、y 轴名称。

◆ 第 16 行：利用 plt.show() 函数输出图表。

程序中设定 bins=[10, 40, 60, 70, 80, 90, 100]，程序就会依照组距将 score 数据元素分组，分组后得到的分布状况如表 13.10 所示。

表 13.10 分组后得到的分布状况

按分数分组	个数
10~40	1
40~60	3
60 ~70	7
70~80	5
80~90	7
90~100	2
合计	25

plt.hist() 函数会返回直方图数据，下式利用 n、b 两个变量来接收。

```
n, b, p=plt.hist(grade, bins = [10, 40, 60, 70, 80, 90, 100], edgecolor = 'k')
print(n,b)
```

执行之后就可以看到直方图的分布数据，执行结果如下。

```
[1. 3. 7. 5. 7. 2.] [ 10  40  60  70  80  90 100]
```

如果想要在图上显示数值，可以使用这两个返回值，请看下面的程序范例。

■ 【程序范例：hist01.py】英文成绩分布直方图显示数值

```
01   # -*- coding: utf-8 -*-
02
03   import matplotlib.pyplot as plt
04
05   plt.rcParams['font.sans-serif'] ='SimHei'
06   plt.rcParams['axes.unicode_minus']=False
07   plt.rcParams['font.size']=15
08
09   grade =[80,75,45,68,82,63,71,45,65,72,61,67,81,\
10        87,90,65,85,73,84,67,79,58,87,96,19]
11   n, b, p=plt.hist(grade, bins =[10, 40, 60, 70, 80, 90, 100], edgecolor = 'k')
12
13   for i in range(len(n)):
```

```
14      plt.text(b[i]+8, n[i], int(n[i]), ha='center', va='bottom', fontsize=10)
15      plt.title(' 英语成绩分布直方图 ')
16      plt.xlabel(' 成绩 ')
17      plt.ylabel(' 人数 ')
18      plt.show()
```

执行结果如图 13.42 所示。

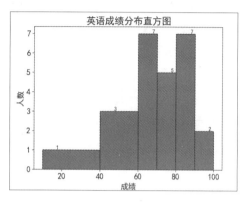

图13.42

程序解说

◆ 第 3 行：直方图使用的是 Matplotlib 的 pyplot 模块，使用前必须先导入。

◆ 第 5 行：将 Matplotlib 的字体改为 SimHei。

◆ 第 6 行：加上此语句，如果数据有负值可以显示。

◆ 第 7 行：设定字号。

◆ 第 9~10 行：考试成绩的原始数据。

◆ 第 11 行：plt.hist() 函数会返回直方图数据，利用 n、b 两个变量来接收。

◆ 第 13~14 行：设定显示分数段的人数。

◆ 第 15~17 行：设定图表标题、x 轴名称、y 轴名称。

◆ 第 18 行：利用 plt.show() 函数输出图表。

13.6 饼图

　　饼图（Pie Chart）又称为圆饼图或派图，是一种外观被划分为几个扇形的圆形统计图表，可以显示各类别数量占其整体的百分比。在饼图中，每个扇形区的弧长大小为其所表示的数量的比例。这些扇形区合在一起刚好是一个完全的圆形。饼图主要的特点是能够清楚显示各类别数量相对于整体所占的百分比之间的相对关系，是比较各类别数量占其整体的百分比的最佳选择，也是我们日常展示数据的图形中最常用的图形之一。

· 13.6.1 标准饼图

基本上，选择正确的统计图往往可以让我们对统计数据更加了解。饼图经常用于商业统计或大众媒体图表，如每季的销售量、产品年度销售量等，使用 Matplotlib 的 pie() 函数可以绘制饼图。绘制饼图的语法如下。

> plt.pie(x, explode, labels, colors, autopct, pctdistance, shadow, labeldistance, startangle, radius, counterclock, wedgeprops, textprops, center, frame, rotatelabels)

除了 x 之外，其他参数都可省略，参数说明如下。

- x：绘图的数据。

- explode：设定个别扇形区偏移的距离，以凸显某一块扇形区。

- labels：（每一块）饼图外侧显示的说明文字。

- colors：指定饼图的填充颜色。

- autopct：显示百分比标记，标记可以是字符串或函数，字符串格式是 %，如 %d（整数）、%f（浮点数），默认值是无（None）。

- pctdistance：设置百分比标记与圆心的距离，默认值是 0.6。

- shadow：是否添加饼图的阴影效果，值为布尔值，默认值为 False。

- labeldistance：指定各扇形饼图与圆心的距离，值为浮点数，默认值为 1.1。

- startangle：设置饼图的起始角度，默认从 x 轴正方向逆时针画起，如果设定"startangle=90"，则从 y 轴正方向画起。

- radius：指定半径。

- counterclock：指定饼图呈现方式为逆时针或顺时针，值为布尔值，默认值为 True，即逆时针；将值改为 False，即可改为顺时针。

- wedgeprops：指定饼图边界的属性。

- textprops：指定饼图文本属性。

- center：指定中心点位置，默认为（0,0）。

- frame：是否要显示饼图的图框，值为布尔值，默认值为 False。

- rotatelabels：说明文字是否要随着扇形转向，值为布尔值，默认值为 False。

饼图最常用于组之间比较各类别的数值占整体的百分比。下面的例子中，假设旅行社做了游客旅游地点的调查，结果如表 13.11 所示。

表 13.11 旅行社关于游客旅游地点的调查结果

地点	人数
北京	889
上海	847
天津	563
重庆	502

下面的程序范例实现调查结果的饼图表示。

■ 【程序范例：pie.py】游客旅游地点调查饼图

```
01  # -*- coding: utf-8 -*-
02
03  import matplotlib.pyplot as plt
04
05  plt.rcParams['font.sans-serif'] ='SimHei'
06  plt.rcParams['font.size']=12
07
08  x = [889,847,563,502]
09  labels = ' 北京 ',' 上海 ',' 天津 ',' 重庆 '
10  explode = (0.1, 0, 0, 0)
11  plt.pie(x,labels=labels, explode=explode, autopct='%.1f%%', shadow=True)
12
13  plt.show()
```

执行结果如图 13.43 所示。

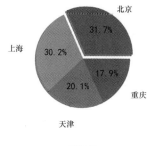

图13.43

(程序解说)

◆ 第 11 行：本程序为了凸显"北京"这个项目，所以加了 explode 参数，将第一个项目偏移 0.1 的距离；autopct 参数是设定每一个扇形显示的说明文字格式，"%.1f"表示指定小数点 1 位的浮点数，因为 % 是关键字，不能直接使用，所以必须使用 "%%" 才能输出百分比符号。

13.6.2 同时绘制多个子图

折线图可以看出趋势、饼图可以看出数值占比，如果公司决策主管要求用一张图表就能看到折线图、饼图、直方图等多种图表，这时候就可以利用 Matplotlib 的 subplot() 函数将多个子图显示在一个窗口中，语法如下。

```
plt.subplot(rows, cols, n)
```

参数 rows、cols 是设定如何分割窗口，n 则是绘图在哪一区，逗号可以不写，参数说明如下（请参考图 13.44 所示的内容进行对照）。

● rows,cols：将窗口分成 cols 行 rows 列，图 13.44 所示为 plt.subplot（2, 3, n）。

● n：图形放在哪一个区域。

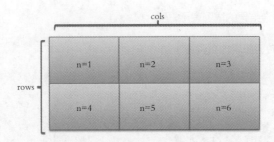

图13.44

如果图形想放置在 n=6 区块，可以使用下列两种写法。

plt.subplot(2, 3, 6) 或 plt.subplot(236)

subplot() 函数会返回 AxesSubplot 对象，如果想要删除或增加图形，可以利用下面的语句。

ax=plt.subplot(2, 3, 6) #ax 是 AxesSubplot 对象
plt.delaxes(ax) # 从 figure 中删除 ax
plt.subplot(ax) # 将 ax 再次加入 figure

下面，我们将编程绘制包含折线图 + 垂直柱状图、垂直柱状图、水平柱状图、饼图 4 种子图的图表。

■ 【程序范例：subplot.py】创建包含 4 种子图的图表

```
01  # -*- coding: utf-8 -*-
02
03  import matplotlib.pyplot as plt
04
05  plt.rcParams['font.sans-serif'] ='SimHei'
06  plt.rcParams['font.size']=12
07
08  # 柱状图
09  def diagram_1(s,x):
10      plt.barh(x, s)
11      plt.title(' 水平柱状图 ')
12
13  # 饼图
14  def diagram_2(s,x):
15      plt.pie(s,labels=x, autopct='%.2f%%')
16      plt.title(' 饼图 ')
17
18  # 柱状图
19  def diagram_3(s,x):
20      plt.bar(x, s)
21      plt.title(' 垂直柱状图 ')
22
23  # 折线图 + 柱状图
24  def diagram_4(s,x):
25      plt.plot(x, s, marker='.')
26      plt.bar(x, s, alpha=0.5)
27      plt.title(' 折线图 + 垂直柱状图 ')
28
```

```
29   # 绘图的数据
30   x = ' 北京 ',' 上海 ',' 天津 ',' 重庆 '
31   s = [889,847,563,502]
32
33   # 设定子图
34   plt.figure(1, figsize=(8, 8),clear=True)
35   plt.subplots_adjust(left=0.1, right=0.95)
36
37   plt.subplot(221)
38   diagram_1(s,x)
39
40   plt.subplot(222)
41   diagram_2(s,x)
42
43   plt.subplot(223)
44   diagram_3(s,x)
45
46   plt.subplot(2,2,4)
47   diagram_4(s,x)
48
49   plt.show()
```

执行结果如图 13.45 所示。

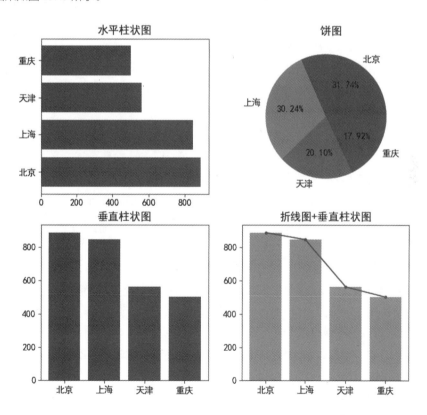

图13.45

程序解说

◆ 第 34 行：定义了 figure 窗口的大小，figsize 值是元组，定义宽和高。

◆ 第 35 行：subplots_adjust(left, bottom, right, top, wspace, hspace) 用来调整子图与 figure 窗口边框的距离，参数 left、bottom、right、top 用来控制子图与 figure 窗口的距离，默认 left =0.125、right=0.9、bottom=0.1、top = 0.9，wspace 和 hspace 用来控制子图之间宽度和高度的百分比，默认值是 0.2。

本章重点整理

- pillow 库并不是 Python 内置库，需要执行 "pip install pillow" 命令安装。
- 利用 Image 模块创建图像的色彩模式有黑白模式、灰阶模式、RGB 色彩模式、CMYK 色彩模式。
- pillow 库常用的模块有 Image、ImageEnhance，这些模块可以实现读写图像文件、图像剪裁和旋转以及调整图像亮度、色调与对比度等功能。
- 要打开图像必须使用 Image 模块的 open() 函数，但如果要另存图像则必须使用 save() 函数。
- 图像对象的 convert() 函数能够将图像转换成黑白的图像。
- Image 模块提供的 resize()、crop()、rotate() 和 transpose() 等方法可以进行图像的缩放、裁剪及旋转处理。
- ImageEnhance 模块可以调整图像的亮度、色调、对比度及锐化度等。
- 如果想在图像上添加文字，必须借助 pillow 库中的 3 个模块：Image、ImageDraw、ImageFont。
- 不管从哪个角度扫描二维码，数据都能快速被读取。除了辨识快速之外，二维码还有存储数据量大、面积小以及容错率高等优点。
- Matplotlib 是一个功能强大的 2D 绘图链接库，只需要几行程序代码就能轻松产生各式图表，如柱形图、折线图、饼图。
- Matplotlib 有多种指定色彩的方式，如色彩的英文全名、HEX（十六进制码）、RGB 或 RGBA。
- linewidth 属性用来设定线条宽度，可缩写为 lw，值为浮点数，默认值为 1。
- 折线图是用直线段将各数据点连接起来而组成的图形，以折线方式来表示相关数据的变化趋势，是很适合用于表达趋势的分析图表。
- 使用 Matplotlib 绘制图表的过程中经常会需要设定 color、linestyle 与 marker 这 3 种属性。
- 柱状图是一种以长方形的长度为变量的统计图表，通常用来表达不连续的数据。
- Matplotlib 的所有属性定义在 matplotlibrc 文件中，包括线宽、颜色、样式等，使用 Matplotlib 的 rcParams() 函数就可以动态修改属性值。
- 直方图与柱状图一样，都是以条状图形来表示，主要应用是比较连续变化数据的数量大小关系及统计数据变化。
- 饼图（又称为圆饼图或派图）是一种外观被划分为几个扇形的圆形统计图表，可以显示各类别数量占其整体的百分比，经常用于商业统计。
- 如果希望在一张图表中就能看到直方图、饼图，让数据能被更实时、更快速地掌握，这时候就可以利用 Matplotlib 的 subplot() 函数功能来制作。

● 本章课后习题

一、选择题

1.（D）Matplotlib 可以绘制下列哪种图形？
（A）柱形图
（B）折线图
（C）圆饼图
（D）以上皆可

2.（D）下列关于图形与模块的说明不正确的是哪一个？
（A）Matplotlib 是一个强大的 2D 绘图链接库
（B）使用 Matplotlib 绘制图表的过程中，linewidth 属性用来设定线条宽度
（C）Matplotlib 的所有属性定义在 matplotlibrc 文件中
（D）折线图使用的是 matplotlib 的 ImageEnhance 模块

3.（B）创建图像的色彩模式不包括以下哪一个？
（A）灰阶模式
（B）全真模式
（C）RGB 色彩模式
（D）CMYK 色彩模式

4.（B）能够将图像转换成黑白的图像的函数是哪一个？
（A）change()
（B）convert()
（C）blackwhite()
（D）mode()

5.（A）Image 模块的什么方法可以在原图像上进行剪裁？
（A）crop()
（B）clip()
（C）rotate()
（D）transpose()

二、问答题

1. 请简述使用二维码进行数据读取的优点。

答：
二维码的特点是快速反应，不管从哪个角度扫描，数据都能快速被读取；除了辨识快速之外，还有存储数据量大、面积小以及容错率高等优点。

2. 请简述使用 pyplot 模块绘制基本图形的步骤与语法。

答：

使用 pyplot 模块绘制基本图形非常快速而且简单，使用步骤与语法如下。

- 设定 x 轴与 y 轴要放置的数据列表，即 plt.plot(x,y)；
- 设定图表参数，如 x 轴标签名称 plt.xlabel() 函数、y 轴标签名称 plt.ylabel() 函数、图表标题 plt.title() 函数；
- 输出图表，即 plt.show() 函数。

3. 请列举出至少 3 种 Matplotlib 指定色彩的方法。

答：

Matplotlib 有多种指定色彩的方法，如色彩的英文全名、HEX（十六进制码）、RGB 或 RGBA。

4. 请简述饼图的主要特点。

答：

饼图（又称为圆饼图或派图）是一种外观被划分为几个扇形的圆形统计图表，可以显示各类别数量占其整体的百分比。

5. 在打开图像时，为避免忘记以 close() 函数关闭文件，在程序代码的写法上有何较佳的做法？

答：

可以利用 with…as 语句避免忘记关闭文件，程序代码如下。

```
from PIL import Image
with Image.open("images/cute.jpg ") as im:
    im.save( "images/ kid.jpg" )
```

当离开 with 程序块时 im 对象会自动关闭，不需要再加上 im.close() 函数。

6. 请列举出至少 3 种 ImageFilter 模块所提供的滤镜名称。

答：

- BLUR（模糊）
- CONTOUR（轮廓）
- EDGE_ENHANCE（边缘增强）
- SMOOTH（平滑）
- SHARPEN（锐化）
- EMBOSS（浮雕）

## 第 14 章

网络爬虫

　　现代社会大家都会使用网络，几乎所有的数据都可以利用搜索引擎在网络上找到。搜索引擎的信息来源主要有两种：一种是用户或网站管理员主动登录一些网站；另一种是编写网络爬虫程序主动搜索网络上的信息，例如 Google 的 Spider 程序与爬虫（crawler 程序），主动经由网站上的超链接爬到另一个网站，收集该网站上的信息，并收录到数据库中。

　　本章在开始说明如何抓取数据之前，首先介绍一些网络服务的相关信息和网页的格式；接着介绍与获取数据相关的实用模块与库，如内置模块 urllib.parse 可以做网址分析，内置模块 urllib.request 可以获取 URL 内容，第三方库 requests 可以解析 HTML 网页；最后利用 BeautifulSoup 库对网页内容进行分析，获取所需的数据，并加以应用。

14.1 网络服务入门知识

随着因特网（Internet）的发展，各式各样的多媒体网站在网络上迅速风行，不论是个人、机关还是企业都可以在网站上发表想要表现的信息。因此网站与网页相关技术已经成为网络开发人员必备的基本技能。

· 14.1.1 万维网服务

万维网（World Wide Web，WWW）又简称为 Web，是目前 Internet 上最流行的一种新兴工具。它让 Internet 原本生硬的文字接口变为包含声音、文字、影像、图片及动画等的多媒体交互界面。图 14.1 所示为一个网站的页面。

图14.1

Web 主要是由全球大大小小的网站所组成的，其以客户机/服务器（Client / Server）架构为主，并区分为客户机与服务器两部分。Web 的运作原理是通过网络客户机的程序去读取指定的文件，并将其显示于计算机屏幕上，而这个客户机（如我们的计算机）的程序就称为"浏览器"（Browser）。网站简单而言就是用来放置网页及相关数据的地方，在我们使用工具设计网页之前，必须先在自己的计算机上建立一个文件夹用来存储所设计的网页文件，而这个文件夹就称为"网站文件夹"。当所有的网页设计完成后，接下来就要让别人可以经由 Internet 的联机，到我们所设计的网页上浏览，此时放置页面的网站文件夹就是一个网站了。

一般来说，网页可分为静态网页与动态网页。静态网页是指单纯使用 HTML 语法构成的网页，最常见的文件扩展名为 .htm 或 .html。动态网页又可根据运行程序的位置分为客户端处理与服务器端处理两种。

客户端处理的动态网页使用的是 HTML 语法加 JavaScript 与 VBScript 语法，能够让网页产生一些多媒体效果，如随着鼠标指针移动的图片、滚动的文字信息、随着时间更换图片等，让网页更活泼生动。

服务器端处理的动态网页通常是指加入服务器端脚本语言的网页，常见的服务器端脚本语言有 ASP、

PHP、JSP 等。其工作原理是当用户向网页服务器请求浏览某个动态网页时，网页服务器会先将请求发送到动态程序的引擎（如 PHP Engine）进行处理，再将处理过的内容返回给客户端的浏览器，如图 14.2 所示。

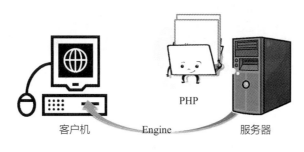

客户机　　　Engine　　　服务器

PHP
Engine

图14.2

这类型网页最大的优点是能与用户互动，并且能访问数据库，能将运行结果实时响应给用户，网站维护时不需要重新制作网页，只需要更新数据库中的内容，可节省网站维护的时间和成本。网页上的购物车、留言板、讨论区、会员系统等，都属于服务器端处理的动态网页。

网络爬虫是指用自己所编写的程序，从网页的一大堆数据中抓取出所需要的信息并加以应用。为达到此目的，本章需要的内置模块和库如下。

● Python 内置模块：urllib.request 和 urllib.parse。

● Python 的第三方库：requests 和 BeautifulSoup4。

请注意，本章关于第三方库的 Python 程序选择在 Anaconda 整合开发环境中进行编写与运行，这是因为在安装 Anaconda 开发环境时会一并安装上述的第三方库。

· 14.1.2 HTML 与 CSS 语法简介

HTML 是 Hyper Text Markup Language 的缩写，它是一般的文本文件加上各种标签构成的语言。利用这些标签语言可让浏览器知道以何种方式呈现文件内容与各种元素，文字格式的设定、图片、表格、窗体、超链接、影音、动画等都可通过它来组合。

HTML 的标签都有固定的格式，由 "<" 和 ">" 两个符号括住，而且 HTML 标签大都是成双成对地出现，也就是说它有起始标签与结束标签，结束标签是在标签的文字之前加上一个 "/" 表示，利用这两个标签将文字内容括住。

一个最简单的 HTML 网页是由 <html> 和 </html> 两个标签标示出网页的开始与结束。标签内又可分出 <head></head> 与 <body></body>，<head></head> 分别表示头部信息的开始和结尾。头部中包含的标签是页面的标题、序言、说明、网页的编码格式等内容，它本身不作为内容显示，但影响网页显示的效果。<body></body> 表示网页内容的开始和结束，网页中显示的实际内容均包含在这两个正文标签符之间。HTML 网页的基本架构如图 14.3 所示。

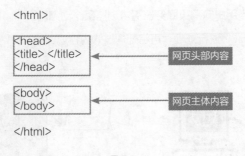

图14.3

另外，标准的 HTML 文件在文件前端都必须使用 DOCTYPE 声明所使用的标准规范，只要在第 1 行加入 <!DOCTYPE html> 的标签就可搞定。除了文件声明外，语言和编码方式的声明也很重要。如果网页中没有声明正确的编码，浏览器会依据浏览者计算机的设定呈现编码，这样网页就会变成乱码。声明方式很简单，只需要在 <html> 标签里面加"lang="zh-CN""的语句即可，即声明文件内容使用的是简体中文，语法如下。

```
<!DOCTYPE html>
<html lang="zh-CN">
```

如果想要以最简单的方式编写 HTML 语法，可以在"记事本"中编写，如图 14.4 所示。

图14.4

<body> 和 </body> 标签之间为网页内容，用户可以使用各种不同的控制标签设计网页内容，表 14.1 所示为 HTML 常用控制标签及功能说明。

表 14.1 HTML 常用控制标签及功能说明

控制标签	功能说明	实例及执行外观
<p>…</p>	<p> 标签用来定义段落，以 <p> 为开始标签，以 </p> 为结束标签	<p> 记忆大量信息就好像刷油漆一样 </p> 记忆大量信息就好像刷油漆一样
 	定义为换行，没有结束标签	<p> 记忆大量信息就好像刷油漆一样 </p> <p> 凡刷过必留下痕迹 </p> 记忆大量信息就好像刷油漆一样 凡刷过必留下痕迹

续表

控制标签	功能说明	实例及执行外观

标签定义列表 `<ul><li>`	标签定义无序列表标签时，必须先在标签列表的前面先加上开始标签 `<ul>`，然后在结尾处加上 `</ul>` 结尾标签。而标签定义列表则是 `<li>` 和 `</li>` 标签在开始与结尾处	`<ul>`
		`<li>` 全脑（图像 / 句型 / 情境）学习类 `</li>`
		`<li>` 升学考试类 `</li>`
		`<li>` 专业英文类 `</li>`
		`<li>` 第二外语类 `</li>`
		`</ul>`
		
		• 全脑(图像/句型/情境)学习类
		• 升学考试类
		• 专业英文类
		• 第二外语类

标题字体变化 `<h1>~<h6>`	标题字体的变化能让浏览者的注意力提高，并加深印象。在 HTML 标签中是以 `<h>` 表示开始的，`</h>` 表示结束，从最大的 `<h1>` 到最小的 `<h6>` 共有 6 种选择	`<h1>` 最简单神奇的快速记忆法 `</h1>`
		
		`<h2>` 油漆式速记法 `</h2>`
		
		最简单神奇的快速记忆法
		油漆式速记法

`<img src="图文件名称 . 扩展名 ">`	利用 `<img>` 标签定义图像，即可在网页上顺利显现图像，其基本语法的标签方式为 `<img src="图文件名称 . 扩展名 ">`	`<img src="images/food.png" alt=" 餐桌上的佳肴 ">`
`<a href=" 网址 / 路径 / 文件名 "> 关键文字 </a>`	标签中的 `<a>` 用来定义链接，而 href 属性用来定义链接的地址。如果要把文字变成图像的超链接，只需要把关键文字变更成图像 `<img>` 的标签即可	`<a href=" http://www.ptpress.com.cn/ "> 人民邮电出版社 </a>` 人民邮电出版社

另外，叠层样式表（Cascading Style Sheet，CSS）的作用是补足 HTML 所欠缺的排版样式，让网页的视觉效果可以像一般的排版文件那样令人赏心悦目，即美化 HTML 网页。

CSS 由选择器（Selector）与样式规则（Rule）所组成，其基本格式如下。

选择器是指 CSS 要套用的对象，也就是 HTML 元素。上述语法是指网页内所有的 `<h2>` 标签都套用后方指定的样式规则。如果其他标签也使用相同的样式，可以在中间以逗号 "，"隔开，代码如下所示。

```
h2, p{color:blue;}
```

选择器后方以大括号"{}"括起来的部分则是 CSS 的样式规则。冒号":"前面的为属性，后面则为属性的设定值。在一个选择器中可以设定多种不同的样式规则，只要中间以分号";"分隔就可以，代码如下所示。

```
h1{color: blue; font-family: arial; font-size: 16 px;}
```

上述程序代码是指将 h1 标题的颜色设为蓝色，字体名称设为 arial，字号设为 16 px（像素）。

一般来说，CSS 可以直接写在 HTML 标签里，作为行内的声明，例如下面的代码。

```
<!DOCTYPE html>
<html lang="zh-CN">
<head>
<title>CSS</title>
<meta charset="utf-8">
</head>
<body>
<h1 style="background-color:red; color:white; font-family: 楷体 ; border:3px #000000 solid;">
最简单神奇的快速记忆法
</h1>
</body>
</html>
```

执行结果如图 14.5 所示。

图14.5

14.2 网址解析与网页抓取

网址又称统一资源定位符（Uniform Resource Locator，URL），其实就是 Web 服务器主机的地址，用来指出某一项信息的所在位置及存取方式。在浏览器中输入网址并按 Enter 键，就可以打开网页。在 Python 语言中，可以通过 urllib 库进行网址解析及网页抓取。

一个完整的 URL 包括了通信协议、主机地址、路径和文件名称，标准格式如下。

通信协议 :// 主机名 [: 端口号]/ 路径 / 文件名

其中通信协议为抓取数据的方法，常用的通信协议如表 14.2 所示。

表 14.2 常用的通信协议

通信协议	说明	范例
HTTP	超文本传输协议（Hyper Text Transfer Protocol，HTTP），用来存取 Web 上的超文本文件（Hypertext Document）	http://www.ptpress.com.cn（人民邮电出版社 URL）

- 主机名 [: 端口号]: 存有该资源的主机地址；代表的是主机的 IP 地址或域名，有时也包含端口号。

- 路径 / 文件名: 显示主机中的路径和文件名称；采用默认文件路径，则代表是位于 Web 服务器的主页，其文件名通常是 index.html。

- 通信协议和主机名之间以 "://" 分隔，主机名和路径之间以 "/" 分隔。

 我们知道网络上辨别计算机节点的方式是利用IP地址（IP Address），而一个IP地址共有4组数字，很不容易记。"域名"的命名方式是以一组英文缩写代表以数字为主的IP地址，而其中负责IP地址与域名转换工作的计算机则称为"域名服务器"（Domain Name Server, DNS）。

14.2.1 网址解析函数 urlparse()

Python 内置模块 urllib 库的 urlparse() 函数可协助解析网站的地址，其语法如下。

urllib.parse.urlparse(urlstring, scheme = '',allow_fragments = True)

运行 urlparse() 函数会返回一个 ParseResult 对象，有关 ParseResult 对象的属性如表 14.3 所示。

表 14.3 ParseResult 对象的相关属性

属性	索引	返回值	若为空值
scheme	0	scheme 通信协议	scheme 参数
netloc	1	域名	返回空字符串
path	2	路径	返回空字符串
params	3	查询参数 params 所设字符串	返回空字符串
query	4	查询字符串，即 GET 参数	返回空字符串
fragment	5	框架名称	返回空字符串
port	无	通信端口	None

下面的程序范例将使用 urllib 库的 urlparse() 函数链接到人民邮电出版社网页 https://www.ptpress.com.cn/search?keyword=python，如图 14.6 所示，并解析其网址。

图14.6

【程序范例：urlParse.py】网址解析

```
01   from urllib.parse import urlparse
02
03   addr = 'https://www.ptpress.com.cn/search?keyword=python'
04
05   result = urlparse(addr)
06   print(' 返回的 ParseResult 对象 :')
07   print(result)
08   print(' 通信协议 :'+result.scheme)
09   print(' 网站网址 :', result.netloc)
```

```
10    print(' 路径 :', result.path)
11    print(' 查询字符串 :', result.query)
```

执行结果如图 14.7 所示。

```
返回的 ParseResult 对象:
ParseResult(scheme='https', 'netloc='www.ptpress.com.cn', path='/search', params='', query='keyword=python', fragment='')
通信协议:https
网站网址: www.ptpress.com.cn
路径: /search
查询字符串: keyword=python

Process finished with exit code 0
```

图14.7

程序解说

- ◆ 第 1 行：导入 Python 内置模块 urllib.parse。
- ◆ 第 3 行：将要解析的网址设定给变量 addr。
- ◆ 第 5 行：调用 urlparse() 函数做网址的解析动作，并设定一个 result 变量接收返回的 ParseResult 对象。
- ◆ 第 6~7 行：输出返回的 ParseResult 对象内容。
- ◆ 第 8 行：输出通信协议。
- ◆ 第 9 行：输出网站网址。
- ◆ 第 10 行：输出网站路径。
- ◆ 第 11 行：输出网址中 "?" 后面的查询字符串。

14.2.2 网页抓取函数 urlopen()

urllib.request.urlopen() 函数经常被用来打开一个网页的源码，然后去分析这个页面源码，语法如下。

urllib.request.urlopen(网址)

这个函数运行后会返回一个 urllib.response 对象，我们可以用一个变量去接收返回的 urllib.response 对象，语法如下。

webData = urllib.request.urlopen(网址)

urllib.response 对象常见方法及属性如表 14.4 所示。

表 14.4 urllib.response 对象常见方法及属性

方法及属性	说明
geturl()	获取解析过的 URL，以字符串返回
getcode()	获取 HTTP 的状态代码，返回 200 则表示请求成功
info()	返回对象的字典对象，该字典描述了获取的页面情况
urlopen()	获取 URL 内容
read()	以字节的方式读取网页信息，借助 decode() 方法可以将其转换成字符串
getheaders()	返回网页的头部信息

如果使用 urllib.request.urlopen() 函数去对网页进行抓取，有时候有些网站会对使用这种函数的情况抛出如下的报错信息。

"urllib.error.HTTPError: HTTP Error 403: Forbidden"

这是因为该网站禁止爬虫。

下面的程序范例将使用 urllib.request.urlopen() 函数链接到人民邮电出版社首页（http://www.ptpress.com.cn），并抓取其网页资料。图 14.8 所示为人民邮电出版社首页。

图14.8

■ 【程序范例：urlopen.py】获取网页源码

```
01   import urllib.request
02   # 设定欲请求的网址
03   addr = 'http://www.ptpress.com.cn/'
04   # 以 with…as 语句获取网址，离开之后也能释放资源
05   with urllib.request.urlopen(addr) as response:
06     print(' 网页网址 ',response.geturl())
07     print(' 服务器状态代码 ',response.getcode())
08     print(' 网页的头信息 ',response.getheaders())
09     zct_str = response.read().decode('UTF-8')
10     print(' 将网页数据转换成字符串格式 ',zct_str)
```

执行结果如图 14.9 所示。

```
网页网址 https://www.ptpress.com.cn/
服务器状态代码 200
网页的头信息 [('Cache-Control', 'private'), ('Expires', 'Thu, 01 Jan 1970 08:00:00 CST'), ('Set-
Cookie',   'JSESSIONID=581DB875D934CBCB2EED5C2A5AE1E523;path=/;Secure;HttpOnly'),
('Content-Type',   'text/html;charset=UTF-8'),   ('Content-Language',   'zh-CN'),   ('Transfer-
Encoding', 'chunked'), ('Date', 'Fri, 17 Jan 2020 14:16:00 GMT'), ('Connection', 'close')]
将网页数据转换成字符串格式
<!DOCTYPE html>
<html lang="zh-CN">
<head>
  <meta charset="utf-8">
  <meta name="renderer" content="webkit">
  <meta http-equiv="X-UA-Compatible" content="IE=edge">
  <meta name="viewport" content="width=device-width, initial-scale=1">
  <title>人民邮电出版社</title>

<link rel="shortcut icon" href="/static/eleBusiness/img/favicon.ico" charset="UTF-8"/>
<link rel="stylesheet" href="/static/plugins/bootstrap/css/bootstrap.min.css">
<link rel="stylesheet" href="/static/portal/css/iconfont.css">
<link rel="stylesheet" href="/static/portal/tools/iconfont.css">
<link rel="stylesheet" href="/static/portal/css/font.css">
```

图14.9

程序解说

◆ 第 1 行：导入 Python 内置模块 urllib.request。

◆ 第 3 行：将要解析的网址设定给变量 addr。

◆ 第 5 行：调用 urllib.request.urlopen() 函数打开网页，并设定一个 response 变量接收返回的 urllib. response 对象。

◆ 第 6 行：输出网页网址。

◆ 第 7 行：输出服务器状态代码。

◆ 第 8 行：输出网页的头信息。

◆ 第 9~10 行：将网页数据转换成字符串格式输出。

14.3 网页抓取——使用 requests 库

requests 库属于第三方库，如果安装了 Anaconda 软件，可以启动 Anaconda Prompt 窗口（类似 Windows 操作系统的"命令提示字符"），利用命令 conda 检查，结果如图 14.10 所示。

conda list

```
Anaconda Prompt                                              —    □    ×
(base) C:\Users\andu-Wu>conda list
WARNING: The conda.compat module is deprecated and will be removed in a future rele
ase.

# packages in environment at C:\Users\andu-Wu\Anaconda3:
#
# Name                          Version              Build   Channel
_ipyw_jlab_nb_ext_conf          0.1.0                py37_0
alabaster                       0.7.12               py37_0
anaconda                        2019.03              py37_0
anaconda-client                 1.7.2                py37_0
anaconda-navigator              1.9.7                py37_0
anaconda-project                0.8.2                py37_0
asnicrypto                      0.24.0               py37_0
astroid                         2.2.5                py37_0
astropy                         3.1.2                py37he774522_0
atomicwrites                    1.3.0                py37_1
attrs                           19.1.0               py37_1
babel                           2.6.0                py37_0
backcall                        0.1.0                py37_0
backports                       1.0                  py37_1
backports.os                    0.1.1                py37_0
backports.shutil_get_terminal_size 1.0.0                      py37_2
beautifulsoup4                  4.7.1                py37_1
```

图14.10

如果库未安装，可以使用命令"conda install 库名称"进行安装。例如安装 requests 库的命令如下。

conda install requests

使用 requests 库的 get() 方法可以获取网页内容，语法如下。

requests.get(网址)

这个方法会向服务器提出获取网页内容的请求，当服务器接收到这项请求后，会响应网页的源码内容给客户端程序。用 get() 方法获取网页内容，进一步以属性"status_code"获取返回值。若为"200"，则表示网页内容可以获取。

以下程序范例将进入人民邮电出版社的官方网站首页（http://www.ptpress.com.cn/），利用 requests 库中的 get() 方法获取网页内容。

■ 【程序范例：get.py】获取网页源码内容

```
01   import requests # 导入 requests 库
02
03   addr = ' http://www.ptpress.com.cn/ '
04   res = requests.get(addr)
05
06   # 检查状态代码
07   if res.status_code == 200:
08       res.encoding='utf-8'
09       print(res.text)
10   else:
11       print(res.status_code)
```

当利用上述程序的 get() 方法获取源码后，可以看到该网页的源码内容，如图 14.11 所示。

```
<!DOCTYPE html>
<html lang="zh-CN">
<head>
  <meta charset="utf-8">
  <meta name="renderer" content="webkit">
  <meta http-equiv="X-UA-Compatible" content="IE=edge">
  <meta name="viewport" content="width=device-width, initial-scale=1">
  <title>人民邮电出版社</title>

<link rel="shortcut icon" href="/static/eleBusiness/img/favicon.ico" charset="UTF-8"/>
<link rel="stylesheet" href="/static/plugins/bootstrap/css/bootstrap.min.css">
<link rel="stylesheet" href="/static/portal/css/iconfont.css">
<link rel="stylesheet" href="/static/portal/tools/iconfont.css">
<link rel="stylesheet" href="/static/portal/css/font.css">
<link rel="stylesheet" href="/static/portal/css/common.css">
<link rel="stylesheet" href="/static/portal/css/header.css">
<link rel="stylesheet" href="/static/portal/css/footer.css?v=1.0">
<link rel="stylesheet" href="/static/portal/css/compatible.css">
```

图14.11

程序解说

◆ 第 1 行：导入 requests 库。

◆ 第 3 行：将人民邮电出版社的网址 http://www.ptpress.com.cn 指定给变量 addr。

◆ 第 4 行：用 get() 方法获取源码。

◆ 第 7 行：检查状态代码是否可以正常打开。

◆ 第 8 行：设定编码格式为 utf-8。

◆ 第 9 行：输出网页内容。

◆ 第 11 行：如果无法正常打开网页则输出状态代码。

14.4 网页解析——使用 BeautifulSoup 库

BeautifulSoup 库是第三方库，在安装整合开发环境 Anaconda 时，会一并安装 BeautifulSoup 库。BeautifulSoup 库和 requests 库两者可以互相搭配使用，通常会先使用 requests 库抓取网页的源码，再使用 BeautifulSoup4 库做解析。

在 BeautifulSoup 库中必须通过 html.parser 程序代码解析源码，解析的语法如下。

> bs=BeautifulSoup(源码 ,'html.parser')

目前 BeautifulSoup 库已开发到版本 4，简称 bs4，导入版本 4 的 BeautifulSoup 库的语法如下。

> from bs4 import BeautifulSoup

14.4.1 BeautifulSoup 库常用属性与方法

BeautifulSoup 库常用的属性和方法如表 14.5 所示。在表 14.5 中设 BeautifulSoup 类的对象名为 beausoup。

表 14.5　BeautifulSoup 库常用的属性和方法

BeautifulSoup 库的属性和方法	说明	范例
title	获取 HTML 的标签 <title>	beausoup.title
text	去除 HTML 标签所返回的网页内容	beausoup.text
find()	返回第一个符合条件的 HTML 标签，返回值是一种字符串数据类型，如果找不到则返回 "None"	beausoup.find('head')
find_all()	返回第一个符合条件的 HTML 标签，返回值是一种字符串数据类型	beausoup.find_all() ('a')
select()	返回指定的 CSS 选择器的 id、class 或标签的内容，返回值是一种列表数据类型。在 id 名称前要加上 "#"，在 class 名称前要加上 "."	beausoup.select('#id 名称 ') beausoup.select('.class 名称 ') beausoup.select(' 标签名称 ')

14.4.2 BeautifulSoup 库网页解析

图 14.12 所示为用记事本编辑的一个网页的源码。

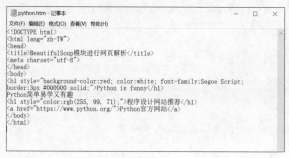

图14.12

这个用 HTML 语句编写的网页，如果用浏览器打开会看到图 14.13 所示的网页外观。

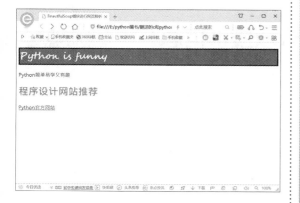

图14.13

以下程序范例将以 BeautifulSoup 库所提供的各种方法及属性产生图 14.14 所示的源码外观。

图14.14

■ 【程序范例：getcontent.py】获取网页源码内容

```
01   # 用 BeautifulSoup 库进行网页解析
02   from bs4 import BeautifulSoup
03   content="""
04   <!DOCTYPE html>
05   <html lang="zh-CN">
06   <head>
07   <title>BeautifulSoup 库进行网页解析 </title>
08   <meta charset="utf-8">
09   </head>
10   <body>
11   <h1 style="background-color:red;
color:white; font-family: 楷体 ; border:3px
#000000
12   solid;">Python is funny</h1>
13   Python 简单易学又有趣
14   <h1 style="color:rgb(255, 99, 71);"> 程序
设计网站推荐 </h1>
15   <a href="https://www.python.
org/">Python 官方网站 </a>
16   </body>
17   </html>
18   """
19   bs = BeautifulSoup(content,'html.parser')
20   print(' 网页标题属性：') # 网页标题属性
21   print(bs.title) # 网页标题属性
22   print('----------------------------------')
23   print(' 网页 html 语法区块：')
24   print(bs.find('html')) #<html> 标签
25   print('----------------------------------')
26   print(' 网页表头范围：')
27   print(bs.find('head')) #<head> 标签
28   print('----------------------------------')
29   print(' 网页主体范围：')
30   print(bs.find('body')) #<body> 标签
31   print('----------------------------------')
32   print(' 第 1 个超链接：')
33   print(bs.find("a",{"href":"https://www.
python.org/"}))
34   print('----------------------------------')
```

程序解说

◆ 第 2 行：导入 BeautifulSoup 库。

◆ 第 3~18 行：python.htm 的源码，并将其内容指定给 content 变量。

◆ 第 19 行：将 BeautifulSoup 库的 html.parser 作为源码的解析器，并将解析的 BeautifulSoup 类的对象设定给变量 bs。

◆ 第 21 行：利用 BeautifulSoup 库的 title 属性取出网页的属性值。

◆ 第 24 行：利用 BeautifulSoup 库的 find() 方法找出 html 标签的位置，并输出其语法内容。

◆ 第 27 行：利用 BeautifulSoup 库的 find() 方法找出 head 标签的位置，并输出其语法内容。

◆ 第 30 行：利用 BeautifulSoup 库的 find() 方法找出 body 标签的位置，并输出其语法内容。

◆ 第 33 行：利用 BeautifulSoup 库的 find() 方法找出 a 标签的位置，且 href 内容为 https://www.python.org/，并输出其语法内容。

14.5 本章综合范例——获取股市信息

本节主要介绍如何实现从股市行情网页中获取自己所需的信息，首先进入中国证券网的市场网页，如图 14.15 所示。

图14.15

该网页的下面有每日的涨幅前十、跌幅前十、换手前十、振幅前十等信息，如图 14.16~ 图 14.20 所示。

图14.16

图14.17

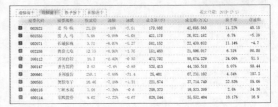

图14.18

图14.19

图14.20

直接在该网页上右击打开图 14.21 所示的快捷菜单（本例是用 IE 浏览器打开网页的）。

图14.21

执行菜单中的"查看源代码（源码）"命令，就可以看到该网页的源码，如图 14.22 所示。

图14.22

可以发现这些信息由 <div> 产生列之后，再以 <td> 划分成栏。在开始利用 BeautifulSoup 库进行网页解析前，必须事先获取要分析网页的网址。以这个网页为例，我们可以先复制该网页的网址（如果读者要解析的网页和笔者的不同，所需要获取的网址自然也会和笔者的不同，读者应视自己要解析的当日行情，去复制该网页的网址）。

利用 BeautifulSoup 库的 find_all() 方法获取表格的 <div>（标签）并配合属性获取表格中每列的内容，不过它会连同表格的标题栏一起抓取，如图 14.23 所示。

图14.23

读取每列的内容，用 find() 方法找出 <td>，再用属性 stripped_strings 去除每栏中字符串的空白符号，若输出结果会发现它属于列表对象。

['股票代码'，'股票简称'，'收盘价'，'涨幅'，'涨跌'，'成交量（手）'，'成交额（万元）'，'换手率'，'市盈率'，'002972'，'科安达'，'16.55'，'44.03%'，'5.06'，'1,473'，'243.099'，'0.33%'，'22.99'，'000955'，'欣龙控股'，'6.77'，'10.08%'，'0.62'，'96,262'，'6,516.952'，'1.79%'，'-33.51'，'600242'，'中昌数据'，'7.98'，'10.06%'，'0.73'，'466,871'，'35,313.868'，'11.31%'，'29.56'，'002485'，'希努尔'，'6.78'，'10.06%'，'0.62'，'166,309'，'11,157.466'，'3.06%'，'28.62'，'603608'，'天创时尚'，'8.43'，'10.05%'，'0.77'，'167,865'，'13,825.968'，'5.3%'，'15.05'，'002506'，'协鑫集成'，'6.02'，'10.05%'，'0.55'，'2,072,051'，'121,672.253'，

'4.09%'，'668.89'，'300740'，'御家汇'，'9.75'，'10.04%'，'0.89'，'79,768'，'7,568.933'，'4%'，'19.5'，'002428'，'云南锗业'，'9.1'，'10.03%'，'0.83'，'147,133'，'13,369.139'，'2.28%'，'910'，'603099'，'长白山'，'9.87'，'10.03%'，'0.9'，'74,239'，'7,109.95'，'2.78%'，'39.48'，'603178'，'圣龙股份'，'11.84'，'10.03%'，'1.08'，'189,364'，'21,572.709'，'37.16%'，'62.32']

接着读者可以依自己需要的资料与格式从各列表内容中取出自己所需的信息。本程序代码及输出结果如下。

【程序范例：bs2.py】获取网页源码内容

爬取数据的基本步骤如下。

步骤 1：获得数据的链接。

步骤 2：获取数据内容。

步骤 3：处理数据。

步骤 4：展示数据。

也可以根据需要将数据保存到文件中。

```
01  from bs4 import BeautifulSoup
02  import requests
03
04  # 网址信息
05  addr = 'http://data.cnstock.com/'
06
07  # 获取网页源码
08  res = requests.get(addr)
09  # 设置 requests 编码方式
10  res.encoding='UTF-8'
11  res=res.text
12
13  # 用 html.parser 解析程序代码
14  bs = BeautifulSoup(res, 'html.parser')
15
16  # 设置输出的内容
17  aa=["righttab1_1_list","righttab1_2_list","righttab1_3_list","righttab1_4_list"]
18  bb=[" 涨幅前十 "," 跌幅前十 "," 换手前十 "," 振幅前十 "]
19
20  # 共有 4 类情况，每类分别输出
21  for num in range(0,4):
22      # 以 <div> 并配合属性获取表格中每列的内容
23      rows = bs.find_all('div',{'id':aa[num]})
24
25      print(bb[num],"\n")
26
27      href1 = [] # 定义空列表
28      for row in rows:
29          # 获取每个股票的网址信息，在标签 <a> 的 href 属性中
30          alist = row.find_all('a')
```

```
        for a in alist:
            href1.append(a['href'])

        # 读取每列的内容，找出 <td>
        if row.find('td'):
            # 用属性 stripped_strings 去除每列中字符串的空白符号
            cols =[item for item in row.stripped_strings]
            i=0
            print("%-41s" % " 股票网址 ",end=" ")
            # 读取列表的元素
            for item in range(0,len(cols)):
            # 以下语句是为了输出格式整齐而设置的
                if ((item) % 9 == 0 and item >= 9):
                    print("  ")
                    print("% -46s" % (href1[i]),end=' ')
                    i=i+1
                if(item<9):
                    print("% -10s" % (cols[item]), end=' ')
                else:
                    print("% -13s" % (cols[item]), end=' ')
            print("\n")
```

执行结果如图 14.24~ 图 14.27 所示。

涨幅前十

股票网址	股票代码	股票简称	收盘价	涨幅	涨跌	成交量(手)	成交额(万元)	换手率	市盈率
http://[illegible]/002972	002972	科 安 达	16.55	44.03%	5.06	1,473	243.099	0.33%	22.99
http://[illegible]/000955	000955	欣龙控股	6.77	10.08%	0.62	96,262	6,516.952	1.79%	-33.51
http://[illegible]/600242	600242	中昌数据	7.98	10.06%	0.73	466,871	35,313.868	11.31%	29.56
http://[illegible]/002485	002485	希 努 尔	6.78	10.06%	0.62	166,309	11,157.466	3.06%	28.62
http://[illegible]/603608	603608	天创时尚	8.43	10.05%	0.77	167,865	13,825.968	5.3%	15.05
http://[illegible]/002506	002506	协鑫集成	6.02	10.05%	0.55	2,072,051	121,672.253	4.09%	668.89
http://[illegible]/300740	300740	御 家 汇	9.75	10.04%	0.89	79,768	7,568.933	4%	19.5
http://[illegible]/002428	002428	云南锗业	9.1	10.03%	0.83	147,133	13,369.139	2.28%	910
http://[illegible]/603099	603099	长 白 山	9.87	10.03%	0.9	74,239	7,109.95	2.78%	39.48
http://[illegible]/603178	603178	圣龙股份	11.84	10.03%	1.08	189,364	21,572.709	37.16%	62.32

图14.24

跌幅前十

股票网址	股票代码	股票简称	收盘价	涨幅	涨跌	成交量(手)	成交额(万元)	换手率	市盈率
http://[illegible]/002623	002623	亚 玛 顿	22.59	-10%	-2.51	179,088	42,605.565	11.22%	45.18
http://[illegible]/603555	603555	贵 人 鸟	5.88	-9.96%	-0.65	421,178	26,821.182	6.7%	-5.39
http://[illegible]/002071	002071	长城影视	3.71	-9.07%	-0.37	581,152	22,430.632	11.14%	-4.7
http://[illegible]/002338	002338	奥普光电	13.75	-8.95%	-1.35	151,483	21,006.017	6.31%	80.88
http://[illegible]/300112	300112	万讯自控	10.3	-8.45%	-0.95	472,702	50,674.229	24.06%	51.5
http://[illegible]/300147	300147	香雪制药	8.05	-7.9%	-0.69	525,413	44,195.518	8.07%	89.44
http://[illegible]/300661	300661	圣邦股份	258.1	-7.66%	-21.4	25,401	67,231.102	4.54%	197.2
http://[illegible]/300585	300585	奥联电子	16.46	-7.38%	-1.31	221,874	37,714.749	22.83%	59.06
http://[illegible]/600116	600116	三峡水利	7.56	-7.36%	-0.6	258,373	19,523.309	2.6%	34.36
http://[illegible]/600114	600114	东睦股份	8.62	-7.22%	-0.67	620,544	55,552.404	10.17%	16.9

图14.25

换手前十

股票网址	股票代码	股票简称	收盘价	涨幅	涨跌	成交量(手)	成交额(万元)	换手率	市盈率
http://[illegible]/002970	002970	锐明技术	117.28	9.99%	10.66	142,975	164,190.386	66.19%	50.33
http://[illegible]/300586	300586	美联新材	25.85	5.51%	1.35	408,052	102,397.297	64.32%	99.42
http://[illegible]/300805	300805	电声股份	26.93	10%	2.45	234,608	61,297.75	55.42%	53.86
http://[illegible]/603920	603920	世运电路	20.29	6.56%	1.25	570,805	117,395.819	43.53%	36.23
http://[illegible]/300701	300701	森霸传感	34.2	-1.3%	-0.45	160,202	56,334.462	42.14%	38.86
http://[illegible]/603053	603053	成都燃气	21.2	1.62%	0.34	372,829	78,660.986	41.94%	40
http://[illegible]/300803	300803	指 南 针	40.26	-4.38%	-1.84	238,162	100,298.946	41.86%	108.81
http://[illegible]/300707	300707	威唐工业	21.29	10.02%	1.94	305,028	64,087.687	39.51%	40.44
http://[illegible]/603327	603327	福蓉科技	29.89	3.38%	0.98	198,797	58,475.383	38.98%	65.66
http://[illegible]/300576	300576	容大感光	30.49	9.99%	2.77	224,566	67,274.593	38.04%	87.11

图14.26

振幅前十

股票网址	股票代码	股票简称	收盘价	涨幅	振幅	成交量(手)	成交额(万元)	换手率	市盈率
http:/[illegible]/300460	300460	惠伦晶体	16.61	-1.95%	22%	142,254	24,869.695	8.45%	-125.36
http:/[illegible]/002972	002972	科 安 达	16.56	44.03%	20%	1,473	243.099	0.33%	22.99
http:/[illegible]/600695	600695	绿庭投资	9.45	-5.32%	16%	1,229,956	126,317.465	33.56%	105
http:/[illegible]/002442	002442	龙星化工	6.11	-4.54%	16%	986,545	65,053.484	20.57%	22.1
http:/[illegible]/002623	002623	亚 玛 顿	22.59	-10%	15%	179,088	42,605.565	11.22%	45.18
http:/[illegible]/603555	603555	贵 人 鸟	5.88	-9.96%	15%	421,178	26,821.182	6.7%	-5.39
http:/[illegible]/200018	200018	神城B退	0.16	6.66%	14%	11,607	17.758	0.12%	-0.16
http:/[illegible]/300502	300502	新 易 盛	40.26	-6.38%	14%	201,087	85,781.608	12.73%	294.73
http:/[illegible]/600137	600137	浪莎股份	16.31	9.97%	13%	33,725	5,305.008	3.47%	54.37
http:/[illegible]/600517	600517	置信电气	8.09	3.05%	13%	610,771	50,165.761	4.5%	809

图14.27

程序解说

- 第 1 行：导入 BeautifulSoup 库。
- 第 2 行：导入 requests 库。
- 第 5 行：将要查询网页信息的网址指定给变量 addr。
- 第 14 行：用 html.parser 解析程序代码。
- 第 23 行：用 <div> 并配合属性获取表格中每列的内容。
- 第 29~32 行：读取每列的内容，找出各股票的网址，保存在 <a> 的 href 属性中。
- 第 35 行：读取每列的内容，找出 <td>。

本章重点整理

- Web 主要是由全球大大小小的网站所组成的，其以客户机 / 服务器（Client / Server）架构为主，并区分为客户机与服务器两部分。
- 一般来说，网页又可分为静态网页与动态网页。静态网页是指单纯使用 HTML 语法构成的网页。动态网页又可根据运行程序的位置分为客户端处理与服务器端处理两种。
- 网络爬虫是指用自己所编写的程序，从网页的一大堆数据中抓取出所需要的信息并加以应用。
- CSS 由选择器与样式规则所组成。
- URL 就是 Web 服务器主机的地址，用来指出某一项信息的所在位置及存取方式。
- 负责 IP 地址与域名转换工作的计算机称为域名服务器。
- Python 内置模块 urllib 库的 urlparse() 函数可协助解析网站的网址。
- urllib.request.urlopen() 函数可用来打开一个网页的源码。
- urllib.request.urlopen() 函数运行后会返回一个 urllib.response 对象。
- 使用 requests 库的 get() 方法可以获取网页内容。
- 在 BeautifulSoup 库中必须通过 html.parser 程序代码解析源码。
- 抓取网页数据可使用 urllib.request 模块，只要将网址传入 urlopen() 函数中就会返回 HttpResponse 对象，再使用 read() 方法将网页内容读取出来。

本章课后习题

一、选择题

1.（ D ）开放数据的常见格式有哪些？

（A）CSV

（B）XML

（C）JSON

（D）以上皆是

2.（ B ）哪一个模块常被用来做网址分析？

（A）第三方库 requests

（B）urllib.parse

（C）urllib.request

（D）BeautifulSoup 库

3.（ D ）活动服务器语言不包括以下哪一个？

（A）ASP.NETPH

（B）PHP

（C）JSP

（D）JavaScript

二、问答题

1. 当我们使用 urllib.request.urlopen() 函数对网页进行抓取时，有时候有些网站会抛出如下的报错信息：

"urllib.error.HTTPError: HTTP Error 403: Forbidden"。

请问发生此报错的原因是什么？

答：

这是因为该网站禁止爬虫。

2. 请简述 Python 内置模块 urllib 中 request 和 parse 类的功能。

答：

urllib.request 类配合相关方法能读取指定网站的内容；

urllib.parse 类剖析 URL、引用 URL。

3. 请简述 URL 是什么。

答：

URL 就是 Web 服务器主机的地址，用来指出某一项信息的所在位置及存取方式；一个完整的 URL 包括了通信协议、主机地址、路径和文件名称，标准格式为"通信协议 :// 主机名 [: 端口号]/ 路径 / 文件名"，其中通信协议为抓取数据的方法。

4. urllib.parse.urlparse() 函数会返回一个 ParseResult 对象，请写出下表中属性的返回值。

属性	返回值
scheme	
netloc	
query	
port	

答：

属性	返回值
scheme	scheme 通信协议
netloc	域名
query	查询字符串，即 GET 参数
port	通信端口

5. 在下表中填入 urllib.response 对象常见方法的名称。

方法	说明
	获取解析过的 URL，以字符串返回
	获取 HTTP 的状态代码，返回 200 则表示请求成功
	获取 URL 内容
	返回网页的头部信息

答：

方法	说明
geturl()	获取解析过的 URL，以字符串返回
getcode()	获取 HTTP 的状态代码，返回 200 则表示请求成功
urlopen()	获取 URL 内容
getheaders()	返回网页的头部信息